普通高等教育 软件工程 "十三五"规划教材

13th Five-Year Plan Textbooks
of Software Engineering

工业和信息化普通高等教育
"十三五"规划教材

Java Web 程序设计与案例教程

（微课版）

邵奇峰 郭丽 ◎ 主编
张文宁 刘磊 缑西梅 ◎ 副主编

人民邮电出版社
北京

图书在版编目（CIP）数据

Java Web 程序设计与案例教程：微课版 / 邵奇峰，郭丽主编. -- 北京：人民邮电出版社，2019.4（2023.12重印）
普通高等教育软件工程"十三五"规划教材
ISBN 978-7-115-50169-1

Ⅰ. ①J… Ⅱ. ①邵… ②郭… Ⅲ. ①JAVA语言－程序设计－高等学校－教材 Ⅳ. ①TP312.8

中国版本图书馆CIP数据核字(2018)第265300号

内 容 提 要

本书基于编者多年的实践教学与开发经验，深入浅出地介绍了Java Web程序设计的核心知识和技巧，主要内容包括Java Web开发基础、Servlet编程、Cookie与Session、JSP编程、EL表达式与JSTL标签、数据库整合开发、过滤器与监听器等。同时，本书以留言本为案例，分别讲解了JSP和JavaBean应用开发，JSP、Servlet和JavaBean应用开发，Java Web常用组件应用开发，Struts2、Spring和Hibernate框架整合开发。

本书内容丰富，实用性强，既可作为高等院校相关专业的课程教材，也可供相关专业技术人员参考使用。

◆ 主　编　邵奇峰　郭丽
　　副 主 编　张文宁　刘 磊　缑西梅
　　责任编辑　邹文波
　　责任印制　陈　犇

◆ 人民邮电出版社出版发行　北京市丰台区成寿寺路11号
邮编　100164　电子邮件　315@ptpress.com.cn
网址　www.ptpress.com.cn
三河市祥达印刷包装有限公司印刷

◆ 开本：787×1092　1/16
印张：18.5　　　　　2019年4月第1版
字数：452千字　　　2023年12月河北第11次印刷

定价：59.80 元

读者服务热线：(010)81055256　印装质量热线：(010)81055316
反盗版热线：(010)81055315
广告经营许可证：京东市监广登字 20170147 号

前 言

目前，Java Web 是银行、电信、互联网行业普遍采用的企业级 Web 开发技术，如淘宝、京东的网页就是使用 Java Web 构建的。因为 Java Web 程序设计人员企业需求量大、就业率高、人才紧缺，所以 Java Web 程序设计成为了日后将要从事传统 IT 行业与互联网行业学生的必修课程。Java Web 程序设计除了涉及 Servlet 和 JSP 等基础的 Web 开发技术，还囊括了 HTML 网页设计、数据库编程、软件设计模式、数据库与 Web 服务器的基本维护等内容。学习该课程需要学生拥有基础的 Java 编程能力、面向对象的分析设计能力及综合应用专业技术的动手能力，因此学习难度较大。

编者在十多年的高校授课和程序开发中发现，学习编程最重要的是使学生从一开始就能写出可运行的程序。唯有如此才可激发学生继续学下去的主动性，才能让学生在可运行的程序中去验证及体会各种知识点。通过这种实践方式学习的知识点，学生能够真正达到融会贯通、活学活用。为此，我们编写了这本着重透彻讲解核心基础，以案例开发贯穿关键知识点的教材，帮助 Java Web 编程的学习者从一开始就能够动手写出程序。另外，我们还针对本书的重点、难点录制了教学视频，读者可使用手机扫描书中的二维码免费观看。

全书包括以下内容。

第 1 章 Java Web 开发基础：介绍了 HTML 基础，HTTP 请求与响应报文，Tomcat 的安装、配置及使用。

第 2 章 Servlet 编程：介绍了 Servlet 创建、web.xml 配置、请求参数处理、GET 与 POST 请求、转发与重定向、Servlet 生命周期、ServletContext、ServletConfig 和 Servlet 注解。

第 3 章 Cookie 与 Session：介绍了 Cookie 与 Session 的基本工作原理、Cookie 与 Session 在登录中的应用，并基于 MVC 模式实现了一个购物车案例。

第 4 章 JSP 编程：介绍了 JSP 页面代码、JSP 与 Servlet 的关系、JSP 的隐含对象、4 个作用域对象、JSP 标签与 JavaBean，并基于 DAO 模式实现了一个购物商城案例。

第 5 章 EL 表达式与 JSTL 标签：介绍了 EL 语法、JSTL 标签库，讲解了 EL 表达式与 JSTL 标签在购物商城案例中的应用。

第 6 章 数据库整合开发：介绍了 MySQL 基本知识、JDBC 编程、连接池配置、DBUtils 框架，讲解了 DBCP 连接池和 DBUtils 框架在购物商城案例中的应用。

第 7 章 过滤器与监听器：介绍了过滤器与监听器的基本原理及其在实际开发中的应用。

第 8 章 JSP 和 JavaBean 应用开发——留言本 1.0：结合 JSP 和 JavaBean 的 Model 1 设计模式实现一个网络留言本案例。

第 9 章 JSP、Servlet 和 JavaBean 应用开发——留言本 2.0：对留言本案例进行了功能扩展和架构重建，利用 MVC 设计模式、EL 与 JSTL 减少了 JSP 页面中的 Java 代码片段，采用连接池、工厂设计模式、单例模式与过滤器提高了系统的性能和可维护性。

第 10 章 Java Web 常用组件应用开发——留言本 3.0：利用常用开源组件对留言本案例进行了功能扩展，增加了邮件找回密码功能、可视化在线编辑留言功能、图片上传与管理功能、登录的验证码检验功能和留言的分页查询功能。

第 11 章 Struts2、Spring 和 Hibernate 框架整合开发——留言本 4.0：应用 Struts2、Spring 和

Hibernate 框架对留言本案例进行了重构，减少了项目中的编码量，并使项目具有较高的可维护性和可扩展性。

限于篇幅，书中只给出了实现主要功能的源代码，读者可在人邮教育社区（www.ryjiaoyu.com）上下载完整系统的代码及相关资源。

本书由中原工学院软件学院的邵奇峰、郭丽担任主编，张文宁、綦西梅及郑州航空工业管理学院计算机学院的刘磊担任副主编。其中，张文宁编写第 1 章和第 7 章，邵奇峰编写第 2 章、第 10 章和第 11 章，郭丽编写第 3 章和第 4 章，刘磊编写第 5 章和第 6 章，綦西梅编写第 8 章和第 9 章。最后全书由邵奇峰、郭丽统稿定稿。

在本书的编写过程中，编者得到了中原工学院软件学院车战斌院长、韩玉民副院长的指导和帮助，在此表示衷心的感谢！

由于能力和水平所限，书中仍然难免存在不足和疏漏之处，希望各位专家、老师和同学能毫无保留地提出所发现的问题，与编者共同讨论。编者的邮箱为 shao@whu.edu.cn。

编　者
2018 年 10 月

目 录

第1章 Java Web 开发基础 ········· 1
1.1 HTML 简介 ························ 1
1.1.1 HTML 文档结构 ············ 2
1.1.2 HTML 常用标签 ············ 3
1.2 HTTP 请求与响应 ·············· 11
1.2.1 HTTP 请求报文格式 ······ 11
1.2.2 HTTP 响应报文格式 ······ 13
1.2.3 URL ······························ 14
1.2.4 简单的 Web 服务器 ······ 15
1.3 Tomcat ································ 19
1.3.1 Tomcat 的安装与配置 ···· 19
1.3.2 Tomcat 的使用 ·············· 20
1.3.3 MyEclipse 配置 Tomcat ···· 22
1.4 小结 ····································· 23
习 题 ··· 23

第2章 Servlet 编程 ···················· 25
2.1 创建 Servlet ·························· 25
2.2 web.xml 配置文件 ··············· 30
2.3 Servlet 获取请求参数 ·········· 31
2.4 Servlet 实现登录功能 ·········· 32
2.5 请求参数为空的问题 ·········· 34
2.5.1 参数值为 null ··············· 34
2.5.2 参数值为" " ················· 35
2.6 复选框提交参数 ·················· 36
2.7 GET 请求与 POST 请求 ······ 37
2.8 中文乱码问题 ······················ 38
2.8.1 Servlet 输出乱码 ·········· 38
2.8.2 POST 参数乱码 ············ 38
2.8.3 GET 参数乱码 ·············· 39
2.9 Servlet 跳转 ·························· 39
2.9.1 Servlet 间的转发 ·········· 39
2.9.2 转发时传递对象 ············ 41
2.9.3 重定向 ··························· 42
2.9.4 重定向时传递对象 ········ 43
2.9.5 转发与重定向的区别 ···· 44
2.10 Servlet 生命周期 ··············· 46
2.10.1 验证 Servlet 生命周期 ··· 46
2.10.2 实现访问计数器 ·········· 48
2.11 ServletContext ····················· 48
2.11.1 跨用户传递对象 ·········· 48
2.11.2 记录应用日志 ············· 50
2.12 ServletConfig ······················ 50
2.13 @WebServlet 注解 ············· 51
2.14 小结 ···································· 53
习 题 ·· 54

第3章 Cookie 与 Session ········· 56
3.1 使用 Servlet 编写简单 Web 应用 ······· 56
3.1.1 Web 应用功能说明 ········ 56
3.1.2 登录模块的实现 ············ 57
3.2 Cookie ·································· 60
3.2.1 Cookie 简介 ·················· 60
3.2.2 Cookie 在登录中的应用 ···· 62
3.2.3 Cookie 详解 ·················· 64
3.3 Session ································· 69
3.3.1 HttpSession 简介 ·········· 69
3.3.2 HttpSession 在登录中的应用 ··· 71
3.3.3 HttpSession 详解 ·········· 72
3.4 Session 工作原理 ················· 73
3.5 个人信息模块的实现 ·········· 73
3.6 基于 MVC 的临时购物车 ···· 77
3.6.1 临时购物车设计需求 ···· 78
3.6.2 临时购物车代码实现 ···· 78
3.7 小结 ····································· 82
习 题 ·· 82

第4章 JSP 编程 ···························· 84
4.1 JSP 概述 ······························· 84

4.2 JSP 页面代码解析 ································ 86
　　4.2.1 JSP 指令元素 ····························· 86
　　4.2.2 JSP 模板元素 ····························· 88
　　4.2.3 JSP 脚本元素 ····························· 88
4.3 JSP 的工作原理 ································ 92
　　4.3.1 JSP 与 Servlet 的关系 ················· 93
　　4.3.2 JSP 的执行流程 ························· 96
4.4 JSP 的隐含对象 ································ 97
　　4.4.1 response 与 out 对象 ················· 97
　　4.4.2 4 个作用域对象 ·························· 98
　　4.4.3 pageContext 对象 ······················ 100
　　4.4.4 config 对象 ······························ 102
　　4.4.5 exception 对象 ·························· 104
4.5 JSP 标签与 JavaBean ······················· 105
　　4.5.1 JavaBean 概述 ·························· 105
　　4.5.2 <jsp:useBean>标签 ··················· 106
　　4.5.3 <jsp:setProperty>标签 ··············· 108
　　4.5.4 <jsp:getProperty>标签 ·············· 110
4.6 JSP 动作标签 ··································· 111
　　4.6.1 <jsp:forward>标签 ···················· 111
　　4.6.2 <jsp:param>标签 ······················ 112
　　4.6.3 <jsp:include>标签 ····················· 113
4.7 综合 Servlet 与 JSP 的登录程序 ········ 117
4.8 简易购物商城系统 ···························· 121
　　4.8.1 系统功能 ··································· 121
　　4.8.2 系统设计 ··································· 124
　　4.8.3 实体类定义 ································ 125
　　4.8.4 DAO 接口定义 ··························· 130
　　4.8.5 DAO 接口实现类 ······················· 133
　　4.8.6 工具类的设计 ···························· 135
　　4.8.7 简易购物商城系统前台实现········· 137
4.9 小结 ·· 148
　　习　　题 ·· 148

第 5 章　EL 表达式与 JSTL 标签 ··· 150

5.1 EL 语法 ··· 150
　　5.1.1 EL 获取数据 ······························ 150
　　5.1.2 EL 执行运算 ······························ 156
　　5.1.3 EL 访问隐含对象 ······················· 157
5.2 JSTL ··· 161

　　5.2.1 JSTL 的安装 ······························ 161
　　5.2.2 JSTL 核心标签 ··························· 163
　　5.2.3 JSTL 格式化标签 ······················· 176
　　5.2.4 JSTL 函数 ·································· 179
5.3 简易购物商城系统 ···························· 180
　　5.3.1 首页模板 ··································· 181
　　5.3.2 个人中心 ··································· 181
　　5.3.3 全部商品列表 ···························· 183
　　5.3.4 购物车 ······································ 184
5.4 小结 ·· 185
　　习　　题 ·· 185

第 6 章　数据库整合开发 ··············· 187

6.1 MySQL 简介 ···································· 187
6.2 JDBC 概述 ······································· 187
　　6.2.1 创建数据库连接 ························· 188
　　6.2.2 SQL 的执行 ······························· 190
　　6.2.3 SQL 执行结果处理 ····················· 195
6.3 数据库连接池 ··································· 196
　　6.3.1 DataSource ································ 197
　　6.3.2 Tomcat 数据源 ··························· 197
　　6.3.3 DBCP ·· 199
6.4 DBUtils 框架简介 ····························· 201
　　6.4.1 QueryRunner ······························ 201
　　6.4.2 ResultSetHandler ························ 202
　　6.4.3 资源释放 ··································· 205
6.5 简易购物商城 ··································· 205
　　6.5.1 数据库设计 ································ 205
　　6.5.2 DAO 接口实现 ··························· 206
6.6 小结 ·· 209
　　习　　题 ·· 209

第 7 章　过滤器与监听器 ··············· 210

7.1 过滤器 ··· 210
　　7.1.1 过滤器简介 ································ 210
　　7.1.2 过滤器的应用 ···························· 212
7.2 监听器 ··· 214
　　7.2.1 监听器简介 ································ 214
　　7.2.2 监听器的应用 ···························· 216
7.3 小结 ·· 217

习　　题 ·· 217

第8章　JSP 和 JavaBean 应用开发——留言本 1.0 ············· 218

8.1　系统功能 ··· 218
8.2　数据库分析及设计 ····························· 219
　8.2.1　数据库分析 ······························ 219
　8.2.2　创建数据库和数据表 ················· 219
8.3　系统设计 ··· 220
　8.3.1　目录和包结构 ··························· 220
　8.3.2　实体类 User ······························ 221
　8.3.3　枚举类 Sex ································ 222
　8.3.4　实体类 Article ··························· 222
　8.3.5　辅助类 DBUtil ··························· 223
　8.3.6　数据访问接口 UserDao ··············· 223
　8.3.7　数据访问类 UserDao4MySqlImpl
　　　　——登录与注册功能 ················· 223
　8.3.8　数据访问接口 ArticleDao ··········· 225
　8.3.9　数据访问类 ArticleDao4MySqlImpl
　　　　——添加与删除功能 ················· 225
　8.3.10　登录页面 login.jsp ···················· 226
　8.3.11　注册页面 register.jsp ················· 227
　8.3.12　留言页面 show.jsp ···················· 227
8.4　系统运行 ··· 229
8.5　开发过程中的常见问题及其解决方法 ······· 230
　8.5.1　在同一 JSP 页面区分多种操作的问题 ··· 230
　8.5.2　DAO 层中的类型转换问题 ········· 230
8.6　小结 ·· 231
习　　题 ·· 231

第9章　JSP、Servlet 和 JavaBean 应用开发——留言本 2.0 ···· 232

9.1　系统功能 ··· 232
9.2　系统设计 ··· 233
　9.2.1　目录和包结构 ··························· 233
　9.2.2　连接池的配置与编程 ················· 233
　9.2.3　工厂类 DaoFactory——工厂设计模式与单例设计模式 ························ 234
　9.2.4　数据访问类 UserDao4MySqlImpl
　　　　——修改功能 ···························· 235
　9.2.5　数据访问类 ArticleDao4MySqlImpl
　　　　——查询与修改功能 ················· 236
　9.2.6　MVC 控制器类 UserServlet ········· 238
　9.2.7　MVC 控制器类 ArticleServlet ······ 240
　9.2.8　过滤器类 CharsetEncodingFilter ··· 241
　9.2.9　过滤器类 AuthFilter ··················· 242
　9.2.10　留言页面 show.jsp ···················· 243
　9.2.11　修改留言页面 update_article.jsp ··· 244
　9.2.12　修改用户页面 update_user.jsp ···· 245
9.3　系统运行 ··· 247
9.4　开发过程中的常见问题及其解决方法 ······ 247
　9.4.1　乱码问题 ································· 248
　9.4.2　路径问题 ································· 248
9.5　小结 ·· 248
习　　题 ·· 249

第10章　Java Web 常用组件应用开发——留言本 3.0 ········· 250

10.1　系统功能 ······································· 250
10.2　系统设计 ······································· 251
　10.2.1　目录和包结构 ························· 251
　10.2.2　添加 Apache Commons Email 组件 ··· 251
　10.2.3　利用邮件找回密码功能 ············ 251
　10.2.4　添加 CKEditor 组件 ················· 253
　10.2.5　可视化在线编辑留言功能 ········ 253
　10.2.6　添加 Apache Commons FileUpload 组件 ··· 254
　10.2.7　图片上传与显示页面 update_user.jsp ······························ 254
　10.2.8　图片上传功能 ························· 255
　10.2.9　验证码检验功能 ····················· 256
　10.2.10　分页查询功能 ······················· 258
　10.2.11　分页查询页面 page.jspf ··········· 261

10.3	系统运行	262
10.4	开发过程的常见问题及其解决方法	263
	10.4.1 缓存问题	263
	10.4.2 SQL 语句的拼装问题	264
10.5	小结	264
	习题	265

第 11 章 Struts2、Spring 和 Hibernate 框架整合开发——留言本 4.0 266

11.1	系统功能	266
	11.1.1 系统目标	266
	11.1.2 功能概览	266
11.2	系统设计	267
	11.2.1 Hibernate 和 Spring 的整合——guestbook4.0	267
	11.2.2 Hibernate 配置文件 hibernate.cfg.xml	268
	11.2.3 自定义映射类型 EnumType——Hibernate 持久化枚举类型	268
	11.2.4 Hibernate 映射文件	270
	11.2.5 Spring 配置文件——配置 SessionFactory 和 DAO 类	271
	11.2.6 数据访问类 UserDao4MySqlImpl——Hibernate 持久化	271
	11.2.7 数据访问类 ArticleDao4MySqlImpl——Hibernate 持久化	273
	11.2.8 Struts2 实现控制层——guestbook4.1	274
	11.2.9 控制器类 BaseActionSupport	275
	11.2.10 控制器类 UserAction	276
	11.2.11 控制器类 ArticleAction	277
	11.2.12 控制器类 UploadAction	278
	11.2.13 Struts2 配置文件 struts.xml	279
	11.2.14 Struts2 枚举类型转换器 SexConvertor	280
	11.2.15 修改 JSP 页面以访问 Action	281
	11.2.16 整合 Struts2 和 Spring——guestbook4.2	281
	11.2.17 Spring 的配置文件 applicationContext-action.xml	282
	11.2.18 Struts2 的配置文件 struts.xml	282
	11.2.19 登录与注册的输入校验	283
	11.2.20 OpenSessionInView 设计模式	284
11.3	系统运行	285
11.4	开发过程中的常见问题及其解决方法	285
	11.4.1 Struts2 跨命名空间跳转问题	286
	11.4.2 Struts2 中 JSP 页面的相对路径问题	286
11.5	小结	287
	习题	287

参考文献 288

第 1 章
Java Web 开发基础

Java Web 是用 Java 技术解决 Web 互联网应用领域的技术资源的总和。HTML、HTTP 及 Tomcat 是 Java Web 开发中的基础技术，如果对这些技术没有深入掌握和理解，技术人员就无法解释和应对开发中出现的诸多问题。因此，初学者务必要牢固掌握这些技术。本章讲解 HTML、HTTP 及 Tomcat 的相关内容，它们是 Java Web 开发的基础。

1.1 HTML 简介

在 Java Web 应用中，所有的参数输入界面和结果输出界面，最终都要通过 HTML 网页展现在用户的浏览器中。我们经常访问各大网站，也是由 HTML 网页展现的。浏览器中显示的网页（见图 1.1）实际上是 HTML 代码（见图 1.2）被浏览器解析渲染后的结果。

图 1.1　百度首页

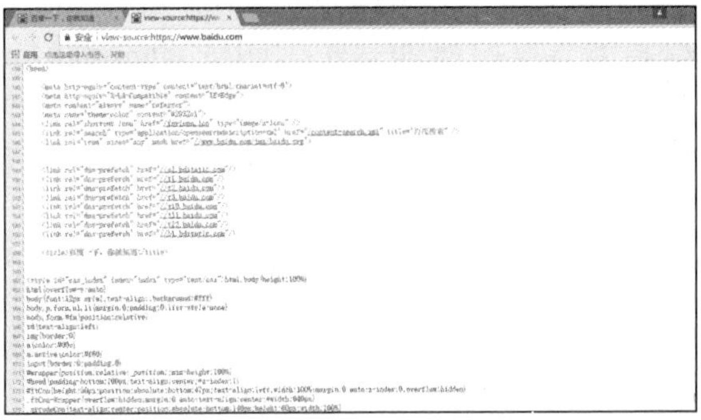

图 1.2　百度首页的 HTML 代码

HTML是一种用来描述网页的超文本标记语言（Hyper Text Markup Language），超文本是指页面内可以包含图片、链接、程序等非文字元素。HTML不是一种编程语言，而是一种使用标签的标记语言，也就是说，HTML是使用标记标签来描述网页的。

HTML标记标签通常被称为HTML标签（HTML Tag），是由尖括号包围的关键词组成，一般成对出现，如<html>和</html>。其中，第一个标签称为开始标签（也称开放标签），第二个标签称为结束标签（也称闭合标签）。

1.1.1 HTML文档结构

HTML文档是由HTML元素定义的，HTML元素指的是从开始标签到结束标签的所有代码。HTML元素（以下简称元素）分为两大类：一类用于确定超文本在浏览器中显示的方式；另一类用于确定超文本在浏览器中显示的内容。元素在文本中的格式为：<元素名>内容</元素名>。元素可以拥有属性，属性提供了有关HTML元素的更多信息，一般以名称/值对的形式出现，且总是在HTML元素的开始标签中定义。

HTML文档的基本结构包括头部和主体部分。头部提供关于网页的信息，包含页面的标题、序言、说明等内容，其本身不作为内容来显示，但影响网页显示的效果。HTML使用<head></head>标签表示头部信息的开始和结尾。主体部分提供网页的具体内容，使用<body>和</body>标签进行标记，网页中显示的实际内容均需要包含在这两个标记之间，如文字、表格、图像、声音、动画及相关的格式化标记等。如下代码描述了HTML的基本结构。

```
1    <html>
2    <head>
3    <title>网页标题</title>
4    </head>
5    <body>
6        网页内容
7    </body>
8    </html>
```

当使用Web浏览器打开一个文件时，首先会识别文件的扩展名并据此判定文件类型，然后根据文件类型确定其打开方式。HTML文档本身是一种文本文件，它的文件扩展名通常为".htm"或".html"。用户可以使用任何能够生成.txt类型源文件的文本编辑器来编译超文本标记语言文件，然后将文件扩展名修改为".htm"或".html"即可。需要注意的是，Web浏览器对HTML注释之间的部分不予显示，但优秀的网页应该有详尽的注释，以帮助其他开发者理解页面源代码。

下面，我们将通过一个简单的程序演示HTML的基本结构。新建一个文本文档，将其命名为"html_first.html"，在该文档中输入如下代码并保存。其中，<html>和</html>之间的内容用于描述整个网页；<head>和</head>之间的内容用于描述网页的头部信息；<title>和</title>之间的文本用于定义页面的标题，位于<head>和</head>标记之间。<body>和</body>之间的文本是可见的页面内容。

```
1    <html>
2    <head>
3    <title>first html </title>
4    </head>
5    <body>
6        welcome to HTML
```

```
7    </body>
8  </html>
```

使用浏览器方式打开 html_first.html 文件，页面展现结果如图 1.3 所示。也就是说，Web 浏览器的作用是读取 HTML 文档并进行解析，最终以网页的形式显示出解析结果。

图 1.3　html_first.html 页面效果

1.1.2　HTML 常用标签

1. 基本标签

基本标签包括文本、字体、图片等相关标签。下面逐一进行介绍。

（1）注释

注释标签的格式为：<!--　注释内容　-->，注释并不局限于一行，其长度不受限制。结束标记与开始标记可以不在同一行上。

（2）标题

标题是一段文字内容的核心，通常用加强的效果来表示。在网页中，可以通过设置不同大小的标题来增加文档结构的条理性。HTML 是通过<h1>～<h6>等标签定义标题的，其中，<h1>定义字号最大的标题，<h6>定义字号最小的标题。新建一个文本文档，将其命名为 html_second.html，并在其中输入以下代码。

```
1   <html>
2   <head>
3     <title>second html  </title>
4   </head>
5   <body>
6     <h1>网页内容标题 1</h1>
7     <h2>网页内容标题 2</h2>
8     <h3>网页内容标题 3</h3>
9     <h4>网页内容标题 4</h4>
10    <h5>网页内容标题 5</h5>
11    <h6>网页内容标题 6</h6>
12  </body>
13  </html>
```

使用浏览器方式打开 html_second.html 文件，页面展现结果如图 1.4 所示。从图中可以看出，<h1>定义的标题最大，之后依次递减，<h6>定义的标题最小，且浏览器会自动在标题的前后添加空行。一般情况下，用户是通过标题快速浏览网页的，所以标题是呈现文档结构的重要手段。大家在应用该标签时要确保将标题标签仅用于标题，不要仅仅为了产生粗体或大字号文本而使用标题。此外，应该首先将 h1 用作主标题（最重要的），其次是 h2（次重要的），再其次是 h3，依此类推。

图1.4 html_second.html 页面效果

（3）换行

对网页中的内容进行换行和分段是常见的操作。在用浏览器浏览一个网页时，浏览器只有在HTML文件中遇到换行或分段的标签时，才会进行换行或分段的操作。HTML分段是通过<p>元素定义的，该元素拥有一个开始标签<p>，以及一个结束标签</p>。同标题标签一样，浏览器会自动在段落的前后添加空行。

如果用户希望在不产生新段落的情况下进行换行，可以使用
标签。由于
元素是一个空的HTML元素，且关闭标签没有任何意义，因此它没有结束标签。

分割内容的另外一个方法是使用分割线，<hr/>标签用于在HTML页面中创建水平线。

下面将新建html_third.html文档演示分段和换行，代码如下。

```
1  <html>
2  <head>
3    <title>Third html </title>
4  </head>
5  <body>
6    <p>这是第一段</p>
7    <hr/>
8    <p>欢迎
9    <br/>使用HTML分段和换行标签
10   </p>
11 </body>
12 </html>
```

使用浏览器方式打开html_third.html文件，页面展现结果如图1.5所示。从图中可以看出，<p>能在浏览器中生成一个段落，且段前段后都有空行。<hr/>能在页面中创建一条水平线。
使得"使用HTML分段和换行标签"出现在下一行。要注意的是，使用<p></p>插入一个空行并不推荐，需要产生新一行时请使用
标签代替。

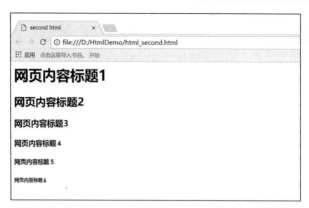

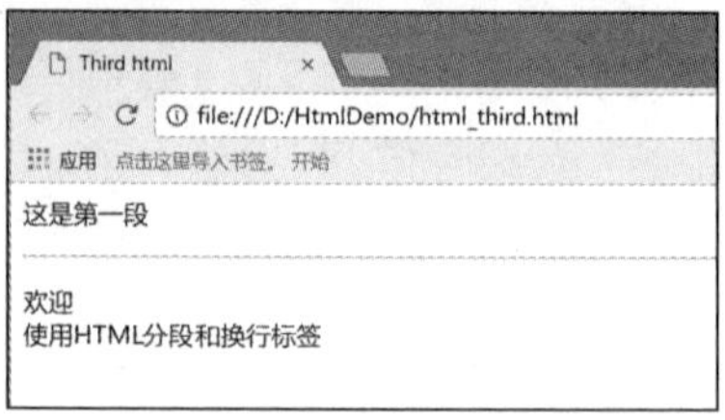

图1.5 html_third.html 页面效果

（4）样式

HTML的style属性提供了一种改变所有HTML元素样式的通用方法。其中，background-color属性为元素设置了背景颜色，font-family属性设置了文本的字体系列，color属性设置了文本的字体颜色，font-size属性设置了文本的字体大小，text-align属性设置了元素中文本的水平对齐方式。

（5）超链接

超链接可以是一个字、一个词或者一句话，用户可以单击超链接跳转到新的文档或当前文档中的某个位置。当鼠标指针移动到超链接时，箭头会变为手型。在 HTML 文档中，可以使用<a>标签在 HTML 中创建链接，并使用 href 属性表明链接所指向的目标 URL 地址，该 URL 地址可以是绝对地址、相对地址或页内书签。

下面将创建 html_fourth.html 文件，对 style 属性及超链接进行验证，代码如下。

```
1   <html>
2   <head>
3       <title>唐诗宋词</title>
4   </head>
5   <body style="background-color:green">
6       <h1 style="text-align:left">绝句二首</h1>
7       <h2 style="background-color:red">杜甫</h2>
8
9       <p style="background-color:yellow;font-family:arial;color:red;font-size:20px;">
10      绝句·迟日江山丽</p>
11      <p style="background-color:green;font-family:arial;color:red;font-size:20px;">
12      迟日江山丽
13      <br/>春风花草香
14      <br/>泥融飞燕子
15      <br/>沙暖睡鸳鸯
16      </p>
17      <a href="http://www.baidu.com">百度搜索</a>
18  </body>
19  </html>
```

使用浏览器方式打开 html_fourth.html 文件，页面展现结果如图 1.6 所示。从图中可以看出，标题和段落都按照要求进行了格式化，且在网页下方出现了超链接。单击"百度搜索"，浏览器会跳转到百度首页。

图 1.6　html_fourth.html 页面效果

（6）图片

使用图片标签，不仅可以把一幅图片加入网页中，还可以设置图片的尺寸、布局等属性。图片标签的格式如下。

```
1   <img  src="图片文件名"
```

```
2     alt="简单说明"
3     width="图片宽度" height="图片高度"
4     border="边框宽度"
5   />
```

如果不设置图片的尺寸，图片将按照其本身的大小显示。使用<img>标签的 width 和 height 属性可以设置图片的大小，width 和 height 的属性值既可取像素数，也可取百分数。

2．表格

表格是将文本和图像按一定的行、列规则进行排列，是显示长信息的一种优秀元素。

HTML 使用<table>标签定义表格，每个表格均有若干行（由<tr>标签定义），每行被分割为若干单元格（由<td>标签定义）。td 指表格数据（Table Data），即数据单元格的内容。数据单元格可以包含文本、图片、列表、段落、表单、水平线、表格等。表 1.1 列出了和表格相关的标签，其中，<table>定义表格，<caption>是表格的标题说明，<tr>定义了表格中的一行，<tr>…</tr>中间的内容显示在一行中，<th>定义了表格中的表头，大多数浏览器会把表头显示为粗体、居中的文本，<td>定义了表格中每个单元格的具体内容。在日常应用中，经常会遇到单元格内容为空的情况，可以使用<td> </td>进行标记， 代表空格。

表 1.1　　　　　　　　　　　表格相关标签

序　号	标　签	描　述
1	<table>	定义表格
2	<caption>	定义表格标题
3	<th>	定义表格的表头
4	<tr>	定义表格的行
5	<td>	定义表格单元格
6	<thead>	定义表格的页眉
7	<tbody>	定义表格的主体
8	<tfoot>	定义表格的页脚
9	<col>	定义用于表格列的属性
10	<colgroup>	定义表格列的组

如果不定义边框属性，表格在显示时将不显示边框，为了使得边框可见，可以使用"border"属性指明边框的宽度。若要指明表格的背景，可以使用"bgcolor"属性。进一步地，可以使用"background"属性指明表格的背景图像。当然，这些属性也可应用于<td>标签，以设置单元格的背景颜色和背景图像。同设置文本一样，表格也可以设置排列方式，用户可以通过"align"属性排列单元格内容，以便创建一个美观的表格。

下面通过一个例子演示表格的相关标签。新建 html_fifth.html 文档，代码如下。

```
1   <html>
2    <body>
3     <h4>学生基本信息</h4>
4     <table border="2" bgcolor="red">
5     <caption>表1 学生基本信息</caption>
6     <tr>
7       <th>序号</th>
8       <th>姓名</th>
9       <th>年龄</th>
```

```
10      <th>居住城市</th>
11      </tr>
12      <tr>
13        <td bgcolor="blue">1 </td>
14        <td>张三</td>
15        <td>18</td>
16        <td>北京</td>
17      </tr>
18      <tr>
19        <td>2</td>
20        <td>王曼</td>
21        <td>20</td>
22        <td>广州</td>
23      </tr>
24      </table>
25      <table border="2" bgcolor="green">
26      <caption>表2 学生成绩信息</caption>
27      <tr>
28          <th align="center">序号</th>
29          <th align="center">姓名</th>
30          <th align="center">课程</th>
31          <th align="center">分数</th>
32      </tr>
33      <tr>
34          <td align="left" >1</td>
35          <td align="center">张三</td>
36          <td align="right">Java Web</td>
37          <td align="right">90</td>
38      </tr>
39      <tr>
40          <td align="left" >2</td>
41          <td align="center">王曼</td>
42          <td align="right">English</td>
43          <td align="right">96</td>
44      </tr>
45      <tr>
46          <td align="left" >2</td>
47          <td align="center">王曼</td>
48          <td align="right">思想道德修养</td>
49          <td align="right"> </td>
50      </tr>
51      </table>
52      </body>
```

使用浏览器方式打开 html_fifth.html 文件，页面效果如图 1.7 所示。从图中可以看出，表 1 和表 2 按照标签的设定进行了展示。

3. 表单

HTML 表单用于搜集不同类型的用户输入，当用户填好表单所需信息并将表单提交后，服务器就可以得到表单中的信息并进行处理。HTML 表单通过<form>元素进行定义，<form>常用的属性如表 1.2 所示。

图 1.7 html_fifth 页面效果

表1.2 <form>常用属性

序号	元素	描述
1	accept-charset	规定表单中使用的字符集（默认：页面字符集）
2	action	规定向何处提交表单的URL地址（提交页面）
3	autocomplete	规定浏览器是否自动完成表单（默认：开启）
4	enctype	规定被提交数据的编码（默认：url-encoded）
5	method	规定提交表单时所用的HTTP方法（默认：GET）
6	name	规定识别表单的名称
7	novalidate	规定浏览器不验证表单
8	target	规定action属性中地址的目标

HTML表单可以包含多种表单元素，如输入框、复选框、单选按钮、提交按钮等。表1.3列出了表单中的常用元素。

表1.3 表单常用元素

序号	元素	描述
1	<form>	定义HTML表单
2	<input>	表单中的输入域。该元素根据不同的type属性，可以变换为多种形态
3	<select>	定义下拉列表
4	<textarea>	文本域，用于定义多行输入字段
5	<button>	定义可单击的按钮

其中，<input>元素是表单中最重要的元素，用来定义表单中的各类输入域，供用户输入信息。该元素有很多属性，常见的有name属性、type属性、value属性、readonly属性、disabled属性、size属性等。

（1）name属性定义了<input>元素的名称，该属性用于对提交到服务器的表单数据进行标识。在提交表单数据时，只有设置了name属性的表单元素才能在提交表单时传递它们的值。

（2）type属性描述了<input>元素的输入类型，常见的type属性取值有以下几种。

- <input type = "text">：定义单行文本输入字段，当用户要在表单中输入字母、数字等内容时，就会用到文本域。以下代码定义了firstname和lastname两个单行文本输入框供用户输入。

```
1 <form>
2 First name: <input type="text" name="firstname"><br>
3 Last name: <input type="text" name="lastname">
4 </form>
```

- <input type = "password">：定义密码字段，该字段字符不会明文显示，而是以星号或圆点代替。以下代码在网页中定义了密码输入字段，用户输入的密码将在浏览器中以星号或圆点显示。

```
1 <form>
2 Password: <input type="password" name="pwd">
3 </form>
```

- <input type = "radio">：定义单选框表单控件，允许用户在多个选项中选择其中一个。以下代码声明了一组单选框表单控件，名称为"radio1"。这组单选框有3个选项，选项的名称分别为"选项1""选项2""选项3"，3个选项对应的值分别为"value1""value2""value3"。

也就是说，通过统一单选框表单的名字，可以实现选项的互斥。

```
1  <input type="radio" name="radio1" value="value1" />选项1
2  <input type="radio" name="radio1" value="value2" />选项2
3  <input type="radio" name="radio1" value="value3" />选项3
```

- <input type = "checkbox">：定义复选框，允许用户从多个选项中选择多个。以下代码声明了一组复选框，名称为"vehicle"，允许用户在"I have a bike"和"I have a car"两个选项中进行选择。

```
1  <form>
2  <input type="checkbox" name="vehicle" value="Bike">I have a bike<br>
3  <input type="checkbox" name="vehicle" value="Car">I have a car
4  </form>
```

- <input type = "submit">：提交按钮。当用户单击提交按钮时，表单的内容会被传送到另一个文件中。表单的动作属性定义了目的文件的文件名，该目的文件通常会对接收到的输入数据进行相关的处理。在以下代码中，当用户单击"Submit"按钮时，表单中用户输入的 username 会以 get 方式提交到"html_form_action.php"文件中进行处理。

```
1  <form name="input" action="html_form_action.php" method="get">
2  Username: <input type="text" name="user">
3  <input type="submit" value="Submit">
4  </form>
```

（3）value 属性规定输入字段的初始值。

（4）readonly 属性规定输入字段为只读（不能修改），该属性不需要赋值，它等同于 readonly="readonly"。

（5）disabled 属性规定输入字段是禁用的，被禁用的元素是不可用和不可单击的，且被禁用的元素不会被提交。此外，该属性同 readonly 属性一样，不需要赋值，等同于 disabled="disabled"。

（6）size 属性定义了输入域分配的显示空间大小，它以字符为单位。

（7）maxlength 属性限定了用户能够输入的字符数。

- <select>元素定义了下拉列表，以下代码定义了下拉列表"cars"，并定义了4个选项。

```
1  <form action="">
2  <select name="cars">
3  <option value="volvo">Volvo</option>
4  <option value="saab">Saab</option>
5  <option value="fiat">Fiat</option>
6  <option value="audi">Audi</option>
7  </select>
8  </form>
```

- <textarea>元素定义了多行文本输入域，允许用户通过 rows 和 cols 属性指定文本输入域的行数和列数。以下代码定义了一个10行30列的文本输入域，供用户输入大量文字。

```
1  <textarea rows="10" cols="30">
2  我是一个文本框。
3  </textarea>
```

下面，通过一个例子来演示表单的综合应用，新建文本文档，将其命名为 html_sixth.html，代码如下。

```
1   <html>
2   <head>
3     <title>学生基本信息</title>
4   </head>
5   <body>
6     <h2>学生基本信息录入</h2>
7     <form>
8       账 号:<input type="text" name="username" size=20>
9       <br/>
10      密 码:<input type="password" name="password" size=20>
11      <br/>
12      性 别:
13      <input type="radio" name="sex" value="male">男
14      <input type="radio" name="sex" value="female">女
15      <br/>
16      兴 趣:
17      <input type="checkbox" name="interest" value="ball">打球
18      <input type="checkbox" name="interest" value="drawing">画画
19      <input type="checkbox" name="interest" value="learning">学习
20      <br/>
21      学 历:
22      <select>
23      <option value="1">高中</option>
24      <option value="2">大专</option>
25      <option value="3">本科</option>
26      <option value="4">研究生</option>
27      </select>
28      <br/>
29      <p>简 介：</p>
30      <textarea rows="10" cols="30">
31      </textarea>
32      <br/>
33      <p>照片上传：</p>
34      <input type="file">
35      <br/>
36      <br/>
37      <input type="submit" value="确定"/>
38      <input type="reset" value="重置"/>
39    </form>
40  </body>
41  </html>
```

使用浏览器方式打开 html_sixth.html 文件，页面展现结果如图 1.8 所示。对应于账号输入框的是 username 输入域，类型为 text；对应于密码输入框的是 password 输入域，类型为 password；页面中定义的性别输入域，名称为 sex，类型为 radio；兴趣输入域的类型为 checkbox，名称为 interest；学历通过下拉列表进行控制；简介是一个行数为 10、列数为 30 的输入域；照片上传文件输入域的类型为 file。

图 1.8 html_sixth.html 页面效果

1.2 HTTP 请求与响应

超文本传输协议（HyperText Transfer Protocol，HTTP）是用于从 WWW 服务器传输超文本到本地浏览器的应用层传输协议。其简捷、快速的方式，非常适合用于分布式超媒体信息系统。HTTP是在 1990 年提出的，经过多年的使用与发展，得到不断的完善和扩展。

HTTP 工作于客户端-服务器架构之上，如图 1.9 所示。浏览器作为 HTTP 客户端通过 URL 向 HTTP 服务器（即 Web 服务器）发送所有请求，Web 服务器根据接收到的请求向客户端发送响应信息。

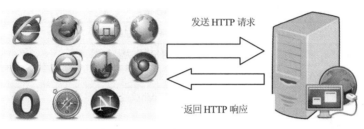

图 1.9　客户端-服务器架构

1991 年，HTTP/0.9 版发布，该版本非常简单，只有一个 GET 命令。1996 年 5 月，HTTP/1.0 版本发布，其内容大大增加，任何格式的内容都可以发送，这使得互联网不仅可以传输文字，还可以传输图像、视频及二进制文件，HTTP/1.0 为互联网的发展奠定了基础。1997 年 1 月，HTTP/1.1 版本发布，它进一步完善了 HTTP，直到现在 HTTP/1.1 仍是较为流行的版本。2015 年，HTTP/2 版本发布，但未得到普及应用。下面以 HTTP/1.1 版本的协议为例，对 HTTP 请求以及 HTTP 响应格式进行说明。

1.2.1　HTTP 请求报文格式

HTTP 请求由三部分组成：请求行、消息报头、请求正文。其中的部分消息报头和实体内容是可选的，消息报头和请求正文之间要用空行隔开。HTTP 请求消息的基本格式如图 1.10 所示。

请求方法	空格	URL	空格	协议版本	回车符	换行符	请求行
请求头名	:	值		回车符	换行符		请求报头
……							
请求头名	:	值		回车符	换行符		
回车符	换行符						
							请求正文

图 1.10　HTTP 请求消息的基本格式

一个简单的 HTTP 请求消息如下所示。

```
GET /1.html HTTP/1.1
Host: localhost:8080
User-Agent: Mozilla/5.0 (Windows NT 6.1; WOW64; rv:53.0) Gecko/20100101 Firefox/53.0
Accept: text/html,application/xhtml+xml,application/xml;q=0.9,*/*;q=0.8
```

```
Accept-Language: zh-CN,zh;q=0.8,en-US;q=0.5,en;q=0.3
Accept-Encoding: gzip, deflate
Connection: keep-alive
Upgrade-Insecure-Requests: 1
```

第一部分为请求行，用来说明请求类型、要访问的资源以及所使用的 HTTP 版本。其中，GET 说明 HTTP 的请求方法为 GET，"/1.html"为要访问的资源，该行的最后一部分说明使用的是 HTTP/1.1 版本。其中请求方法有多个，各个方法的具体含义如表 1.4 所示。

表 1.4　　　　　　　　　　　　　　HTTP 的请求方法

方 法 名	具 体 含 义
GET	请求获取 Request-URI 所标识的资源
POST	在 Request-URI 所标识的资源后附加新的数据
HEAD	请求获取由 Request-URI 所标识的资源的响应消息报头
PUT	请求服务器存储一个资源，并用 Request-URI 作为其标识
DELETE	请求服务器删除 Request-URI 所标识的资源
TRACE	请求服务器回复收到的请求信息，主要用于测试或诊断
CONNECT	保留将来使用
OPTIONS	请求查询服务器的性能，或者查询与资源相关的选项和需求

第二部分为请求报头，是紧接在请求行之后的部分，用来说明服务器要使用的附加信息。从第二行起为请求报头开始，Host 指出请求的目的地，User-Agent 是浏览器类型检测逻辑的重要基础，该信息由浏览器来定义，并且在每个请求中自动发送，以及其他一些在 HTTP 请求解析中有用的信息。下面介绍一些比较常用的 HTTP 请求报头以及各个报头的含义。

1. Host

Host 请求报头域主要用于指定被请求资源的 Internet 主机和端口号，它通常是从 HTTP URL 中提取出来的，在发送请求时，该报头域是必需的。例如，在浏览器中输入"http://localhost:8080/index.html"，浏览器发送的请求消息中就会包含 Host 请求报头域的内容，代码如下。

```
Host: localhost:8080
```

2. Accept

Accept 请求报头域用于指定客户端接受哪些类型的信息。例如，"Accept:image/gif"表明客户端希望接收"GIF"图像格式的资源；"Accept:text/html"表明客户端希望接收 html 文本。

3. Accept-Charset

Accept-Charset 请求报头域用于指定客户端接受的字符集。例如，"Accept-Charset:gb2312"，如果在请求消息中没有设置这个域，则表示任何字符集都可以接受。

4. Accept-Encoding

Accept-Encoding 请求报头域类似于 Accept，但它只用于指定可接受的内容编码。例如，"Accept-Encoding:gzip.deflate"，如果请求消息中没有设置这个域，则表示客户端对各种内容编码都能接受。

5. Accept-Language

Accept-Language 请求报头域类似于 Accept，但它只用于指定一种自然语言。例如，"Accept-Language:zh-cn"，如果请求消息中没有设置这个报头域，则表示客户端对各种语言都能接受。

6. Authorization

Authorization 请求报头域用于证明客户端有权查看某个资源。当浏览器访问一个页面时，如果收到的服务器响应代码为 401（未授权），则客户端会发送一个包含 Authorization 请求报头域的请求，要求服务器对其进行验证。

7. User-Agent

用户登录到一些网站时，往往会看到一些欢迎信息，其中列出了客户端操作系统的名称和版本，以及所使用的浏览器的名称和版本，实际上，服务器应用程序就是从 User-Agent 这个请求报头域中获取到这些信息的。User-Agent 请求报头域允许客户端将它的操作系统、浏览器及其他属性告诉服务器。

第三部分是一个空行，请求报头结束后，必须添加一个空行，即使第四部分的请求数据为空，也必须有空行。

第四部分是请求正文，请求正文也称请求主体，在其中可以添加任意其他数据，这些数据都是按照"key=value"的格式设置参数名与参数值信息的，多个参数之间使用"&"进行分隔。该例的请求正文为空。带有请求正文的 HTTP 请求消息示例代码如下。

```
GET /1.html HTTP/1.1
Host: localhost:8080
User-Agent: Mozilla/5.0 (Windows NT 6.1; WOW64; rv:53.0) Gecko/20100101 Firefox/53.0
Accept: text/html,application/xhtml+xml,application/xml;q=0.9,*/*;q=0.8
Accept-Language: zh-CN,zh;q=0.8,en-US;q=0.5,en;q=0.3
Accept-Encoding: gzip, deflate
Connection: keep-alive
Upgrade-Insecure-Requests: 1
username=admin&password=123456
```

1.2.2 HTTP 响应报文格式

一般情况下，服务器接收并处理客户端发过来的请求后会返回一个 HTTP 的响应消息。HTTP 响应也由三部分组成：状态行、响应报头和响应正文。图 1.11 所示为 HTTP 响应消息的基本格式。

协议版本	空格	状态码	空格	状态消息	回车符	换行符	状态行
响应报头	:	值	回车符	换行符			
......							响应报头
响应报头	:	值	回车符	换行符			
回车符	换行符						
							响应正文

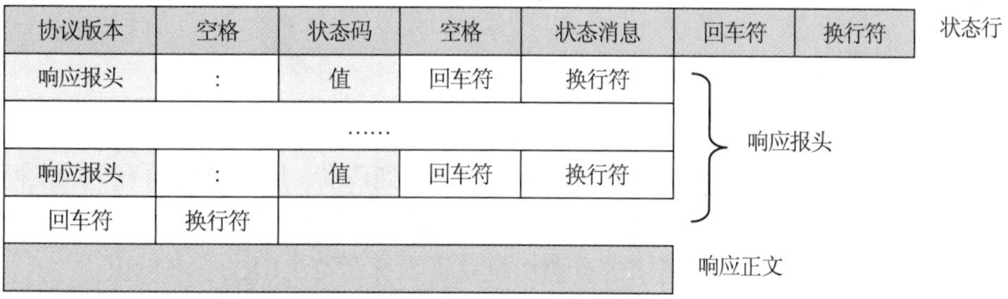

图 1.11 HTTP 响应消息的基本格式

一个简单的 HTTP 响应消息如下所示。

```
HTTP/1.1 200 OK
Date: Tue, 16 May 2017 07:23:05 GMT
Content-Length: 97
```

```
Content-Type: text/html;charset=UTF-8
Last-Modifield: Tue, 16 May 2017 04:14:19 GMT

<html>
    <head>
        <title>HttpServer</title>
    </head>
    <body>
        hello world
    </body>
</html>
```

第一部分是状态行,由 HTTP 的版本号、状态码和状态消息三部分组成。第一行中的"HTTP/1.1 200 OK"表明此 HTTP 的版本号为 1.1,状态码为 200,状态消息为"OK",代表服务器成功接收了请求并做出了最终的正确回应。HTTP 响应中包含了很多响应状态码,表 1.5 列举了常见的几种响应状态码,并对各个状态码的含义做出了解释。

表 1.5 　　　　　　　　　　　常用响应状态码及其说明

状 态 码	状 态 说 明	状态码含义
200	OK	客户端请求成功
400	Bad Request	客户端请求有语法错误,不能被服务器所理解
401	Unauthorized	请求未经授权,必须和 WWW-Authenticate 报头域一起使用
403	Forbidden	服务器收到请求,但是拒绝提供服务
404	Not Found	请求资源不存在,如输入了错误的 URL
500	Internal Server Error	服务器发生不可预期的错误
503	Server Unavailable	服务器当前不能处理客户端的请求,一段时间后可能恢复正常

第二部分是响应报头,用来说明客户端要使用的一些附加信息。其中,Date 表示生成响应的日期和时间。而 Content-Type 指定了响应正文的 MIME 类型是文本类型,并且是文本中的 HTML 类型,响应正文的编码类型是 UTF-8。Content-Length 说明了响应正文的长度。Last-Modifield 指明资源最终修改的时间。

第三部分是一个空行,响应报头后面的这个空行也是必需的。

第四部分是响应正文,服务器返回给客户端的文本信息。空行后面的 html 部分为响应正文,在这里是一个符合 HTML 语法标准的字符串。

1.2.3　URL

HTTP 请求通常由 HTTP 客户端发起,并建立一个到服务器指定端口的 TCP 连接,HTTP 服务器则在该端口监听客户端发送过来的请求。一旦收到请求,服务器会向客户端发回一个状态行(如"HTTP/1.1 200 OK")以及响应的消息,消息的消息体可能是请求的文件、错误消息,或者是其他一些信息。通过 HTTP 请求的资源由统一资源标示符(URL)来标识。

URL 是一种特殊类型的统一资源定位符,用于确定网络中具体资源的位置。URL 包含了用于查找某个资源的足够信息,其具体格式如下。

```
http://host[:port]/[abs_path]
```

其中,http 表示要通过 HTTP 来定位网络资源;host 表示合法的 Internet 主机域名或者 IP 地址；port 指定一个端口号，为空则使用默认端口 80；abs_path 指定请求资源的 URL；如果 URL 中没有给出 abs_path，那么当它作为请求 URL 时，必须以"/"的形式给出，该工作一般由浏览器自动完成。

1.2.4 简单的 Web 服务器

学习完 HTTP 的内容后，思考一下，如何通过 Web 服务器将 HTML 文件，使用 HTTP 在互联网上进行共享？

下面使用 ServerSocket 来发布一个 Web 服务，让浏览器通过 HTTP 来连接这个 Web 服务，Web 服务接收浏览器发送过来的 HTTP 请求，并对 HTTP 请求进行解析，封装到 Request 对象中，Request 类的定义如下。

```java
1   public class Request {
2       private Map<String,String> requestHeadMap = new HashMap<String,String>();
3       private String method;                //请求方法
4       private String resourcePath;          //请求路径
5       private Map<String,String> parameter = new HashMap<String,String>(); //请求参数
6       public void setRequestHead(String key,String value){
7           requestHeadMap.put(key, value);
8       }
9       public String getHead(String key){
10          return requestHeadMap.get(key);
11      }
12      public void setParameter(String key,String value){
13          parameter.put(key, value);
14      }
15      public String getParameter(String key){
16          return parameter.get(key);
17      }
18      public String getMethod() {
19          return method;
20      }
21      public void setMethod(String method) {
22          this.method = method;
23      }
24      public String getResourcePath() {
25          return resourcePath;
26      }
27      public void setResourcePath(String resourcePath) {
28          this.resourcePath = resourcePath;
29      }
30  }
```

首先，定义 Web 服务类为 HttpServer，在该类中创建一个 ServerSocket 对象，占用 8080 端口，并循环等待浏览器连接，当浏览器发送请求连接服务器后，HttpServer 针对当前连接启动线程，进行 HTTP 请求处理，进而继续等待浏览器连接，HttpServer 代码如下。

```java
1   public class HttpServer {
2       private ServerSocket server;
3       public HttpServer(){
4           try {
```

```
5            server = new ServerSocket(8080);
6        } catch (IOException e) {
7            System.out.println("服务无法启动");
8            e.printStackTrace();
9            System.exit(1);
10       }
11   }
12   /**
13    * 启动Web服务器接收客户端的HTTP请求,对请求进行解析处理,生成响应
14    */
15   public void run(){
16       while(true){
17           try {
18               //等待客户端连接
19               Socket socket = server.accept();
20               RequestProcess requestPro = new RequestProcess(socket);
21               //启动线程进行请求处理
22               Thread thread = new Thread(requestPro);
23               thread.start();
24           } catch (IOException e) {
25               System.out.println("客户端连接异常");
26               e.printStackTrace();
27           }
28       }
29   }
30 }
```

在上述代码中,RequestProcess是对浏览器发送的HTTP请求进行处理的工具类,该类主要从Socket连接中获得完整的HTTP请求消息,并封装到请求对象Request中,再根据请求中的请求资源路径,将具体资源文件封装到HTTP响应Responce对象中,Responce类的定义如下。

```
1  public class Responce {
2      private int respCode = 200;              //响应状态码
3      private byte[] respBody;                  //响应正文
4      private Map<String,String> respHead = new HashMap<String,String>();//响应头
5      public void setHead(String key,String value){
6          respHead.put(key, value);
7      }
8      public int getRespCode() {
9          return respCode;
10     }
11     public void setRespCode(int respCode) {
12         this.respCode = respCode;
13     }
14     public byte[] getRespBody() {
15         return respBody;
16     }
17     public void setRespBody(byte[] respBody) {
18         this.respBody = respBody;
19     }
20     public Map<String, String> getRespHead() {
21         return respHead;
22     }
```

```
23      public void setRespHead(Map<String, String> respHead) {
24          this.respHead = respHead;
25      }
26  }
```

最后根据资源文件的处理情况，设置 Responce 对象中的响应状态码，将最终的响应结果对象解析成 HTTP 响应格式，通过 Socket 连接将 HTTP 响应发送给浏览器，浏览器进行接收，RequestProcess 请求处理类的具体代码如下。

```
1   public class RequestProcess implements Runnable{
2   private Socket socket;
3   public RequestProcess(Socket socket){
4       this.socket = socket;
5   }
6   @Override
7   public void run() {
8       try {
9           //获取客户端的请求详情
10          Request req = getReauest();
11          //根据请求获取资源，生成响应对象，设置响应正文，并设置响应状态码
12          Responce resp = requestProcess(req);
13          //将响应正文返回给客户端
14          printResponce(resp);
15      } catch (IOException e) {
16          System.out.println("无法读取客户端的连接");
17          e.printStackTrace();
18      }
19
20  }
21  private Request getReauest() throws IOException{
22      InputStream io = this.socket.getInputStream();
23      Request request = new Request();
24      BufferedReader br = new BufferedReader(new InputStreamReader(io));
25      String line;
26      //处理请求行
27      line = br.readLine();
28      String[] requestLine = line.split(" ");
29      request.setMethod(requestLine[0]);              //请求方法
30      request.setResourcePath(requestLine[1]);        //请求路径
31      //处理请求头
32      while((line = br.readLine())!=null&&!"".equals(line)){
33          String[] heads = line.split(":");
34          request.setRequestHead(heads[0],heads[1]);
35      }
36      return request;
37  }
38  private Responce requestProcess(Request request) throws IOException {
39      Responce resp = new Responce();
40      String resource = request.getResourcePath();
41      FileInputStream fr = null;
42      try {
43          File file = new File(System.getProperty("user.dir") + resource);
```

```
44              fr = new FileInputStream(file);
45              byte[] body = new byte[(int)file.length()];
46              fr.read(body);
47              resp.setRespBody(body);
48          } catch (FileNotFoundException e) {
49              resp.setRespCode(404);
50          }finally{
51              if(fr!=null){
52                  fr.close();
53              }
54          }
55          return resp;
56      }
57
58      private void printResponce(Responce resp) throws IOException{
59          System.out.println("开始生成响应");
60          OutputStream out = this.socket.getOutputStream();
61          PrintStream ps = new PrintStream(out);
62          StringBuffer sb = new StringBuffer();
63          //设置响应行
64          sb.append("HTTP/1.1 200 OK\n\r");
65          //设置响应头
66          Set<Entry<String, String>> set = resp.getRespHead().entrySet();
67          for(Entry<String, String> entry:set){
68              sb.append(entry.getKey())
69              .append(":")
70              .append(entry.getValue())
71              .append("\n\r");
72          }
73          //设置响应正文
74          sb.append("\n\r");
75          if(resp.getRespBody()!=null){
76              sb.append(new String(resp.getRespBody()));
77          }
78          ps.println(sb.toString());
79          ps.flush();
80          ps.close();
81      }
82  }
```

通过 Run 启动 Web 服务程序，并在当前工程的根目录下创建 html 页面 1.html，通过浏览器进行访问，可以看到响应结果，如图 1.12 和图 1.13 所示。

```
1  public class Run {
2      public static void main(String[] args) {
3          HttpServer server = new HttpServer();
4          server.run();
5      }
6  }
```

图 1.12 浏览器请求 HttpServer

图 1.13 查看 HttpServer 的响应结果

1.3 Tomcat

第 1.2 节使用 ServerSocket 开发了一个 Web 服务，允许浏览器进行连接，并发送请求。这个 Web 服务程序的主要功能是解析浏览器发送过来的 HTTP 请求，针对 HTTP 请求做出处理生成 HTTP 响应内容，并将 HTTP 响应通过网络返回浏览器。

其中，发布 Web 服务、等待客户端连接、对接收到的 HTTP 请求解析处理以及将 HTTP 响应内容返回给浏览器的业务逻辑都是一致的，因此人们不需要重复工作。Apache、Sun 和其他一些公司及个人共同设计开发了一个 Web 服务系统 Tomcat，以提供公共的 Web 服务。由于 Tomcat 技术先进、性能稳定，而且免费，因而深受 Java 开发者的喜爱，并得到了部分软件开发商的认可，成为目前比较流行的 Web 应用服务器。

Tomcat 除了能够启动一个 Web 服务、接收 HTTP 请求之外，还允许开发者在遵守 Servlet 标准的前提下，设计开发自己的业务代码，交由 Tomcat 进行请求调用，所以 Tomcat 是一个 Servlet 容器。

课程介绍

1.3.1 Tomcat 的安装与配置

下面来学习如何安装和使用 Tomcat。Tomcat 启动需要依赖 JDK。读者可以在 Apache 官网下载所需版本的 Tomcat 安装包，在 Oracle 官网下载 JDK。下面以 Tomcat8.5.15 及 Java SE 8u131 为例介绍其安装过程，选择的 Tomcat 及 JDK 都是 Windows 64-bit 版本。

进入 Apache 官网下载 Tomcat 8，在左侧菜单区选择 Tomcat 8 版本。用户可根据自己的操作系统选择不同的下载文件，建议下载.zip 格式的软件包，这样可无须安装直接使用，如图 1.14 和图 1.15 所示。

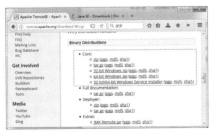
图 1.14 下载 Tomcat

图 1.15 下载 JDK

JDK 的安装方法在本书中不再赘述，如有需要请读者参考网络资源。JDK 安装完毕后，需要设置环境变量"JAVA_HOME"为 JDK 的安装根路径，设置过程如图 1.16 和图 1.17 所示。

图 1.16　设置 JAVA_HOME 环境变量

图 1.17　设置安装根路径

解压下载的 Tomcat 安装包"apache-tomcat-8.5.15-windows-x64.zip"，本书将其解压到文件夹"F:\apache-tomcat-8.5.15"中，需要配置环境变量"CATALINA_ HOME"，该环境变量的值为 Tomcat 的安装根路径，如图 1.18 和图 1.19 所示。

命令行操作

图 1.18　设置 CATALINA_HOME 环境变量

图 1.19　Tomcat 安装目录

1.3.2　Tomcat 的使用

1. 启动 Tomcat

进入 Tomcat 的安装目录，可以看到在该目录下有一个"bin"文件夹，在该文件夹内，放置了 Tomcat 的操作命令，如图 1.20 所示，其中"startup.bat"文件是用于启动 Tomcat 的命令。

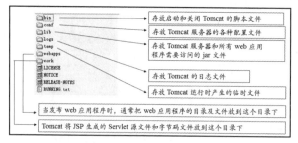

图 1.20　Tomcat 的目录结构

双击"bin"目录下的"startup.bat"文件（见图 1.21），可以启动 Tomcat。启动后的运行效果如图 1.22 所示。

图 1.21 双击 "startup.bat" 文件

图 1.22 Tomcat 启动效果

此时打开浏览器输入"http://localhost:8080",就可以看到 Tomcat 正常启动后的管理控制台页面,如图 1.23 所示。

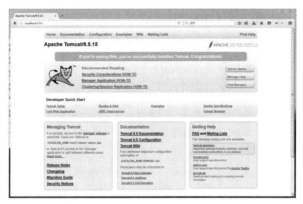
图 1.23 Tomcat 管理控制台页面

2. 关闭 Tomcat

在 Tomcat 的"bin"目录中,存在一个批处理文件"shutdown.bat",如图 1.24 所示,如果要关闭 Tomcat,双击运行该文件即可。当然也可以直接关闭 Tomcat 运行窗口,但是直接关闭 Tomcat 窗口,会导致 Tomcat 不能及时释放所占用的资源等问题,因此建议双击运行"shutdown.bat"。

图 1.24 关闭 Tomcat

3. Tomcat 启动时的闪退处理

有时可能会因为环境等问题,导致 Tomcat 启动异常。比如,双击"startup.bat"文件启动 Tomcat 时,会出现启动窗口闪退的现象,其具体原因无法得知。如果遇到这种情况,可以直接打开"命令提示符"窗口,使用"cd"命令进入 Tomcat 的"bin"目录下,直接运行命令"catalina run",

此时，如果启动存在任何问题，都会在该界面上打印异常信息，如图 1.25 所示。

命令行操作（续）

图 1.25 运行 catalina run 命令

1.3.3 MyEclipse 配置 Tomcat

用户在开发时，还可以将当前的 Tomcat 配置到自己开发时所使用的 IDE 中，如 MyEclipse。下面以 MyEclipse 10 为例，讲解如何将 Tomcat 配置到自己的开发环境中。

首先打开 MyEclipse，选择 Windows→Preferences 命令（见图 1.26），在打开的"preferences"窗口中搜索 Tomcat，可以看到搜索到的 4 个 Tomcat 项，第一个是 MyEclipse 自带的 Tomcat，然后是自己下载使用的 Tomcat 版本，有 6.x、7.x 等，下面将以 7.0 版本作为例子进行说明。

选择 Tomcat 的对应版本，如图 1.27 所示。在图 1.27 右侧的配置信息中选择单选按钮"Enable"。然后单击"Tomcat home directory"选项后面的"Browse"按钮，选择 Tomcat 的安装根路径。

MyEclipse 操作

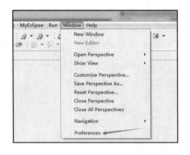

图 1.26 选择"Preferences"命令

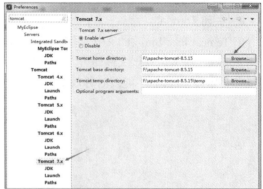

图 1.27 Tomcat 配置窗口

关闭配置窗口，在 MyEclipse 的工具栏中，找到图 1.28 所示的部署图标" "。单击右侧的下三角" "，可以看到刚刚配置过的 Tomcat 7.0，单击"star"即可以启动 Tomcat，启动日志会显示在 MyEclipse 的 Console 中，如图 1.29 所示，至此配置成功。

第 1 章　Java Web 开发基础

图 1.28　查看配置的 Tomcat　　　　　　图 1.29　Tomcat 启动日志

1.4　小结

本章介绍了 Java Web 的基础知识，包括 HTML 常用标签、HTTP、Tomcat 的安装与使用。其中，HTML 是 Java Web 项目中页面搭建的基础，特别是表单相关标签是后续知识的应用基础；HTTP 是实现客户端与服务器通信的重要协议，通过对它的学习大家能理解 HTTP 通信原理及HTTP 消息的结构和内容。作为目前较流行的 Web 服务器，Tomcat 的安装及使用是后续开发的基础，需要读者熟练掌握其应用。

习　题

1. JSP 中，HTML 注释的特点是（　　）。（选 1 项）
   A. 发布网页时看不到，在源文件中也看不到
   B. 发布网页时看不到，在源文件中能看到
   C. 发布网页时能看到，在源文件中看不到
   D. 发布网页时能看到，在源文件中也能看到
2. 下面哪项不是 Form 的元素？（　　）（选 1 项）
   A. input　　　　　　B. textarea　　　　　　C. select　　　　　　D. table
3. 单选按钮定义是下列哪一项？（　　）（选 1 项）
   A. <input name="sex"　type="text"　value="0" />
   B. <input name="sex"　type="checkbox"　value="0" />
   C. <input name="sex"　type="option"　value="0" />
   D. <input name="sex"　type="radio"　value="0" />
4. 表单标记中 action 属性的作用是（　　）。（选 1 项）
   A. 为表单命名
   B. 调用客户端验证方法
   C. 指明表单信息发送的目的地址
   D. 指明表单的提交方式

5. 下列哪个状态码表示"无法找到指定位置的资源"？（ ）（选1项）
   A. 100 　　　　　　B. 201 　　　　　　C. 400 　　　　　　D. 404
6. 下面哪一个选项不是http响应的一部分？（ ）（选1项）
   A. 响应头 　　　　B. 响应正文 　　　C. 协议版本号 　　D. 状态行
7. 下列关于Tomcat说法不正确的是（ ）。（选1项）
   A. Tomcat是一个Servlet容器　　　　B. Tomcat是一种编程语言
   C. Tomcat是一个免费开源的项目　　D. Tomcat的默认端口是8080
8. Tomcat服务默认情况下使用的端口号是（ ）。（选1项）
   A. 8000 　　　　　B. 8080 　　　　　C. 8888 　　　　　D. 80

第 2 章
Servlet 编程

Servlet 是 Java Web 应用中的核心组件，也是学习 Java Web 开发的重点与难点。掌握 Servlet 是进行 Java Web 开发的基础，如果没有充分理解 Servlet 及其相关知识，将无法写出高效的 Java Web 应用程序。本章讲解用 Servlet 进行 Java Web 应用开发的核心技术。

2.1 创建 Servlet

在深入讲解 Servlet 的基本概念与工作原理之前，首先介绍如何使用 MyEclipse 创建一个最简单的 Servlet，在读者有了直观与感性的认识之后，再详细深入学习 Servlet 的相关知识。

页面访问路径

（1）在 MyEclipse 下，选择 File→New→Web Project 选项，新建一个 Web Project 项目，如图 2.1 所示。

图 2.1　新建 Web Project 项目

（2）在 "New Web Project" 对话框的 "Project Name" 文本框中输入项目名称 "servlet_first"，单击 "Finish" 按钮创建 Web Project 项目（见图 2.2）。新生成的 servlet_first 项目结构如图 2.3 所示。

图 2.2　输入项目名称

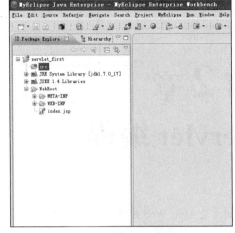

图 2.3　Web Project 项目结构

（3）右键单击项目 servlet_first 下的 src 目录，选择 New→Servlet 选项（见图 2.4）后，会弹出"Create a new Servlet"对话框。

图 2.4　新建 Servlet

（4）在"Create a new Servlet"对话框中的"Package"文本框中输入包名"servlet"；在"Name"文本框中输入 Servlet 类名"MyServlet"。同时取消勾选对话框下方的 Inherited abstract methods、Constructors from superclass、init() and destroy() 3 个复选框（见图 2.5），然后单击"Next"按钮进入下一步配置。

（5）在图 2.6 所示的对话框中，删除最后两行文本框"Display Name"和"Description"中的内容，然后单击"Finish"按钮即生成图 2.7 所示的 Servlet 代码。

（6）由图 2.7 左侧的"Package Explorer"视图可知，MyEclipse 在 src 目录下生成了"servlet"包及"MyServlet"类，展开"MyServlet"类，可以看到该类含有"doGet()"和"doPost()"两个方法（见图 2.8）。

图 2.5 "Create a new Servlet" 对话框（Servlet Wizard）

图 2.6 "Create a new Servlet" 对话框（XML Wizard）

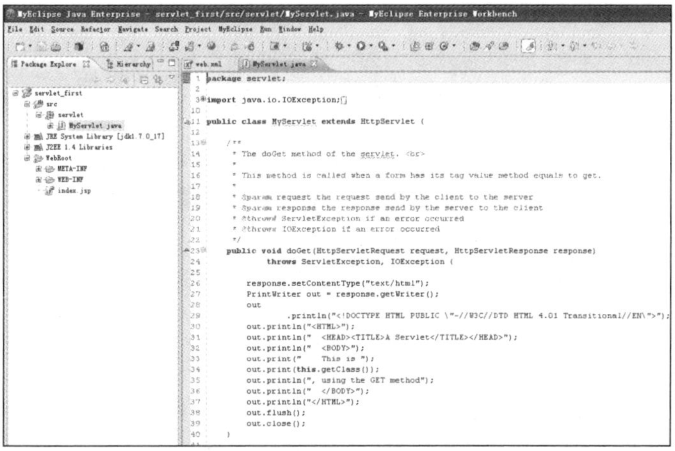

图 2.7 MyEclipse 生成的 Servlet 代码

（7）因为 MyEclipse 自动生成的 Servlet 代码及注释较为烦琐，所以在保留 doGet()和 doPost()两个方法的前提下，删除其他代码与注释以便加入自己编写的更精简的代码。删除之后的 MyServlet 类的代码如下。

图 2.8 MyServlet 类中的方法

```
1   public class MyServlet extends HttpServlet {
2       public void doGet(HttpServletRequest request,
            HttpServletResponse response)
3           throws ServletException, IOException {
4       }
5       public void doPost(HttpServletRequest request,
            HttpServletResponse response)
6           throws ServletException, IOException {
7       }
8   }
```

从以上代码可知，Servlet 类是 HttpServlet 类的一个子类。构建一个 Servlet 的关键就是继承 HttpServlet 类并重写其中的 doGet()和 doPost()方法。doGet()与 doPost()方法的声明基本一致，即返回值都是 void 类型，且都接收 request 与 response 两个参数。参数 request 和 response 分别是

HttpServletRequest 和 HttpServletResponse 类型，从名称可知，request 代表了浏览器访问 Servlet 而发送的 HTTP 请求报文，response 则代表了 Servlet 处理浏览器请求后发回的响应报文。在面向对象程序设计中，每一件事物都是一个对象，因此网络中传输的 HTTP 请求报文和 HTTP 响应报文也自然被表达成了对象。

（8）在 MyServlet 类的 doGet()方法中，加入如下代码，定义一个最简单的 Servlet。

```
1   public void doGet(HttpServletRequest request, HttpServletResponse response)
2     throws ServletException, IOException {
3       PrintWriter out = response.getWriter();
4       out.println("Hello Servlet!");
5       out.close();
6   }
```

以上代码从参数 response 中获取了一个 PrintWriter 类型的输出流 out，该输出流输出了字符串"Hello Servlet!"后关闭。输出流 out 把数据传输给 HTTP 响应报文，所以字符串"Hello Servlet!"会被输出到客户端的浏览器。

（9）MyServlet 类的代码已经编写完成，为了运行并查看输出结果，需要将类 MyServlet 所在的项目"servlet_first"发布到 Tomcat。单击 MyEclipse 工具栏中的"Deploy"按钮（见图2.9）打开"Project Deployments"对话框。

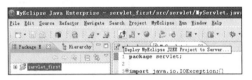

图2.9　发布项目 servlet_first

（10）在项目"Project Deployments"对话框的"Project"列表框中，选中项目"servlet_first"（见图2.10），之后单击"Add"按钮打开"New Deployments"对话框（见图2.11）。

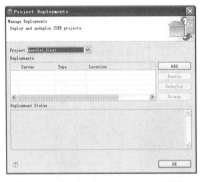 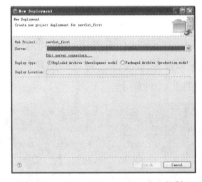

图2.10　"Project Deployments"对话框　　　图2.11　"New Deployments"对话框

在"New Deployments"对话框的"Server"列表框中选择项目要部署的 Tomcat 服务器（见图2.12），选择完毕后单击"Finish"按钮关闭"New Deployments"对话框并回到发布对话框（见图2.13），然后再单击发布对话框的"OK"按钮即可完成发布。

（11）发布完成之后，需启动 Tomcat 服务器（见图2.14），并确保服务器 http://localhost:8080 可以正常访问。

图 2.12 选择 Tomcat 服务器

图 2.13 设置后的发布对话框

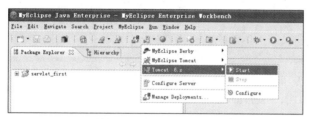
图 2.14 启动 Tomcat 服务器

（12）以上工作完成之后，就可以访问 MyServlet 了。在浏览器中访问 Servlet 的关键是要输入正确的 URL，对 Servlet 包下的 MyServlet 类而言，其 URL 已在图 2.6 "Create a new Servlet" 对话框的 "Servlet/JSP Mapping URL" 文本框中设置过，从该文本框可知其 URL 是 "/servlet/MyServlet"。同时，Tomcat 的主机路径是 "http://localhost:8080"，MyServlet 所在项目名称为 "servlet_first"。由于 Servlet 的访问路径由 "主机路径+项目名称+Servlet Mapping URL" 构成，所以 MyServlet 的绝对访问路径如下。

```
http://localhost:8080/servlet_first/servlet/MyServlet
```

在浏览器中，根据以上绝对路径可以访问 MyServlet，其运行结果如图 2.15 所示。从图中可以看出，MyServlet 显示了 doGet()方法产生的输出 "Hello Servlet"。在浏览器的地址栏输入 URL 时务必注意字母的大小写，因为 Tomcat 中的 URL 是大小写敏感的。

创建 Servlet

图 2.15 MyServlet 的运行结果

至此，就实现了一个 Servlet 从创建、编码、发布到访问的完整过程。

2.2 web.xml 配置文件

通过 MyEclipse 创建 Servlet，除了生成与 Servlet 相关的 Java 代码文件，还会在项目目录 WebRoot/WEB-INF 下的 web.xml 文件中添加该 Servlet 的配置信息。下面以 servlet.MyServlet 类为例，在 web.xml 中加入的具体配置信息如下。

```
1  <servlet>
2      <servlet-name>MyServlet</servlet-name>
3      <servlet-class>servlet.MyServlet</servlet-class>
4  </servlet>
5  <servlet-mapping>
6      <servlet-name>MyServlet</servlet-name>
7      <url-pattern>/servlet/MyServlet</url-pattern>
8  </servlet-mapping>
```

<servlet>标签主要设置了 Servlet 的基本信息。其中，<servlet-name>标签定义了 Servlet 的名称，以便在其他地方引用；<servlet-class>标签定义了 Servlet 类的类路径。<servlet-mapping>标签定义了 Servlet 的 URL 路径映射信息，即在浏览器中访问该 Servlet 的 URL 路径；<servlet-name>标签定义了要映射的 Servlet 类；<url-pattern>标签则定义了访问该 Servlet 的 URL 相对路径（如/servlet/MyServlet），主机路径与项目名称加上相对路径则构成了该 Servlet 的 URL 绝对路径（如 http:// localhost:8080/servlet_first/servlet/MyServlet）。

如图 2.16 所示，web.xml 文件中的 Servlet 配置信息实际上是根据图 2.6 "Create a new Servlet" 对话框（XML Wizard）中的内容生成的。使用 MyEclipse 创建 Servlet 时，我们可以通过修改图 2.6 的内容来定制 web.xml 文件中的 Servlet 配置信息。生成 Servlet 以后，也可手动修改 web.xml 文件中的配置内容以满足开发需求。

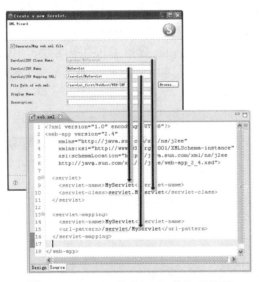

图 2.16 MyEclipse 生成 Servlet 的 XML 配置

与开发 Java SE 应用相比，开发 Java Web 除了要编写 Java 代码，还要维护相应的 XML 配置文件，这些 XML 配置文件是保障 Java Web 应用正确运行的前提，也是学习 Java Web 开发时的重点和难点。对于学习 Servlet 的初学者而言，所犯的常见错误大都出现在 web.xml 配置文件中。所以，虽然可以借助 MyEclipse 在 web.xml 中生成配置，但也要学会手动修改 web.xml 文件，因为熟练配置 web.xml 是学会 Java Web 开发的标志之一，对此初学者务必要重视起来。

Servlet 访问路径

开发 Servlet 时，每次修改了 Servlet 的 Java 代码，都需要重新发布项目，才能够看到修改后的运行结果。在 MyEclipse 下，每次修改并保存 web.xml 都会触发项目的自动重新发布，可利用其为开发带来方便。

2.3 Servlet 获取请求参数

客户端根据浏览器地址中的 URL 可以访问 Web 服务器的指定页面，也可以通过 URL 向服务器提交参数。在 URL 中携带参数的具体方法如下。

静态页面与动态页面

```
http://localhost:8080/servlet_first/servlet/MyServlet?username=zhang
http://localhost:8080/servlet_first/servlet/MyServlet?username=
    zhang&password=12345
```

以上两行 URL 都访问了 MyServlet，第 1 行 URL 向 MyServlet 提交了一个参数，参数名是"username"，参数值是"zhang"；第 2 行 URL 向 MyServlet 提交了两个参数，参数名分别是"username"和"password"，参数值则分别是"zhang"和"12345"。从以上 URL 不难看出：第一个参数以"?"与 URL 连接，之后其他参数则通过"&"进行连接；同时每个参数都以"参数名=参数值"的方式进行表示。接下来以 1 行 URL 访问 MyServlet，并在 MyServlet 中编写代码以接收参数 username。

Servlet 主要是在 doGet()和 doPost()方法中处理客户端的请求，这里先讲解 doGet()方法的使用（doPost()方法在 2.7 中进行介绍）。由于请求参数位于 HTTP 请求报文中，所以在 doGet()方法中可借助参数 request 来获取请求参数，即调用 HttpServletRequest 接口下的 getParameter()方法，该方法的声明如下。

```
public String getParameter(String name)
```

getParameter()方法根据请求参数名返回请求参数值，方法的参数 name 指定了需获取的参数名，而返回值即为对应的参数值。从返回值的类型可知，所有请求参数都是 String 类型。处理请求参数 username 的 MyServlet 的 doGet()方法代码如下。

```
1   public void doGet(HttpServletRequest request, HttpServletResponse response)
2       throws ServletException, IOException {
3     String username = request.getParameter("username");
4     PrintWriter out = response.getWriter();
5     out.println("username="+username);
6     out.close();
7   }
```

以上代码根据请求参数名"username"取得参数值，并将其输出显示在响应页面上，其运行结果如图 2.17 所示。

图 2.17　处理单个请求参数

读者可修改浏览器地址栏中 username 参数的值,并通过下面的 URL 来访问 MyServlet,观察浏览器将会展示怎样的结果。

```
http://localhost:8080/servlet_first/servlet/MyServlet?username=wang
```

若以第 2 行 URL 访问 MyServlet,则 doGet()方法中处理两个请求参数的代码如下,运行结果如图 2.18 所示。

```
1  public void doGet(HttpServletRequest request, HttpServletResponse response)
2    throws ServletException, IOException {
3    String username = request.getParameter("username");
4    String password = request.getParameter("password");
5    PrintWriter out = response.getWriter();
6    out.println("username="+username);
7    out.println("password="+password);
8    out.close();
9  }
```

Servlet 获取参数

图 2.18　处理多个请求参数

2.4　Servlet 实现登录功能

根据前面学过的知识点,可以开发出一个简单的 Web 登录程序。首先基于 MyEclipse 新建一个 Servlet,类名为 servlet.LoginServlet,其 URL 定义为"/servlet/LoginServlet",携带用户名和密码参数访问该 Servlet 的 URL 如下。

```
http://localhost:8080/servlet_first/servlet/LoginServlet?username=zhang&password=12345
```

LoginServlet 类的 doGet()方法的代码如下。

```
1  public void doGet(HttpServletRequest request, HttpServletResponse response)
2    throws ServletException, IOException {
3    String username = request.getParameter("username");
4    String password = request.getParameter("password");
5    PrintWriter out = response.getWriter();
6    if(username.equals("zhang")&&password.equals("12345")){
7      out.println("Login Success!");
8    }else{
9      out.println("Login Error!");
```

```
10      }
11      out.println("username="+username);
12      out.println("password="+password);
13      out.close();
14  }
```

从以上代码可以看出，当用户提交的参数 username 与 password 的值分别是"zhang"和"12345"时，判定用户登录成功（运行结果如图 2.19 所示），否则判定用户登录失败（运行结果如图 2.20 所示）。

图 2.19　登录成功页面

图 2.20　登录失败页面

通过 URL 访问及运行 Servlet，由于 URL 过长且区分大小写，既不方便也容易引起错误。因此接下来以 LoginServlet 为例，讲解如何从 HTML 页面访问 Sevlet 并向其提交参数。首先在 servlet_first 项目的 WebRoot 目录下新建一个 HTML 页面 login.html，其 HTML 代码如下。

```
1   <html>
2    <head>
3      <title>login.html</title>
4    </head>
5    <body>
6      <form action="servlet/LoginServlet">
7      Username:<input type="text" name="username"><br>
8      Password:<input type="text" name="password"><br>
9      <input type="submit" name="Submit"><br>
10     </form>
11   </body>
12  </html>
```

login.html 在浏览器上的展示效果如图 2.21 所示，其 HTML 代码在表单<form>下定义了两个文本框和一个提交按钮，<input>标签的 name 属性指明了该文本框所代表参数的名称，而文本框中的输入内容即为参数的值。<form>标签的 action 属性非常关键，其指明了表单<form>下的所有参数将被提交给服务器上的哪个程序，即 LoginServlet 的 URL 访问路径。

图 2.21　login.html 页面

Servlet 实现登录功能

注意，此处 action 属性的值是 "servlet/LoginServlet"，而不是 "/servlet/LoginServlet"，读者可测试后者会引起什么错误？

2.5 请求参数为空的问题

Web 应用面对着各式各样的用户。用户常会有意或无意地输入非法参数，如果 Web 应用处理不当，就会引起异常及安全问题。本节讲解如何处理最为常见的参数为空的问题。

2.5.1 参数值为 null

运行 LoginServlet，我们既可通过 URL，也可通过 login.html 页面。但用户若按以下两种 URL 访问 LoginServlet，则会在浏览器页面和 Tomcat 控制台同时触发空指针异常 NullPointerException（见图 2.22 和图 2.23），这是初学者常犯的错误。

提交参数为空的问题

```
http://localhost:8080/servlet_first/servlet/LoginServlet
http://localhost:8080/servlet_first/servlet/LoginServlet?Username=zhang&password=12345
```

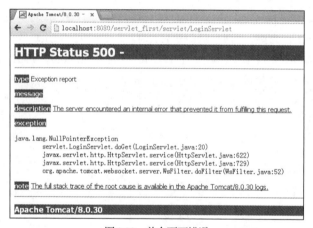

图 2.22 前台页面错误

图 2.23 后台控制台错误

前后台输出信息都指明 LoginServlet.java 的第 20 行引起了异常，该行代码如下。

```
if(username.equals("zhang")&&password.equals("12345")){
```

第 1 个 URL 中未指定 username 的参数值，第 2 个 URL 中指定了错误的 username 参数值（即"Username"中的首字母 U 不应该大写），这两者都会造成 username 的值为 null，所以 username.equals("zhang")语句就触发了"NullPointerException"。因此，为了使程序更健壮，就需要加入对参数值是否为 null 的判断。

2.5.2 参数值为" "

当用户通过 login.html 页面访问 LoginServlet 时，如果用户未在两个文本框中输入任何内容就单击"提交"按钮（见图 2.24），则 LoginServlet 的运行结果如图 2.25 所示。

图 2.24　参数值为" "的请求页面

图 2.25　参数值为" "的响应页面

从图 2.25 浏览器的地址栏可以看出"username=""password="，即参数 username 和 password 的值都是长度为 0 的空串，即" "。同样地，为了程序的健壮性，就需要加入对参数是否为空串的判断。再结合 2.5.1 节中的"参数值为 null"的判断，完善后的代码如下。

登录功能 Servlet 的一些问题

```
1   public void doGet(HttpServletRequest request,
        HttpServletResponse response)
2       throws ServletException, IOException {
3       String username = request.getParameter("username");
4       String password = request.getParameter("password");
5       PrintWriter out = response.getWriter();
6       if(username==null || username.equals("")){
7           out.println("username="+username);
8           out.close();
9           return;
10      }
11      if(password==null || password.equals("")){
12          out.println("password="+password);
13          out.close();
14          return;
15      }
16      if(username.equals("zhang")&&password.equals("12345")){
17          out.println("Login Success!");
18      }else{
19          out.println("Login Error!");
20      }
```

```
21      out.println("username="+username);
22      out.println("password="+password);
23      out.close();
24   }
```

2.6 复选框提交参数

在 HTML 页面中，文本框、单选按钮等组件所表示的请求参数都是单个值，而复选框、列表框等组件所表示的请求参数则是数组类型，下面讲解如何接收数组类型的参数。首先在 WebRoot 目录下新建一个 HTML 页面 checkbox.html，其在浏览器的显示效果如图 2.26 所示。

图 2.26　checkbox.html 页面

假如要统计用户擅长的球类运动，对于 checkbox.html 页面，用户可全选、全不选、任选一个或两个。页面 checkbox.html 的 HTML 代码如下。

```
1   <html>
2     <head>
3         <title>login.html</title>
4     </head>
5     <body>
6         <form action="servlet/CheckboxServlet">
7         Basketball:<input type="checkbox" name="balls" value="basketball"><br>
8         Volleyball:<input type="checkbox" name="balls" value="volleyball"><br>
9         Footall:<input type="checkbox" name="balls" value="football"><br>
10        <input type="submit" name="Submit"><br>
11        </form>
12    </body>
13  </html>
```

因为3个复选框表达的是同一组请求参数，所以它们的 name 属性都是一样的（即都是"balls"），此时请求参数 balls 的值就是数组类型的。而 HttpServletRequest 下的 getParameter()方法只能处理单个值，因此为了接收数组类型的参数，就需要调用 HttpServletRequest 下的 getParameterValues()方法，该方法的声明如下。

```
String[] getParameterValues(String name)
```

除了返回值的类型不同，getParameterValues()方法与 getParameter()方法都是根据请求参数名来获取请求参数值，方法的参数 name 指定了欲获取的参数名，而返回值即为具体的参数值。getParameterValues()方法的返回值为 String[]类型。处理页面 checkbox.html 请求的 CheckbokServlet 类的 doGet()方法代码如下。

```
1   public void doGet(HttpServletRequest request, HttpServletResponse response)
2       throws ServletException, IOException {
3       String[] balls = request.getParameterValues("balls");
4       PrintWriter out = response.getWriter();
5       if(balls==null){
6           out.println("balls=null");
7           out.close();
```

```
 8          return;
 9      }
10      for(String ball : balls){
11          out.println("balls="+ball);
12      }
13      out.close();
14  }
```

如果没有选择 3 个复选框中的任何一个,则 balls 的值为 null,此时要对其做专门的判断,否则就会引起 NullPointerException 异常。对于全选、任选一个或两个的情况,读者可根据以上代码自行进行测试。

复选框提交参数

2.7 GET 请求与 POST 请求

构建一个 Servlet 的关键就是继承 HttpServlet 类并重写其中的 doGet()和 doPost()方法。之前我们介绍了 doGet()方法,下面将介绍 doPost()方法的使用。首先在 WebRoot 目录下新建一个 HTML 页面 login_post.html,其 HTML 代码与先前的 login.html 基本一致,唯一的不同之处在于<form>标签下多了一个 method 属性,login_post.html 的具体代码如下。

```
 1  <html>
 2      <head>
 3          <title>login.html</title>
 4      </head>
 5      <body>
 6          <form action="servlet/LoginServlet" method="post">
 7          Username:<input type="text" name="username"><br>
 8          Password:<input type="text" name="password"><br>
 9          <input type="submit" name="Submit"><br>
10          </form>
11      </body>
12  </html>
```

该<form>表单同样把请求参数提交到了 LoginServlet,并多设置了一个值为 post 的属性 method,该属性设置了请求参数的提交方式。值为 post 时,其以 POST 方式提交,Servlet 会调用 doPost()方法来处理请求;值为 get 或者属性未设置时(如 login.html 中的<form>标签),则以 GET 方式提交,Servlet 会调用 doGet()方法来处理请求。

现在访问 login_post.html 页面并单击"提交"按钮,LoginServlet 只会返回一个空页面。显然是由于 doPost()方法中没有任何代码,其未在 response 响应中写入任何内容。因为 doPost()方法同样是实现登录功能,可直接调用 doGet()方法,所以 doPost()方法的实现代码如下。

```
 1  public void doPost(HttpServletRequest request, HttpServletResponse response)
 2      throws ServletException, IOException {
 3      doGet(request,response);
 4  }
```

页面 login.html 以 GET 方式提交请求参数,LoginServlet 会调用 doGet()方法处理请求;而页面 login_post.html 以 POST 方式提交请求参数,LoginServlet 则会调用 doPost()方法。除此之外,

单击"提交"按钮后,两种方式在浏览器地址栏中生成的 URL 也不同,具体对比如下。

GET 方式:

```
http://localhost:8080/servlet_first/servlet/LoginServlet?username=zhang&password=12345
```

POST 方式:

```
http://localhost:8080/servlet_first/servlet/LoginServlet
```

GET 方式会将请求参数显示在浏览器地址栏中,而 POST 方式则不会。这是因为 GET 方式的请求参数是放在 HTTP 请求报文的报头,而 POST 方式的请求参数是放在 HTTP 请求报文的正文。如果请求参数中携带有安全性、敏感性信息(如密码),则应该使用 POST 方式;而 GET 方式十分便于调试程序。

get 与 post 提交

2.8 中文乱码问题

开发 Java Web 应用时,如果没有正确地编程和配置涉及的中文信息,就会引起乱码问题。在不同情况下出现的乱码有不同的解决方法。本节主要介绍在进行 Servlet 编程时,一些常见的中文乱码问题及其解决方案。

2.8.1 Servlet 输出乱码

之前的 Servlet 在响应中输出的都是英文信息,以 LoginServlet 为例,如果登录成功后其输出内容由 out.println("Login Success!")改为 out.println("登录成功!"),实际查看到的运行结果如图 2.27 所示。

get 与 post 参数的乱码问题

图 2.27　Servlet 输出乱码

从图 2.27 可知,输出的是乱码字符。为了解决此种情况下的乱码问题,需要在使用 response 对象之前,先设置其字符编码。也就是在 PrintWriter out = response.getWriter()语句之前加入以下代码:

```
response.setCharacterEncoding("gbk");
```

response 对象的字符输出流默认使用的是 ISO 8859-1 编码,其无法识别中文字符,就会将其解释为"?"。通过上述语句设置字符输出流使用 GBK 中文编码,即可解决 Servlet 输出乱码的问题。

2.8.2 POST 参数乱码

以按 POST 方式提交请求参数的 login_post.html 页面为例,如果在 username 文本框中输入中文字符"张三",并单击"提交"按钮,就会看到图 2.28 所示的输出结果。

图 2.28　POST 参数乱码

从图 2.28 可知，实际输出的 username 参数值是乱码字符。为了解决此种情况下的乱码问题，需要在使用 request 对象之前，先设置其字符编码。也就是在 String username = request.getParameter ("username")语句之前加入以下代码：

```
request.setCharacterEncoding("gbk");
```

request 对象解码时采用的是 ISO 8859-1，上述语句将其设置为 GBK 中文编码，即可解决 POST 参数乱码的问题。

2.8.3　GET 参数乱码

因为 GET 与 POST 提交请求参数方式的不同，2.8.2 节的解决方案并不能解决 GET 参数的乱码问题。以按 GET 方式提交请求参数的 login.html 页面为例，如果在 username 文本框中输入中文字符"张三"，并单击"提交"按钮，就会看到类似图 2.28 所示的输出结果。

为了解决此种情况下的乱码问题，除在引用 request 对象前要加入 request.setCharacterEncoding ("gbk")语句外；还需要在 Tomcat 服务器的 conf 目录下 server.xml 文件的<Connector>标签中增加 useBodyEncodingForURI 属性，并设置其值为 true，具体配置内容如下。

```
1  <Connector port="8080" protocol="HTTP/1.1"
2      connectionTimeout="20000"
3      redirectPort="8443" useBodyEncodingForURI="true"/>
```

属性 useBodyEncodingForURI 设定了 URI 与 HTTP 请求报文的正文采用一致的编码方式（即 GBK 编码），即可解决 GET 参数乱码的问题。此方式通过修改 Tomcat 服务器配置，一次性解决了所有 Servlet 中 GET 参数乱码的问题。

2.9　Servlet 跳转

对于比较复杂的业务功能，经常需要多个 Servlet 配合实现，这时就需要从一个 Servlet 跳转到另外一个 Servlet，Servlet 间的跳转方式可分为转发和重定向两种。

2.9.1　Servlet 间的转发

请求转发是一种常用到的 Servlet 间跳转方式。以 LoginServlet 为例，我们现在把显示登录成功和显示登录失败的代码提取出来，分别放在新建的 SuccessServlet 类和 ErrorServlet 类。显示登录成功的 SuccessServlet 类的代码如下。

```
1  public class SuccessServlet extends HttpServlet {
2    public void doGet(HttpServletRequest request, HttpServletResponse response)
3      throws ServletException, IOException {
4      response.setCharacterEncoding("gbk");
5      PrintWriter out = response.getWriter();
```

```
6        out.println("登录成功! ");
7        out.close();
8    }
9    public void doPost(HttpServletRequest request, HttpServletResponse response)
10       throws ServletException, IOException {
11       doGet(request, response);
12   }
13 }
```

显示登录失败的 ErrorServlet 类的代码如下。

```
1  public class ErrorServlet extends HttpServlet {
2    public void doGet(HttpServletRequest request, HttpServletResponse response)
3        throws ServletException, IOException {
4        response.setCharacterEncoding("gbk");
5        PrintWriter out = response.getWriter();
6        out.println("登录失败! ");
7        out.close();
8    }
9    public void doPost(HttpServletRequest request, HttpServletResponse response)
10       throws ServletException, IOException {
11       doGet(request, response);
12   }
13 }
```

再创建一个 LoginServlet2 类，用于验证用户名与密码，验证结果交由 SuccessServlet 类或 ErrorServlet 类来显示。也就是说，现在需要 3 个 Servlet 协作来实现登录功能。那么，LoginServlet2 检验完后，该如何调用其他 Servlet？也就是如何将请求转发到其他 Servlet，以便使其继续处理。这就要用到 javax.servlet 包下的 RequestDispatcher 接口。通过使用 HttpServletRequest 的 getRequestDispatcher()方法可获取 RequestDispatcher 对象，该方法的声明如下。

```
RequestDispatcher getRequestDispatcher(String path)
```

getRequestDispatcher()方法的参数 path 指明了要转发到的目标 Servlet 的 URL 路径，其返回值为 RequestDispatcher 类型的对象。getRequestDispatcher()方法只是获取了 RequestDispatcher 对象，并未执行真正的转发，执行转发操作还需要调用 RequestDispatcher 的 forward()方法，该方法的声明如下。

```
void forward(ServletRequest request, ServletResponse response)
```

forward()方法的声明与 doGet()方法和 doPost()方法类似，在转发时，其将 request 和 response 作为参数传递到下一个 Servlet，以便其做进一步的处理。因此，使用 RequestDispatcher 实现请求转发的 LoginServlet2 类的代码如下。

```
1  public class LoginServlet2 extends HttpServlet {
2    public void doGet(HttpServletRequest request, HttpServletResponse response)
3        throws ServletException, IOException {
4        request.setCharacterEncoding("gbk");
5        String username = request.getParameter("username");
6        String password = request.getParameter("password");
7        String path="ErrorServlet";
8        if (username.equals("zhang") && password.equals("12345")) {
9            path = "SuccessServlet";
10       }
11       RequestDispatcher dispatcher = request.getRequestDispatcher(path);
12       dispatcher.forward(request, response);
```

```
 13    }
 14    public void doPost(HttpServletRequest request, HttpServletResponse response)
 15        throws ServletException, IOException {
 16        doGet(request, response);
 17    }
 18 }
```

基于请求转发，LoginServlet2、SuccessServlet 及 ErrorServlet 共同协作实现了登录功能。

Servlet 间的转发

2.9.2 转发时传递对象

第 2.9.1 节的 SuccessServlet 与 ErrorServlet 只是显示了登录成功或登录失败的消息，如果还要显示参数 username 与 password 的值，该如何处理？也就是如何把 LoginServlet2 中得到的 username 和 password 对象传送到 SuccessServlet 与 ErrorServlet？此时就需要利用 HttpServletRequest 对象来传递数据，需调用的 HttpServletRequest 的方法的声明如下。

```
void setAttribute(String name, Object object)
Object getAttribute(String name)
```

方法 setAttribute()的参数 name 指定了放入 request 的对象的"名字"，此处 name 的类型是 String，用户可任意命名，但要注意将来要按同样名字来取对象；参数 object 则为真正要放入的需被传递的对象。方法 getAttribute()按参数 name 指定的"名字"，到 request 中取出之前由方法 setAttribute()放入的对象。也就是说，LoginServlet2 要把 username 传递到 SuccessServlet，需执行如下的语句。

```
request.setAttribute("u", username);
```

LoginServlet2 执行转发后，SuccessServlet 要获取 LoginServlet2 传递的 username，需执行如下的语句。

```
String username = (String)request.getAttribute("u");
```

因为 getAttribute()方法的返回值是 Object 类型，而变量 username 为 String 类型，因此需要对返回值做强制类型转换。

在使用 forward()方法执行转发时，该方法把 request 作为参数传递到了下一个 Servlet，如图 2.29 所示，因为转发前后的两个 Servlet 引用的是同一个 request 对象，所以就可借助 request 来传递数据。

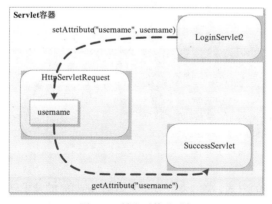

图 2.29 转发时传送对象

实现传递 username 与 password 对象的 LoginServlet2 的具体代码如下。

```
1   public class LoginServlet2 extends HttpServlet {
2
3   public void doGet(HttpServletRequest request, HttpServletResponse response)
4       throws ServletException, IOException {
5
6       request.setCharacterEncoding("gbk");
7       String username = request.getParameter("username");
8       String password = request.getParameter("password");
9
10      String path="ErrorServlet";
11      if (username.equals("zhang") && password.equals("12345")) {
12          path = "SuccessServlet";
13      }
14      request.setAttribute("username", username);
15      request.setAttribute("password", password);
16      RequestDispatcher dispatcher = request.getRequestDispatcher(path);
17      dispatcher.forward(request, response);
18  }
19
20  public void doPost(HttpServletRequest request, HttpServletResponse response)
21      throws ServletException, IOException {
22      doGet(request, response);
23  }
24  }
```

实现提取 username 与 password 对象的 SuccessServlet 的代码如下。

```
1   public class SuccessServlet extends HttpServlet {
2   public void doGet(HttpServletRequest request, HttpServletResponse response)
3       throws ServletException, IOException {
4       String username = (String)request.getAttribute("username");
5       String password = (String)request.getAttribute("password");
6       response.setCharacterEncoding("gbk");
7       PrintWriter out = response.getWriter();
8       out.println("登录成功! ");
9       out.println("username=" + username);
10      out.println("password=" + password);
11      out.close();
12  }
13  public void doPost(HttpServletRequest request, HttpServlet
        Response response)
14      throws ServletException, IOException {
15      doGet(request, response);
16  }
17  }
```

转发时传送对象

2.9.3 重定向

实现 Servlet 之间跳转的方式，除 2.9.2 节所介绍的 Servlet 的请求转发外，还可以通过重定向来实现。重定向常常用于自动跳转，它可以分为两类：服务器内部跳转、服务器之间跳转。

服务器内部跳转类似于"登录成功！5 秒之后将自动进入首页"这种应用。而服务器之间跳转,是指从一个 Web 应用跳至另一个 Web 应用。Servlet 的请求转发仅仅能够实现服务器内部跳转。

Servlet 中的重定向是通过 javax.servlet.http.HttpServletResponse 对象的 sendRedirect()方法实现的。该方法的声明如下。

```
public void sendRedirect(String location) throws IOException
```

sendRedirect()方法需要一个 String 类型的参数 location,该参数代表了当前请求结束后,需要再次请求的路径。例如,使用重定向来实现登录判断,需创建一个 LoginServlet3 类,与 LoginServlet2 类一样处理用户名与密码的检验工作,而检验结果依然交由 SuccessServlet 类或 ErrorServlet 类进行显示。当登录检验工作结束,调用 sendRedirect()方法来请求 SuccessServlet 类或 ErrorServlet 类做下一步的响应。实现代码如下。

```
1   public class LoginServlet3 extends HttpServlet {
2   public void doGet(HttpServletRequest request, HttpServletResponse response)
3       throws ServletException, IOException {
4       request.setCharacterEncoding("gbk");
5       String username = request.getParameter("username");
6       String password = request.getParameter("password");
7       String path="ErrorServlet";
8       if (username.equals("zhang") && password.equals("12345")) {
9           path = "SuccessServlet";
10      }
11      request.setAttribute("username", username);
12      request.setAttribute("password", password);
13      response.sendRedirect(path);
14  }
15  public void doPost(HttpServletRequest request, HttpServletResponse response)
16      throws ServletException, IOException {
17      doGet(request, response);
18  }
19  }
```

2.9.4 重定向时传递对象

使用重定向后,虽然可以正确地实现登录的校验功能,但是在登录成功或者登录失败的响应页面中,却无法访问在 LoginServlet3 中写入 request 对象中的用户信息。

实际上通过 javax.servlet.http.HttpServletResponse 对象的 sendRedirect()方法完成的请求响应,服务器响应给客户端的状态码为 302,即服务器将登录结果返回给了客户端浏览器,此时客户端浏览器接收到响应后,发现状态码为 302,则表示需要再次请求 sendRedirect()方法中所设置的 location 参数所指定的路径才能完成最终的请求。于是客户端浏览器自动再次发送对 location 指定的路径的请求,在这个过程中,客户端浏览器一共完成了两次请求,在两次请求中,request 中的信息是无法共享的。所以,在使用重定向时,无法通过 request 实现多个 Servlet 之间的信息共享。

在重定向时,为了实现参数的传递,一般会采用 GET 请求,并在 URL 上直接拼接请求参数的方式来实现,例如,path?parameterName=parameterValue。改写后的 LoginServlet3 的代码如下。

```
1   public class LoginServlet3 extends HttpServlet {
2   public void doGet(HttpServletRequest request, HttpServletResponse response)
3       throws ServletException, IOException {
```

```
4       request.setCharacterEncoding("gbk");
5       String username = request.getParameter("username");
6       String password = request.getParameter("password");
7       String path="ErrorServlet";
8       if (username.equals("zhang") && password.equals("12345")) {
9           path = "SuccessServlet";
10      }
11  response.sendRedirect(path+"?username="+username+"&password="+password);
12  }
13  …//代码略
14  }
```

SuccessServlet 中获取登录信息的方法也需要改变，需要从请求参数中获取，实现代码如下。

```
1   public class SuccessServlet extends HttpServlet {
2   public void doGet(HttpServletRequest request, HttpServletResponse response)
3       throws ServletException, IOException {
4       String username = request.getParameter("username");
5       String password = request.getParameter ("password");
6       …//代码略
7   }
```

2.9.5 转发与重定向的区别

转发与重定向之间最重要的区别在于 Servlet 跳转中浏览器所发出的请求个数。在 Servlet 的跳转过程中，无论 Servlet 出现了多少次的转发，浏览器仅仅只发送了一个 HTTP 请求，只接收到最后一个 Servlet 传回的响应，而之前所有的 Servlet 都没有传回任何响应。重定向在跳转至另一个 Servlet 之前，必须先对浏览器传回响应，浏览器会向响应报文中的重定向路径发出一个新的请求以接受进一步的处理。所以，重定向过程一共需要发出两次 HTTP 请求。

如何选择是重定向还是转发呢？通常情况下转发更快，而且能保持 request 内的对象，所以是第一选择。但是由于在转发之后，浏览器中 URL 仍然指向初始页面，此时如果刷新浏览器，初始页面将会被再次调用。如果不想这样的情况发生（如付款或转账页面），可选择重定向。另外，请求转发只能在一个 Web 项目内的资源之间跳转。如果需要跳转至当前 Web 项目以外的其他资源，则需要使用重定向，例如，需要从自己的 Web 服务跳转至百度，就需要使用重定向。

Web 工程结构包含一个 WEB-INF 文件夹，这个文件夹对客户端而言是透明的，即无法通过 HTTP 直接请求。如果我们将某个 Web 资源放到 WEB-INF 文件夹中，通过重定向是无法跳转到该资源的，但是可以使用请求转发进行跳转。

创建一个 Web 工程 HiddenServlet，定义一个 Web 资源 HiddenServlet，将该 Servlet 的路径设置为 "/WEB-INF/hiddenServlet"，直接通过 HTTP 请求该资源 http://localhost:8080/hiddenServlet/WEB-INF/hiddenServlet，系统提示 404 错误。HiddenServlet 的代码如下。

```
1   public class HiddenServlet extends HttpServlet {
2   protected void doGet(HttpServletRequest request, HttpServletResponse response)
3       throws ServletException, IOException {
4
5       doPost(request, response);
6   }
7   protected void doPost(HttpServletRequest request, HttpServletResponse response)
8       throws ServletException, IOException {
```

```
9        response.setContentType("text/html;charset=gbk");
10       PrintWriter out = response.getWriter();
11       out.println("<!DOCTYPE HTML>");
12       out.println("<HTML>");
13       out.println("  <HEAD><TITLE>隐藏页面</TITLE></HEAD>");
14       out.println("  <BODY>");
15       String body="隐藏页面的内容";
16       out.println(body);
17       out.println("  </BODY>");
18       out.println("</HTML>");
19       out.flush();
20       out.close();
21     }
22 }
```

在该工程中再定义一个 Servlet 为 Index，在该 Servlet 中使用请求转发，调用 WEB-INF 下的 HiddenServlet，代码如下。

```
1  public class Index extends HttpServlet {
2  private static final long serialVersionUID = 1L;
3  protected void doGet(HttpServletRequest request, HttpServletResponse response)
4        throws ServletException, IOException {
5      doPost(request, response);
6  }
7  protected void doPost(HttpServletRequest request, HttpServletResponse response)
8        throws ServletException, IOException {
9      request.getRequestDispatcher("/WEB-INF/hiddenServlet")
10     .forward(request, response);
11     }
12 }
```

该代码的运行结果如图 2.30 所示。从运行结果来看，用户可以通过请求转发来调用一个存放在 WEB-INF 文件夹下的隐藏资源。

图 2.30　请求转发访问 WEB-INF 下资源的运行结果

我们将请求转发的代码替换成重定向，可以看到无法访问该隐藏资源，系统提示 404 错误，如图 2.31 所示。

```
1  public class Index extends HttpServlet {
2  ...//代码略
3  protected void doPost(HttpServletRequest request, HttpServletResponse response)
4        throws ServletException, IOException {
5      response.sendRedirect("WEB-INF/hiddenServlet");
6  }
7  }
```

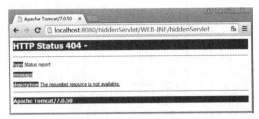

图 2.31 请求重定向访问 WEB-INF 下资源的结果

最后要注意的是，在设置请求转发的路径时，如果路径以"/"开头，那么代表当前 Web 服务的根路径，而在重定向中的路径以"/"开头，则代表当前 Web 容器的根路径。

转发与重定向

2.10 Servlet 生命周期

Servlet 的生命周期指的是一个 Servlet 对象何时被创建、何时被访问、何时被销毁。

2.10.1 验证 Servlet 生命周期

为了讲解及展示 Servlet 的生命周期，本节将创建一个新的 Servlet 类 servlet.TestServlet；另外，在配置其"Create a new Servlet"对话框时，需勾选"init() and destroy()"复选框（见图 2.32）。所以在 MyEclipse 生成的 TestServlet 代码中，除了有 doGet()、doPost()方法，还有 init()、destroy()方法。

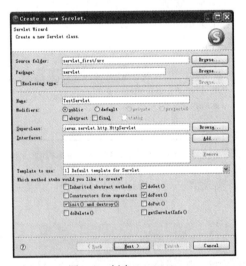

图 2.32 创建 TestServlet

为了验证 Servlet 的生命周期，在 TestServlet 的各方法中加入了输出语句，其具体代码如下。

```
1  public class TestServlet extends HttpServlet {
2      public void init() throws ServletException {
3          System.out.println("--init()--");
```

```
 4    }
 5    public void destroy() {
 6        System.out.println("--destroy()--");
 7    }
 8    public void doGet(HttpServletRequest request, HttpServletResponse response)
 9        throws ServletException, IOException {
10        System.out.println("--doGet()--");
11    }
12    public void doPost(HttpServletRequest request, HttpServletResponse response)
13        throws ServletException, IOException {
14        System.out.println("--doPost()--");
15    }
16 }
```

根据提交请求参数的方式是 GET 还是 POST，Tomcat 会分别调用 Servlet 的 doGet()或 doPost()方法。当新建一个 Servlet 对象后，Tomcat 会调用 Servlet 的 init()方法执行初始化操作；当回收销毁一个 Servlet 对象时，Tomcat 会调用 Servlet 的 destroy()方法执行资源释放。TestServlet 类重写了由父类 HttpServlet 继承而来的 init()、destroy()、doGet()与 doPost()方法，根据它们在 Tomcat 控制台上的输出内容，就能了解 TestServlet 分别在什么时候被创建、访问和销毁。

将项目发布到 Tomcat 服务器后，在 Tomcat 控制台上看不到 TestServlet 产生的任何输出，这就说明 Servlet 被发布到 Tomcat 后，Tomcat 并没有创建 Servlet 对象。通过以下 URL 访问 TestServlet，Tomcat 控制台的输出如图 2.33 所示。

```
http://localhost:8080/servlet_first/servlet/TestServlet
```

单击浏览器的"刷新"按钮，即第 2 次访问 TestServlet，此时 Tomcat 控制台的输出如图 2.34 所示。

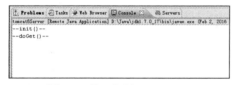

图 2.33　第 1 次访问 TestServlet

图 2.34　第 2 次访问 TestServlet

从图 2.33 与图 2.34 的输出可知，当首次访问 Servlet 时，Tomcat 才创建了 Servlet 对象。此后再次访问，仍调用的是该对象，Tomcat 没有再新建 Servlet 对象（因为没有输出"--init()--"）。打开一个新的浏览器窗口，以模拟另一个客户端访问 TestServlet，Tomcat 控制台的输出如图 2.35 所示。

根据图 2.35 及之前的输出可知：一个 Servlet 对象在首次被访问时创建；之后不管用户多少次访问该 Servlet，调用的仍是同一对象，即 Servlet 在 Web 应用中是单例的。

什么时候控制台会输出"--destroy()--"？即一个 Servlet 对象什么时候会被回收销毁？只要重新发布项目，就会在 Tomcat 控制台查看到图 2.36 所示的输出。

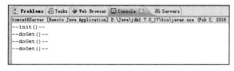

图 2.35　另一客户端访问 TestServlet

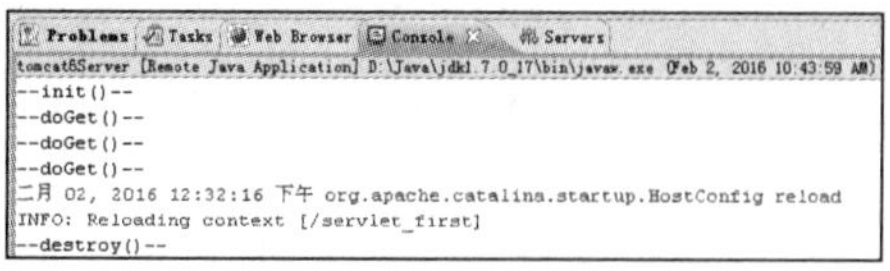

图 2.36　重新发布项目

从图 2.36 可知，一个 Servlet 对象被创建后，直到项目重新发布或 Tomcat 服务器停机，该对象才会被销毁。

2.10.2 实现访问计数器

基于 Servlet 的生命周期，即"Servlet 对象在其 Web 应用中是单例的"这一特性，我们可以实现一个简单的访问计数器。类 CountServlet 实现了该计数器，其具体代码如下。

```
1   public class CountServlet extends HttpServlet {
2   private int count;
3   public void doGet(HttpServletRequest request, HttpServletResponse response)
4       throws ServletException, IOException {
5       response.setCharacterEncoding("gbk");
6       PrintWriter out = response.getWriter();
7       out.println("你是第" + (++count) + "个访问者! ");
8       out.close();
9   }
10  public void doPost(HttpServletRequest request, HttpServletResponse response)
11      throws ServletException, IOException {
12      doGet(request, response);
13  }
14  }
```

图 2.37 CountServlet 的运行结果

在上述代码中定义的实例变量 count 是实现访问计数器的关键，因为 Servlet 对象在其 Web 应用程序中是单例的，所以该实例变量就会被所有访问者所共享，据此就可保留以前的访问状态以实现计数器。打开一个不同的浏览器窗口以代表不同用户访问 CountServlet，运行结果如图 2.37 所示。

对于 CountServlet 类，如果不将 count 定义为实例变量，而是定义成 doGet()方法下的局部变量，该计数器还能正常工作吗？读者可以自行验证。

此外，类 CountServlet 不是线程安全的，本节为了突出 Servlet，没有对实例变量 count 的修改进行加锁。

Servlet 生命周期

2.11　ServletContext

接口 ServletContext 位于 javax.servlet 包下，其封装了一个 Web 应用运行时的上下文，也就是 Web 应用运行时所涉及的环境信息。

2.11.1 跨用户传递对象

一个 Web 应用程序（即 MyEclipse 下的一个 Web 项目）下仅有一个 ServletContext 对象，因此通过 ServletContext 可实现跨用户的数据共享，具体需调用的 ServletContext 方法如下，其与 HttpServletContext 的属性方法的声明完全一致。

```
void setAttribute(String name, Object object)
Object getAttribute(String name)
```

本节通过 ContextServlet 类和 ContextServlet2 类实现跨用户传递数据，类 ContextServlet 的具体代码如下。

```
1  public class ContextServlet extends HttpServlet {
2  public void doGet(HttpServletRequest request, HttpServletResponse response)
3      throws ServletException, IOException {
4      ServletContext application = getServletContext();
5      application.setAttribute("name", "Tom");
6  }
7  public void doPost(HttpServletRequest request, HttpServletResponse response)
8      throws ServletException, IOException {
9      doGet(request, response);
10  }
11 }
```

通过 getServletContext()方法可获取由 Servlet 容器实现的 ServletContext 对象，然后在 ServletContext 对象中放入了名称为 "name" 的 String 对象 "Tom"。用户要通过以下 URL 先访问 ContextServlet。注意，在 ContextServlet 类中，并没有任何涉及 ContextServlet2 类的代码。

http://localhost:8080/servlet_first/servlet/ContextServlet

打开一个新的浏览器窗口以代表另一个用户，通过以下 URL 再访问运行 ContextServlet2。

http://localhost:8080/servlet_first/servlet/ContextServlet2

ContextServlet2 可取出之前在 ContextServlet 里存入 ServletContext 中名称为 "name" 的对象，运行结果如图 2.38 所示。

图 2.38　ContextServlet2 的运行结果

类 ContextServlet2 的具体代码如下。

```
1  public class ContextServlet2 extends HttpServlet {
2  public void doGet(HttpServletRequest request, HttpServletResponse response)
3      throws ServletException, IOException {
4      ServletContext application = getServletContext();
5      String name = (String) application.getAttribute("name");
6      PrintWriter out = response.getWriter();
7      out.println("name=" + name);
8      out.close();
9  }
10 public void doPost(HttpServletRequest request, HttpServletResponse response)
11     throws ServletException, IOException {
12     doGet(request, response);
13 }
14 }
```

因为一个 Web 应用中仅有一个 ServletContext 对象，即 ContextServlet2 与 ContextServlet 通过

getServletContext()方法获取到的 ServletContext 对象是同一个，所以 ContextServlet2 也就能够取出 ContextServlet 先前放入的对象。

2.11.2 记录应用日志

ServletContext 接口封装了一个 Web 应用的环境信息，通过它就可以实现读取资源文件、获取目录信息、记录应用日志等功能。本节将介绍基于 ServletContext 的 log()方法实现应用日志的记录功能，方法 log()的声明如下，其参数 msg 即为要记录的日志消息。

```
void log(String msg)
```

具体实现记录应用日志功能的 LogServlet 类的代码如下。

```
1   public class LogServlet extends HttpServlet {
2   public void doGet(HttpServletRequest request, HttpServletResponse response)
3       throws ServletException, IOException {
4       ServletContext application = getServletContext();
5       application.log("-- ["+request.getRemoteAddr()+"]
6           accessd ["+request.getContextPath()+"]
7           at ["+new Date()+"] --");
8   }
9   public void doPost(HttpServletRequest request, HttpServletResponse response)
10      throws ServletException, IOException {
11      doGet(request, response);
12  }
13  }
```

代码中的 request.getRemoteAddr()方法获取了携带在请求报文中的客户端 IP 地址，request.getContextPath()获取了客户端所访问的 Web 项目名称（即项目"servlet_first"），再加上访问时间就形成了一条日志消息。在 MyEclipse 中启动 Tomcat，log()方法写入的日志消息将会被输出到控制台；在命令行启动 Tomcat 后，日志消息则会被写入 Tomcat 的 logs 目录下 localhost.yyyy-MM-dd.log 文件中，具体写入内容如图 2.39 所示。

图 2.39 LogServlet 输出的日志

2.12 ServletConfig

ServletConfig 接口位于 javax.servlet 包下，其封装了 Servlet 在 web.xml 文件中的配置信息，本节以登录程序为例，介绍 ServletConfig 接口的应用。在之前实现的登录程序中，用户名与密码值都被固定写在代码中，这样非常不灵活。因此本节将它们放在 web.xml 配置文件中，新建一个 LoginServlet3，并在 web.xml 配置中加入如下内容。

```
1   <servlet>
2       <servlet-name>LoginServlet3</servlet-name>
3       <servlet-class>servlet.LoginServlet3</servlet-class>
4       <init-param>
5           <param-name>username</param-name>
6           <param-value>wang</param-value>
```

ServletConfig 与 ServletContext

```
7        </init-param>
8        <init-param>
9          <param-name>password</param-name>
10         <param-value>54321</param-value>
11       </init-param>
12    </servlet>
```

在<servlet>标签中,<init-param>标签配置了两个初始化参数,第 1 个参数的名称为"username",值为"wang";第 2 个参数的名称为"password",值为"54321"。调用 ServletConfig 的 getInitParameter()方法即可读取到这些参数,getInitParameter()方法的声明如下。

```
String getInitParameter(String name)
```

与 HttpServletRequest 下的 getParameter()方法类似,方法 getInitParameter()根据初始化参数的名称来获取参数的值。类 LoginServlet3 的具体代码如下。

```
1   public class LoginServlet3 extends HttpServlet {
2   public void doGet(HttpServletRequest request, HttpServletResponse response)
3       throws ServletException, IOException {
4       String username = request.getParameter("username");
5       String password = request.getParameter("password");
6       ServletConfig cfg = getServletConfig();
7       PrintWriter out = response.getWriter();
8       if (username.equals(cfg.getInitParameter("username")) &&
9           password.equals(cfg.getInitParameter("password"))) {
10          out.println("Login Success!");
11      } else {
12          out.println("Login Error!");
13      }
14      out.println("username=" + username);
15      out.println("password=" + password);
16      out.close();
17  }
18  public void doPost(HttpServletRequest request, HttpServletResponse response)
19      throws ServletException, IOException {
20      doGet(request, response);
21  }
22  }
```

调用 getServletConfig()方法即可获取 Servlet 容器实现的 ServletConfig 对象,再调用 getInitParameter()方法即可取得设置在 web.xml 中的初始化参数值。

如果需要修改用户名和密码,在 web.xml 中修改即可在 Web 应用中生效,而无须修改任何 Java 代码。因为每个 Servlet 在 web.xml 中的配置都不同,所以每个 Servlet 对象都有一个仅属于自己的 ServletConfig 对象。

基于文件实现登录

2.13 @WebServlet 注解

为了简化开发流程,Servlet 3.0 引入了注解(Annotation),这使得 Web 部署描述符 web.xml 不再是必需的选择。Servlet 3.0 中使用注解来定义 Servlet 和 filter,使得我们不用在 web.xml 中定义相应的入口。

注解@WebServlet 用来定义 Web 应用程序中的一个 Servlet。这个注解可以应用于 HttpServlet 的子类。这个注解有多个属性，如 name、urlPattern、initParams，使用这些属性可以定义 Servlet 的行为。其中，urlPattern 属性是必须指定的。@WebServlet 注解属性可参见表 2.1。

表 2.1　　　　　　　　　　　　　　@WebServlet 注解属性

序　号	属 性 名	描　述
1	asyncSupported	声明 Servlet 是否支持异步操作模式
2	description	Servlet 的描述信息
3	displayName	Servlet 的显示名称
4	initParams	Servlet 的初始化参数
5	name	Servlet 的名称
6	urlPatterns	Servlet 的访问 URL
7	value	Servlet 的访问 URL

下面来研究一下如何通过 MyEclipse 实现基于注解的 Servlet 的开发。首先，在项目 sessionDemo 的 servlet 包下，通过向导生成一个 Servlet 类，如图 2.40 所示。

单击"Next"按钮后，可进入图 2.41 所示的界面。此处，应取消勾选"Generate/Map web.xml file"选项，以免在 web.xml 中生成对应的配置信息。

图 2.40　Servlet 生成向导

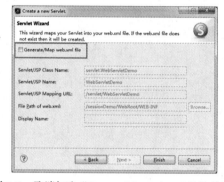

图 2.41　取消勾选"Generate/Map web.xml file"选项

单击"Finish"按钮后，可以在当前类的上方使用注解进行对应的 Servlet 配置，如图 2.42 所示。WebServlet 注解的使用需要引入类"javax.servlet.annotation.WebServlet"，并对图 2.42 所示的配置选项进行设置。

```
1  import javax.servlet.annotation.WebServlet;
2  @WebServlet(name="WebServletDemo",urlPatterns="/WebServletDemo")
3  public class WebServletDemo extends HttpServlet {…}
```

其中，@WebServlet 的 name 属性对应了 web.xml 配置中的 Servlet 注册声明的部分，urlPatterns 属性对应了 web.xml 配置中的 Servlet 映射部分，而 urlPatterns 属性值就是该 Servlet 的具体访问路径。

打开浏览器，在地址栏中输入 URL "http://localhost:8080/sessionDemo/WebServletDemo"，就可以访问这个 Servlet 了，访问效果如图 2.43 所示。

图 2.42 对配置选项进行设置

图 2.43 注解实现 Servlet 的运行效果

2.14 小结

Servlet 是学习 Java Web 开发的重点与难点，这里的 Servlet 不仅指 HttpServlet，还包括 HttpServletRequest、HttpServletResponse、RequestDispatcher、ServletContext 与 ServletConfig 等，它们之间的关系如图 2.44 所示。读者除了要掌握这些接口的常用方法外，还要熟悉它们之间的继承及引用关系，这对理解与掌握 Servlet 也是非常重要的。

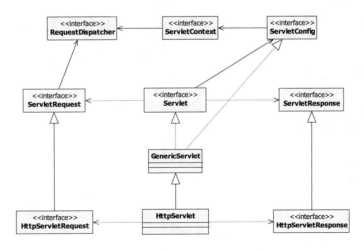

图 2.44 Servlet API 的主要接口和类

习 题

1. HttpServletRequest 对象是由谁创建的？（　　）（选 1 项）
    A. 由 Servlet 容器负责创建，对于每个 HTTP 请求，Servlet 容器都会创建一个 HttpServletRequest 对象
    B. 由 Java Web 应用的 Servlet 或 JSP 组件负责创建，当 Servlet 或 JSP 组件响应 HTTP 请求时，先创建 HttpServletRequest 对象
    C. 由 TCP/IP 协议栈负责创建
    D. 由操作系统负责创建
2. 从 HTTP 请求中，获得请求参数，应该调用哪种方法？（　　）（选 1 项）
    A. 调用 HttpServletRequest 对象的 getAttribute() 方法
    B. 调用 ServletContext 对象的 getAttribute()方法
    C. 调用 HttpServletRequest 对象的 getParameter() 方法
    D. 调用 HttpSession 对象的 getAttribute()方法
3. ServletContext 对象是由谁创建的？（　　）（选 1 项）
    A. 由 Servlet 容器负责创建，对于每个 HTTP 请求，Servlet 容器都会创建一个 ServletContext 对象
    B. 由 Java Web 应用本身负责为自己创建一个 ServletContext 对象
    C. 由 Servlet 容器负责创建，对于每个 Java Web 应用，在启动时，Servlet 容器都会创建一个 ServletContext 对象
    D. 由 Java Web 应用本身负责为每个 HTTP 请求创建一个 ServletContext 对象
4. 以下哪项属于在客户端执行的程序？（　　）（选 2 项）
    A. JSP　　　　　B. Servlet　　　　　C. JavaScript　　　　　D. Applet
5. 假设在 web.xml 中定义了以下内容：

```
<servlet>
<servlet-name>Goodbye</servlet-name>
<servlet-class>cc.openhome.LogutServlet</servlet-class>
</servlet>
<servlet-mapping>
<servlet-name>GoodBye</servlet-name>
<url-pattern>/goodbye</url-pattern>
</servlet-mapping>
```

以下哪一项可以正确访问该 Servlet？（　　）（选 1 项）
    A. /goodbye.servlet　　　B. /LoguotServlet　　　C. /goodbye　　　D. /GoodBye
6. 关于 Java Web 应用的目录结构，以下哪些说法正确？（　　）（选 2 项）
    A. Java Web 应用的目录结构完全由开发人员自行决定
    B. web.xml 文件存放在 WEB-INF 目录下
    C. Java Web 应用中的 JSP 文件只能存放在 Web 应用的根目录下
    D. Java Web 应用中的.class 文件存放在 WEB-INF/classes 目录或其子目录下
7. 当 Servlet 容器初始化一个 Servlet 时，要完成哪些操作？（　　）（选 4 项）
    A. 把 Servlet 类的.class 文件中的数据加载到内存中
    B. 把 web.xml 文件中的数据加载到内存中

C. 创建一个 ServletConfig 对象
D. 创建一个 Servlet 对象
E. 调用 Servlet 对象的 service()方法
F. 调用 Servlet 对象的 init()方法

8. 当 Servlet 容器销毁一个 Servlet 时，会销毁哪些对象？（　　）（选 2 项）
   A. Servlet 对象
   B. ServletContext 对象
   C. 与 Servlet 对象关联的 ServletConfig 对象
   D. ServletRequest 和 ServletResponse 对象

9. 当客户端首次请求访问一个 Servlet 时，Servlet 容器可能会创建哪些对象？（　　）（选 3 项）
   A. Servlet 对象
   B. ServletContext 对象
   C. 与 Servlet 对象关联的 ServletConfig 对象
   D. ServletRequest 和 ServletResponse 对象

第 3 章
Cookie 与 Session

HTTP 是一种无状态的协议，即客户端和服务器之间没有建立持久的连接。客户端和服务器建立一个连接后，客户端提交一个 HTTP 请求，服务器接收请求后返回一个 HTTP 响应，然后两者就断开了连接。在实际应用中，经常需要在多次 HTTP 请求与响应间保持状态信息，这就需要使用 Cookie 和 Session 来实现。本章主要讲解在 Java Web 开发中如何应用 Cookie 和 Session 保持状态信息。

3.1　使用 Servlet 编写简单 Web 应用

在讲解 Cookie 和 Session 之前，我们首先使用 Servlet 来开发一个简单的 Web 应用，该应用的主要功能包括登录系统、完善个人信息、查询已完善的个人信息。

3.1.1　Web 应用功能说明

首先，用户可通过图 3.1 所示的登录页面填写用户名和密码进行登录操作，如果用户名和密码都不为空，则判定该登录有效，显示如图 3.2 所示的个人信息应用首页，该首页不仅显示了当前用户的个人信息的页面链接，以及完善个人信息的页面链接，还显示了当前的登录用户名，以及登录时间信息。

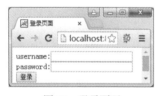

图 3.1　登录页面

图 3.2　个人信息应用首页

当单击"查看个人信息"链接时，系统应显示当前登录用户完善后的个人信息。如果该用户从来没有单击"完善个人信息"链接，则需要对信息进行完善，此时系统会直接跳转至"完善个人信息"页面，如图 3.3 和图 3.4 所示；如果当前用户已经完善过个人信息，则直接显示完善后的用户信息，如图 3.5 所示。此外，系统的每一个页面上方都要求显示出当前登录用户的用户名，以及登录系统的时间。

图 3.3　完善个人信息 1

图 3.4　完善个人信息 2

图 3.5　查看个人信息详情

3.1.2　登录模块的实现

根据第 2 章所学知识创建 Web 工程，名称为 loginDemo，其工程结构如图 3.6 所示。其中，"cn.edu.zzti.entity"包中包含 User 和 PersonalInfo 两个实体类，分别用来存储用户的登录信息和当前登录用户的具体个人信息。"cn.edu.zzti.servlet.view"包中存放展现给用户的 5 个页面，包括登录页面、Web 应用首页、个人信息完善表单 1、个人信息完善表单 2、个人信息详情页面。该包下所有 Servlet 的功能仅限于响应结果页面，"cn.edu.zzti.servlet"包中包含两个 Servlet，"LoginServlet"的主要功能是接收来自登录页面中的表单参数，并对这些参数进行校验和存储，"PersonalInfoProcess"的主要功能是接收来自个人信息完善表单中的数据，对完善后的个人信息进行封装和存储。

图 3.6　loginDemo 工程结构

"cn.edu.zzti.servlet.view.LoginPageView"类向客户端浏览器响应一个如图 3.1 所示的登录页面，在该页面中包含一个登录表单，该部分的具体实现可以参考第 2 章。在这里需要注意的是，本章的登录页面与第2章的登录页面有所不同。本章的登录页面是一个动态页面，它将用户填写的表单信息中的参数提交给"cn.edu.zzti.servlet.LoginServlet"之后，根据参数是否正确产生不同的响应结果。如果填写的用户名和密码都不为空，则跳转至"cn.edu.zzti.servlet.view.IndexView"以响应含有功能链接的Web首页页面，如图3.2所示。如果用户名或者密码有任何一个为空，"cn.edu.zzti.servlet.LoginServlet"将跳转至"cn.edu.zzti.servlet.view.LoginPageView"，并将错误提示信息显示在该页面中，如图3.7所示。

图3.7 登录异常响应结果页面

在通过Servlet实现这个动态的登录界面时，错误提示信息是由LoginServlet类响应的，在这里通过键值对（键值是"error"）存储登录时的错误信息，"cn.edu.zzti.servlet.view.LoginPageView"实现的登录页面具体代码如下。

```
1   @WebServlet("/servlet/ LoginPageView ")
2   public class LoginPageView extends HttpServlet {
3   public void doGet(HttpServletRequest request, HttpServletResponse response)
4       throws ServletException, IOException {
5       request.setCharacterEncoding("utf-8");
6       response.setContentType("text/html;charset=utf-8");
7       PrintWriter out = response.getWriter();
8       out.println("<!DOCTYPE HTML>");
9       out.println("<HTML>");
10      out.println(" <HEAD><TITLE>登录页面</TITLE></HEAD>");
11      out.println(" <BODY>");
12      String error = request.getParameter("error");
13      if(error!=null){
14      out.println("请重新登录: <font color='red'>"+error+"</font><br>");
15      }
16      String body=" <form action='LoginServlet' method='post'>"+
17          " username:<input type='text' name='username'/><br/>" +
18          "password:<input type='password' name='password'/><br/>" +
19          "<input type='submit' value='登录'/></form>";
20      out.println(body);
21      out.println(" </BODY>");
22      out.println("</HTML>");
23      out.flush();
24      out.close();
25  }
26  public void doPost(HttpServletRequest request, HttpServletResponse response)
27      throws ServletException, IOException {
28      doGet(request, response);
29  }
30  }
```

用户在登录表单中填写的数据将提交给"cn.edu.zzti.servlet.LoginServlet"类处理。"cn.edu.zzti.servlet.LoginServlet"类需要接收来自于登录表单中的参数信息，并进行数据校验和数据存储。在数据存储时，需要保证登录成功后，用户的登录信息仍然存在。该类的具体代码如下。

```
1   @WebServlet("/servlet/ LoginServlet ")
2   public class LoginServlet extends HttpServlet {
3   public String checkLogin(User user){
```

```
4       String errorInfo=null;
5       if(user.getUsername()==null||"".equals(user.getUsername().trim())
6           ||user.getPassword()==null||"".equals(user.getPassword().trim())){
7           errorInfo = "用户名或者密码不能为空";
8       }
9       return errorInfo;
10  }
11  public void doGet(HttpServletRequest request, HttpServletResponse response)
12      throws ServletException, IOException {
13      doPost(request, response);
14  }
15  public void doPost(HttpServletRequest request, HttpServletResponse response)
16      throws ServletException, IOException {
17      request.setCharacterEncoding("utf-8");
18      String username = request.getParameter("username");
19      String password = request.getParameter("password");
20      User user = new User(username,password,new Date());
21      String error = checkLogin(user);
22      String targetPath = "IndexView";
23      if(error==null){
24          //登录成功，对登录信息进行保存
25          request.setAttribute("username",user);
26      }else{
27          //登录失败，返回登录页面，并将错误信息带回
28          targetPath = "LoginPageView";
29      request.setAttribute("error",error);
30      }
31      request.getRequestDispatcher(targetPath).forward(request, response);
32  }
33  }
```

当用户名和密码校验通过后，"cn.edu.zzti.servlet.LoginServlet"类将请求转发至"IndexView"，并通过 request 存储当前登录者的登录信息，包括用户名和当前登录的时间，最终由"cn.edu.zzti.servlet.view.IndexView"类为当前登录用户做出 Web 首页信息的响应，其具体代码如下。

```
1   @WebServlet("/servlet/ IndexView ")
2   public class IndexView extends HttpServlet {
3   public void doGet(HttpServletRequest request, HttpServletResponse response)
4       throws ServletException, IOException {
5       Object loginTag = request. getAttribute("user");
6       if(loginTag==null){
7           response.sendRedirect("LoginPageView?error="+
8       URLEncoder.encode("尚未登录","gbk"));
9           return;
10      }
11      User user = (User)loginTag;
12      response.setContentType("text/html;charset=utf-8");
13      PrintWriter out = response.getWriter();
14      out.println("<!DOCTYPE HTML>");
15      out.println("<HTML>");
16      out.println("  <HEAD><TITLE>Web 应用首页</TITLE></HEAD>");
17      out.println("  <BODY>");
```

```
18        out.println("当前登录的用户是: "+user.getUsername());
19        SimpleDateFormat sdf = new SimpleDateFormat("yyyy-MM-dd HH:mm:ss");
20        out.println("<br>登录时间: "+sdf.format(user.getLoginTime()));
21        out.println("<br><a href='IndexView'>进入首页</a>");
22        out.println("<br><a href='PersonalInfoView'>查看个人信息</a>");
23        out.println("<br><a href='PersonalPage1'>完善个人信息</a>");
24        out.println("  </BODY>");
25        out.println("</HTML>");
26        out.flush();
27        out.close();
28    }
29    public void doPost(HttpServletRequest request, HttpServletResponse response)
30          throws ServletException, IOException {
31        doGet(request, response);
32    }
33 }
```

在"cn.edu.zzti.servlet.view.IndexView"类中，首先通过 request 对象获得 LoginServlet 传递过来的登录者信息，并将该信息进行展示，并且给出 3 个超链接，分别请求进入首页、查看个人信息页面以及完善个人信息页面，如图 3.2 所示。

假如在图 3.2 所示的页面中，单击"进入首页"的超链接，这时客户端浏览器发出了一个新的请求给服务器，请求资源为"cn.edu.zzti.servlet. view.IndexView"对象，request 对象存储的信息仅仅保存在一次请求响应中。因此，在该次对 Web 首页的请求中，将因为无法获得登录者信息而跳转至登录页面，如图 3.8 所示。

图 3.8　跳转至登录页面

3.2　Cookie

HTTP 是一种无状态协议，即每次服务器接收到客户端的请求时，都是一个全新的请求，服务器并不知道客户端的历史请求记录。因此，当用户在登录了系统后，再次发送任何请求时，登录时所填写的信息都会失效，无法保证正常的访问。为了保持访问用户与服务器的交互状态，服务器可以把每个用户的数据以 Cookie 的形式发送给用户各自的浏览器。当用户使用浏览器再次访问服务器中的 Web 资源时，就会带着各自数据。这样，服务器处理的就是用户各自的数据了。

3.2.1　Cookie 简介

Cookie 实际上是服务器在客户端浏览器上存储的小段文本，并通过每一个请求发送至同一个服务器。Web 服务器用 HTTP 报头向客户端发送 Cookie，客户端浏览器解析这些 Cookie 并将它们保存为一个本地文件。简单来说，Cookie 采用的是将会话状态存储在客户端的方案，需要客户端浏览器的 Cookie 支持。

Cookie 的原理图如图 3.9 所示，Cookie 的使用是由浏览器按照一定的原则在后台自动发送给服务器的。浏览器检查所有存储的 Cookie，如果某个 Cookie 所声明的作用范围大于等于将要请求的资源所在的位置，则把该 Cookie 附在请求资源的 HTTP 请求行上发送给服务器。

Cookie 写入

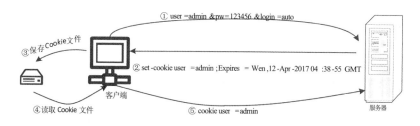

图 3.9 Cookie 的原理图

在 Java EE 中，使用"javax.servlet.http.Cookie"类来代表一个 Cookie。Cookie 对象可以看作是一个 key-value 对，在创建 Cookie 对象时，需要给定 Cookie 的 key 以及 value，其中，key 和 value 都是 String 类型。该类的构造方法如下。

```
public Cookie(String name, String value)
```

客户端浏览器接收 Cookie 并进行存储，在后续的请求中会自动添加这个 Cookie 信息，服务器需要借助于"javax.servlet.http.HttpServletResponse"的 addCookie()方法来获取客户端传递来的 Cookie 信息，最终实现信息共享。

```
public void addCookie( Cookie cookie )
```

下面看一个 Cookie 的例子，创建一个 Web 工程 sessonDemo，在该工程中实现一个 Servlet 类 AddCookieServlet，并在 AddCookieServlet 中添加一个 Cookie 到 HTTP 响应，将 AddCookieServlet 的路径设置为"/addCookieServlet"，代码如下。

```
1  @WebServlet("/AddCookieServlet")
2  public class AddCookieServlet extends HttpServlet {
3      protected void doGet(HttpServletRequest request, HttpServletResponse response)
4          throws ServletException, IOException {
5          doPost(request, response);
6      }
7      protected void doPost(HttpServletRequest request, HttpServletResponse response)
8          throws ServletException, IOException {
9          response.setContentType("text/html;charset=gbk");
10         Cookie cookie = new Cookie("cookieName","cookieContent");
11         response.addCookie(cookie);
12         PrintWriter out = response.getWriter();
13         out.println("<!DOCTYPE HTML>");
14         out.println("<HTML>");
15         out.println("  <HEAD><TITLE>Cookie 使用练习</TITLE></HEAD>");
16         out.println("  <BODY>");
17         String body="Cookie 添加成功! <br>";
18         out.println(body);
19         out.println("  </BODY>");
20         out.println("</HTML>");
21         out.flush();
22         out.close();
23     }
24 }
```

再创建一个 GetCookieServlet，将客户端浏览器发送过来的所有 Cookie 列表显示出来。我们在请求一次 AddCookieServlet 之后，将名字为"cookieName"、内容为"cookieContent"的 Cookie

写回给客户端。然后再请求 GetCookieServlet 查看 Cookie 是否正常写入。GetCookieServlet 的实现代码如下。

```
1  @WebServlet("/GetCookieServlet")
2  public class GetCookieServlet extends HttpServlet {
3  protected void doGet(HttpServletRequest request, HttpServletResponse response)
4      throws ServletException, IOException {
5      doPost(request, response);
6  }
7  protected void doPost(HttpServletRequest request, HttpServletResponse response)
8      throws ServletException, IOException {
9      response.setContentType("text/html;charset=gbk");
10     String body="";
11     Cookie[] cookies = request.getCookies();
12     if(cookies!=null){
13         for(Cookie cookie:cookies){
14             body = body+"<br>"+cookie.getName()+":"+cookie.getValue();
15         }
16     }
17     PrintWriter out = response.getWriter();
18     out.println("<!DOCTYPE HTML>");
19     out.println("<HTML>");
20     out.println("  <HEAD><TITLE>Cookie 使用练习</TITLE></HEAD>");
21     out.println("  <BODY>");
22     out.println(body);
23     out.println("  </BODY>");
24     out.println("</HTML>");
25     out.flush();
26     out.close();
27  }
28  }
```

3.2.2 Cookie 在登录中的应用

在 3.1.2 节中的会话问题中，服务器可以创建 Cookie 对象，将用户的登录信息保存在该 Cookie 对象中，然后通过 HTTP 响应消息写回到客户端。之后，客户端的每次请求都将会带上该登录信息，从而解决会话状态保持问题。

将 Cookie 对象通过 HTTP 响应消息写回客户端时，首先修改"cn.edu.zzti.servlet.LoginServlet"类的 doPost()方法，当用户登录系统后，将用户的登录信息通过 HTTP 响应消息写回客户端，修改后的 LoginServlet 中 doPost 方法的代码如下。

```
1  public void doPost(HttpServletRequest request, HttpServletResponse response)
2      throws ServletException, IOException {
3      request.setCharacterEncoding("utf-8");
4      String username = request.getParameter("username");
5      String password = request.getParameter("password");
6      User user = new User(username,password,DateUtil.getCurrentTime());
7      String error = checkLogin(user);
8      String targetPath = "IndexView";
9      if(error==null){
10         Cookie cookie1 = new Cookie("username",user.getUsername());
```

```
11        Cookie cookie2 = new Cookie("loginTime",user.getLoginTime());
12        response.addCookie(cookie1);
13        response.addCookie(cookie2);
14    }else{
15        request.setAttribute("error", error);
16        targetPath = "LoginPageView";
17    }
18    response.sendRedirect(targetPath);
19  }
20 }
```

在上述代码中，首先需要通过 HTTP 请求参数获取用户提交的用户名和密码，并将用户名、密码以及当前用户的登录时间封装成 User 对象，对该对象进行校验，其中登录时间是通过 DateUtil 的 getCurrentTime()方法获得，格式为 "yyyy-MM-dd HH:mm:ss"。DateUtil 类的代码如下。

```
1  public class DateUtil {
2    private static final String FORMAT = "yyyy-MM-dd HH:mm:ss";
3    public static String getCurrentTime(){
4        SimpleDateFormat sdf = new SimpleDateFormat(FORMAT);
5        return sdf.format(new Date());
6    }
7  }
```

doPost 方法的代码中，斜体部分调用了 HttpServletResponse 的 addCookie 方法，将当前登录用户的用户名写回到客户端。当用户访问系统中的任意其他页面时，都要查看当前请求中是否带有登录信息的 Cookie，如果不存在则代表用户未登录；如果存在，则代表用户已经登录过了，需要使用重定向至 Web 首页。因为，用户登录后，服务器需要将登录信息通过 Cookie 响应写回客户端浏览器后，客户端浏览器再次请求时，才会带上这个登录信息的 Cookie。然而，使用 Servlet 的转发操作是直接在服务器完成的，即登录完成后，服务器首先转发至 Web 首页，才会将 Cookie 写回客户端，并响应请求结果，此时将会响应登录界面，并提示"尚未登录"，如图 3.8 所示。

在"javax.servlet.http.HttpServletRequest"中提供了 getCookies()方法，该方法可以获取 HTTP 请求所发送的所有 Cookie 信息，因为客户端发送的 Cookie 可以是 0 到多个，所以 getCookies 方法返回的是 Cookie 数组。

在工程中添加类"cn.edu.zzti.util.CookieUtil"来完成对 Cookie 的访问，具体代码如下。

```
1  public class CookieUtil {
2    public static Cookie getCookie(Cookie[] cookies,String key){
3        if(cookies!=null){
4            for(Cookie cookie : cookies){
5                if(key!=null&&key.equals(cookie.getName())){
6                    return cookie;
7                }
8            }
9        }
10       return null;
11   }
12 }
```

改写"cn.edu.zzti.servlet.IndexView"类的 doPost 方法，增加登录判断的相关代码，具体实现如下。

```
1   public void doPost(HttpServletRequest request, HttpServletResponse response)
2       throws ServletException, IOException {
3       request.setCharacterEncoding("gbk");
4       Cookie[] cookies = request.getCookies();
5       if(CookieUtil.getValue("username", cookies)==null){
6           response.sendRedirect("LoginPageView?error="+URLEncoder.
7           encode("尚未登录","utf-8"));
8           return;
9       }
10      String username = CookieUtil.getValue("username", cookies);
11      String loginTime = CookieUtil.getValue("logintime", cookies);
12      response.setContentType("text/html;charset=utf-8");
13      PrintWriter out = response.getWriter();
14      out.println("<!DOCTYPE HTML>");
15      out.println("<HTML>");
16      out.println("  <HEAD><TITLE>Web 应用首页</TITLE></HEAD>");
17      out.println("  <BODY>");
18      out.println("当前登录的用户是: "+username);
19      out.println("<br>登录时间: "+loginTime);
20      out.println("<br><a href='IndexView'>进入首页</a>");
21      out.println("  </BODY>");
22      out.println("</HTML>");
23      out.flush();
24      out.close();
25  }
```

上述代码中的斜体部分,首先通过 request.getCookies()获取 HTTP 请求消息中的所有 Cookie,然后调用 CookieUtil 的 CookieUtil.getCookie(cookies,"username")方法查询是否存在名字为"username"的 Cookie。如果存在则继续执行,否则将重定向到登录页面。

Cookie 在登录中的应用

3.2.3 Cookie 详解

Cookie 本身是保存在客户端浏览器中的一段文本,Cookie 能否成功存储取决于浏览器的设置。例如,在 chrome 浏览器的工具栏上可以对 Cookie 进行设置。单机浏览器工具栏中的 图标,选择"设置"选项,如图 3.10 所示,即可打开图 3.11 所示的窗口。

图 3.10 "设置"菜单

图 3.11 高级设置界面

选择"隐私设置"→"内容设置"选项,就可以看到 Cookie 的相关设置,如图 3.12 和图 3.13

所示。如果选中"阻止网站设置任何数据"单选项，则前面的客户端浏览器将不再收任何服务器响应的 Cookie。

图 3.12 内容设置界面

图 3.13 Cookie 的设置

Cookie 是否能够正常工作，取决于客户端的设置，因此不能保证 Cookie 总是生效。如果客户端浏览器拒绝服务器写入 Cookie，就无法通过 Cookie 解决 Web 会话的问题。

Cookie 的内容主要包括名字、值、过期时间、路径和域。路径与域一起构成了 Cookie 的作用范围。打开 Chrome 浏览器的 Cookie 设置页面，如图 3.14 所示，单击"所有 Cookie 和网站数据"按钮可以浏览当前 Chrome 浏览器中已经存储的所有 Cookie 的详细信息。

图 3.14 查看所有 Cookie 选项

图 3.15 中显示了 Chrome 浏览器中存储的来自 localhost 网站的所有 Cookie 信息，一共包含 3 个 Cookie。其中，字为"username"的 Cookie 内容是"admin"，其有效域是"Localhost"，有效路径是"/logindemo/servlet"，过期时间为浏览器会话结束时，也就是浏览器关闭之后。

图 3.15 浏览器中本地存储的所有 Cookie

Java EE 中的 javax.servlet.http.Cookie 类提供了对 Cookie 的上述各个属性进行操作的 API，如表 3.1 所示。

表 3.1　　　　　　　　　　　　　　　　Cookie 的 API

序 号	方 法	描 述
1	Cookie(String name, String value)	实例化 Cookie 对象
2	public String getName()	取得 Cookie 的名字
3	public String getValue()	取得 Cookie 的值
4	public void setValue(String newValue)	设置 Cookie 的值
5	public void setMaxAge(int expiry)	设置 Cookie 的最大保存时间，即 Cookie 有效期
6	public int getMaxAge()	获取 Cookies 的有效期
7	public void setPath(String uri)	设置 Cookies 的有效路径
8	public String getPath()	获取 Cookies 的有效路径
9	public void setDomain(String pattern)	设置 Cookies 的有效域
10	public String getDomain()	获取 Cookies 的有效域

Cookie 不是永久生效的，是有过期时间的。若没有设置过期时间，则表示这个 Cookie 的生命周期为浏览器会话期。关闭浏览器窗口，Cookie 就会消失。这种生命期为浏览器会话期的 Cookie，被称为会话 Cookie。会话 Cookie 一般不存储在硬盘中而是保存在内存里。若设置了过期时间，浏览器就会把 Cookie 保存到硬盘中，关闭浏览器窗口后再次打开时，这些 Cookie 仍然有效直到超过设定的过期时间。图 3.15 中因为没有设置 Cookie 的过期时间，因此，在客户端浏览器中存储的 Cookie 的有效期就是会话结束时。改写 cn.edu.zzti.servlet.LoginServle 的 doPost()方法的代码，设置登录 Cookie 的有效时间，改写后的具体代码如下。

```java
 1   public void doPost(HttpServletRequest request, HttpServletResponse response)
 2       throws ServletException, IOException {
 3       request.setCharacterEncoding("gbk");
 4       response.setContentType("text/html;charset=gbk");
 5       String username = request.getParameter("username");
 6       String password = request.getParameter("password");
 7       User user = new User(username,password,DateUtil.getCurrentTime());
 8       String error = checkLogin(user);
 9
10       String targetPath = "IndexView";
11       if(error==null){
12           Cookie cookie1 = new Cookie("username",user.getUsername());
13           cookie1.setMaxAge(10);
14           Cookie cookie2 = new Cookie("logintime",user.getLoginTime());
15           response.addCookie(cookie1);
16           response.addCookie(cookie2);
17       }else{
18           request.setAttribute("error", error);
19           targetPath = "LoginPageView";
20       }
21       response.sendRedirect(targetPath);
22   }
```

服务器给浏览器回送一个 Cookie 时，可以通过 setMaxAge()方法设置 Cookie 的有效期。如果在服务器没有调用 setMaxAge()方法设置 Cookie 的有效期，则 Cookie 的有效期只在一次会话过程中有效。

在本例中，设置了 Cookie 的有效期为 10 秒，那么当服务器把 Cookie 发送给浏览器时，此时 Cookie 就会在客户端的硬盘上存储 10 秒。在 10 秒内，即使浏览器关闭，Cookie 依然存在。如图 3.16 所示，在 Chrome 浏览器中，名为"username"的 Cookie，在 10 秒后过期。

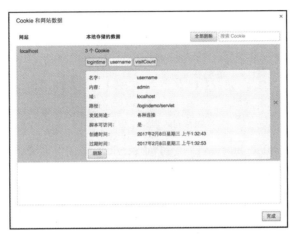

图 3.16 username 的过期时间

Cookie 一般都是在用户访问某个页面时被创建的，但并不是只有在创建 Cookie 的页面时才可以访问这个 Cookie。在默认情况下，出于安全方面的考虑，只有与创建 Cookie 的页面处于同一个目录或在创建 Cookie 页面的子目录下的网页才可以访问。例如，LoginServlet 中名字为"username"的 Cookie，其所在 Servlet 的访问路径为"/logindemo/servlet/LoginServlet"。因此，这个 Cookie 的有效路径就被设置为该 Cookie 被创建的页面所在的子目录"/logindemo/servlet"，如图 3.16 所示。

如果希望其父级或者整个网站都能够使用 Cookie，就需要进行路径的设置。让 Cookie 能被其他目录或者父级目录访问的设置方法如下。

```
public void setPath(String uri)
```

例如，要创建一个 Web 资源 CookiePathServlet，将 CookiePathServlet 配置到"/logindemo/CookiePathServlet"，并在该 Servlet 中尝试访问名字为"username"的 Cookie，将它的值显示到浏览器中，具体实现如下。

```
1   @WebServlet("/CookiePathServlet")
2   public class CookiePathServlet extends HttpServlet {
3       private static final long serialVersionUID = 1L;
4       public void doGet(HttpServletRequest request, HttpServletResponse response)
5           throws ServletException, IOException {
6           request.setCharacterEncoding("gbk");
7           response.setContentType("text/html;charset=gbk");
8           Cookie[] cookies = request.getCookies();
9           PrintWriter out = response.getWriter();
10          out.println("<!DOCTYPE HTML>");
```

```
11      out.println("<HTML>");
12      out.println("  <HEAD><TITLE>Cookie路径测试</TITLE></HEAD>");
13      out.println("  <BODY>");
14      out.println("名字为 username 的 Cookie 的内容是: "
15          +CookieUtil.getValue("username", cookies));
16      out.println("  </BODY>");
17      out.println("</HTML>");
18      out.flush();
19      out.close();
20  }
21  public void doPost(HttpServletRequest request, HttpServletResponse response)
22      throws ServletException, IOException {
23      doGet(request, response);
24  }
25 }
```

在"http://localhost:8080/logindemo/CookiePathServlet"路径下无法访问名字为"username"的 Cookie。在 LoginServlet 中改写 Cookie 对象 cookie1 的有效路径为"/",具体实现代码如下。

```
1   public void doPost(HttpServletRequest request, HttpServletResponse response)
2       throws ServletException, IOException {
3       /*代码略*/
4       if(error==null){
5           Cookie cookie1 = new Cookie("username",user.getUsername());
6           cookie1.setMaxAge(10);
7           cookie1.setPath("/");
8           Cookie cookie2 = new Cookie("logintime",user.getLoginTime());
9           response.addCookie(cookie1);
10          response.addCookie(cookie2);
11      }else{
12          /*代码略*/
13  }
```

再次访问"http://localhost:8080/logindemo/CookiePathServlet"时,就可以看到名字为"username"的 Cookie 内容了。路径能解决在同一个域下访问 Cookie 的问题,那么,如何解决同一个主域下 Cookie 数据的共享问题呢?我们可以通过指定可访问 Cookie 的主机名来进行设置,方法如下。

```
public void setDomain(String pattern)
```

例如,"www.baidu.com"与"mp3.baidu.com"公用一个关联的域名"baidu.com",我们如果想让"www.baidu.com"下的 Cookie 被"mp3.baidu.com"访问,就需要用到 Cookie 的 domain 属性,并且需要把 path 属性设置为"/"。这里需要注意,必须是同域之间的访问,不能把 domain 的值设置成非主域的域名。

javax.servlet.http.Cookie 本身并没有提供删除的功能,如果需要删除已经写入客户端浏览器的某个 Cookie,可以通过 Cookie 的 setMaxAge()方法设置需要删除的 Cookie 的有效期为 0 即可。例如,删除名字为"username"的 Cookie 对象 cookie1 的代码如下。

```
cookie1.setMaxAge(0);
```

3.3 Session

在 3.1.2 节中，登录信息保存在 request 对象中，仅对同一次请求和响应有效。当通过超链接多次请求 Web 首页时，登录信息丢失。我们通过 Cookie 实现了登录信息共享问题，但是该方法主要是依靠客户端浏览器开发及服务器 Cookie 写入的功能。如果客户端浏览器不接收任何 Cookie，那么就无法实现登录信息的共享。本节将介绍进行会话管理的另一个重要概念 Session。维护同一请求者发出的不同请求之间关联的情况称为维护一个 Session。Session 能够把同一请求者发出的不同请求关联起来，而不同请求者的 Session 应当是相互独立的。Session 一旦建立就一直存在，直到请求者空闲时间超过了某一个时间界限，容器才释放该 Session 资源。在 Session 的存活期间，请求者可以给服务器发送很多请求，该请求者的这些请求信息都存储在 Session 中。

3.3.1 HttpSession 简介

HttpSession 对象是 Session 概念在 Java Web 中的具体实现，通过这个对象可以实现服务器同一会话的多次请求之间的数据共享。HttpSession 对象是通过 HttpServletRequest 获得的，HttpServletRequest 共包含两个获取 HttpSession 对象的方法，如下所示：

- public HttpSession getSession(boolean create);
- public HttpSession getSession()。

getSession(boolean create)是返回当前 reqeust 中的 HttpSession。其中，getSession(true)与 getSession()的含义相同，如果当前 reqeust 中的 HttpSession 为 null，当 create 变量的值为 true 时，就创建一个新的 HttpSession 对象，否则返回当前 HttpSession 对象。getSession(false)的含义是，如果当前 reqeust 中的 HttpSession 为 null，返回 null，否则返回当前 HttpSession 对象。

HttpSession 用于会话管理的 4 个方法为：

- public void setAttribute(String name, Object value);
- public Object getAttribute(String name);
- public Enumeration getAttributeNames();
- public Object removeAttribute(String name)。

其中，getAttribute(String name, Object value)方法与 HttpServletRequest 对象的 setAttribute(String name, Object value)方法作用一致，都是将一个对象存放于某个空间，以方便对象在资源之间进行共享。两者之间的区别在于，HttpServletRequest 对象存储的数据只能在同一次请求的不同资源之间实现共享，而 HttpSession 对象存储的数据可以在同一个会话的不同请求之间进行共享，数据共享的范围更为广泛。

现在，我们来实现一个 Servlet 类 SessionDemo1。在该类中获得当前会话的 HttpSession 对象，并在这个 HttpSession 对象中存储一个 key 为 "info" 的字符串对象 "存放于 session 中的信息"，并提供一个超链接，访问另外一个 Servlet 资源，以方便发送一个新的请求，具体代码如下：

```
1    @WebServlet("/servlet/SessionDemo1")
2    public class SessionDemo1 extends HttpServlet {
3        public void doGet(HttpServletRequest request, HttpServletResponse response)
4            throws ServletException, IOException {
5            doPost(request, response);
```

```
6   }
7   public void doPost(HttpServletRequest request, HttpServletResponse response)
8       throws ServletException, IOException {
9       request.setCharacterEncoding("utf-8");
10      HttpSession session = request.getSession();
11      session.setAttribute("info", "存放于session中的信息");
12      response.setContentType("text/html;charset=utf-8");
13      PrintWriter out = response.getWriter();
14      out.println("<!DOCTYPE HTML>");
15      out.println("<HTML>");
16      out.println("  <HEAD><TITLE>Session Demo Servlet 1
17          </TITLE></HEAD>");
18      out.println("  <BODY>");
19      out.println("SessionDemo1中的session.getAttribute('info')值为<br>" +
20          "<font color='red'>" +session.getAttribute("info") +"</font>");
21      out.println("<br><a href='SessionDemo2'>"+
22          "在当前会话中发送一个新的请求</a>");
23      out.println("  </BODY>");
24      out.println("</HTML>");
25      out.flush();
26      out.close();
27  }
28  }
```

在浏览器的地址栏中输入 URL "http://localhost:8080/loginDemo/servlet/SessionDemo1",将会显示如图 3.17 所示的结果。

图 3.17 SessionDemo1 资源效果

接下来,实现 Servlet 资源 SessionDemo2。在该资源中获得当前会话的 HttpSession 对象,并通过该 HttpSession 对象获得 key 为 "info" 的数据,并进行显示,具体实现代码如下。

```
1   @WebServlet("/servlet/SessionDemo2")
2   public class SessionDemo2 extends HttpServlet {
3   public void doGet(HttpServletRequest request, HttpServletResponse response)
4       throws ServletException, IOException {
5       doPost(request, response);
6   }
7   public void doPost(HttpServletRequest request, HttpServletResponse response)
8       throws ServletException, IOException {
9       HttpSession session = request.getSession();
10      response.setContentType("text/html;charset=utf-8");
11      PrintWriter out = response.getWriter();
12      out.println("<!DOCTYPE HTML>");
13      out.println("<HTML>");
14      out.println("  <HEAD><TITLE>Session Demo Servlet 2</TITLE></HEAD>");
```

```
15      out.println("<BODY>");
16      out.println("SessionDemo2 中的 session.getAttribute('info')值为" +
17          "<font color='red'>" +session.getAttribute("info") +"</font>");
18      out.println("  </BODY>");
19      out.println("</HTML>");
20      out.flush();
21      out.close();
22    }
23  }
```

单击图 3.17 所示页面中的超链接，或者在浏览器的地址栏中输入 URL "http://localhost:8080/loginDemo/servlet/SessionDemo2"，将会显示如图 3.18 所示的结果。

图 3.18　SessionDemo2 资源效果

为了验证 Session 的有效性，关闭之前打开的所有浏览器窗口，并打开一个新窗口，如图 3.19 所示。在浏览器的地址栏中输入 URL "http://localhost:8080/ loginDemo/servlet/SessionDemo2"，将会显示如图 3.20 所示的结果，此时在 session 对象中无法获取到 "info" 的数据。这说明在这两个浏览器窗口中所发出的请求并不在同一个会话中，两个浏览器窗口发送的请求 HttpServletRequest 所获取的 HttpSession 对象是不同的。

图 3.19　打开一个新的浏览器窗口

图 3.20　新会话中获取 session 中的数据

3.3.2　HttpSession 在登录中的应用

当一个浏览器窗口发出一个请求，并且 Web 应用服务第一次调用 HttpServletRequest 的 getSession()或者 getSession(true)的时候，当前浏览器窗口与 Web 应用服务之间建立了会话。在默认情况下，只要当前建立会话的浏览器窗口没有关闭，该会话就不会结束。因此，若要在浏览器与 Web 应用服务之间保持会话信息，可以使用 HttpSession 来保存请求之间的相关信息。下面介绍 HttpSession 会话管理功能在实际中的应用方式。

在 3.1.2 节中，出现的登录信息的保持问题，在这里就可以使用 HttpSession 进行解决。用户登录信息被提交给 cn.edu.zzti.servlet.LoginServlet 时，LoginServlet 将该登录信息存储至 HttpSession 中，这样在当前浏览器窗口下，发送的所有请求都可以共享 HttpSession 中的登录信息，具体代码实现如下。

```
1   @WebServlet("/servlet/LoginServlet")
```

```
2   public class LoginServlet extends HttpServlet {
3       public String checkLogin(User user){  /*代码略,看3.1.2节*/    }
4       public void doPost(HttpServletRequest request, HttpServletResponse response)
5           throws ServletException, IOException {
6           request.setCharacterEncoding("utf-8");
7           String username = request.getParameter("username");
8           String password = request.getParameter("password");
9           User user = new User(username,password,new Date());
10          String error = checkLogin(user);
11          String targetPath = "IndexView";
12          if(error==null){
13              //将获取的登录信息存在HttpSession中
14              request.getSession().setAttribute("user", user);
15          }else{
16              //登录失败,返回登录页面,并将错误信息带回
17              targetPath = "LoginPageView";
18              request.setAttribute("error",error);
19          }
20          request.getRequestDispatcher(targetPath).forward(request, response);
21      }
22      /*代码略,请查看3.1.2节*/
23  }
```

修改 cn.edu.zzti.servlet.view.IndexView 类获取当前登录信息方式,从 HttpSession 中获取登录信息,并做出 Web 首页信息的响应,修改后的代码如下。

```
1   @WebServlet("/servlet/IndexView")
2   public class IndexView extends HttpServlet {
3       public void doGet(HttpServletRequest request, HttpServletResponse response)
4           throws ServletException, IOException {
5           Object loginTag = request.getSession().getAttribute("user");
6           if(loginTag==null){
7               response.sendRedirect("LoginPageView?error="+
8                   URLEncoder.encode("尚未登录","utf-8"));
9               return;
10          }
11          User user = (User)loginTag;
12          /*以下代码省略,请查看3.1.2节*/
13  }
```

代码修改完毕后,重新部署 Web 应用 LoginDemo,并完成登录过程。在图 3.2 所示的首页中,单击"进入首页"超链接,此时将刷新当前的首页页面,系统不会再跳转至登录页面。

3.3.3 HttpSession 详解

表 3.2 列举了 HttpSession 的常用方法,这些方法都是用来操作 HttpSession 对象的。

表 3.2　　　　　　　　　　　　　　　HttpSession 的常用方法

序号	方法名	说明
1	Object getAttribute(Stringname)	用于从当前 HttpSession 对象中返回指定名称的属性对象
2	Enumeration getAttributeNames()	返回和会话有关的枚举值
3	String getId()	返回分配给这个 HttpSession 的标识符。一个 Http Session 的标识符是一个由服务器来建立和维持的唯一的字符串
4	int getMaxInactiveInterval()	用于获得当前 HttpSession 对象可空闲的以秒为单位的最长时间
5	Object getValue(Stringname)	获取指定名称的 HttpSession 对象。如果不存在这样的绑定，返回空值
6	String[] getValueNames()	以一个数组返回绑定到 HttpSession 上的所有数据的名称
7	boolean isNew()	判断当前 HttpSession 对象是否是新创建的
8	void removeAttribute(Stringname)	用于从当前 HttpSession 对象中删除指定名称的属性
9	void removeValue(Stringname)	取消指定名称在 HttpSession 上的绑定
10	void setAttribute(Stringname, Objectvalue)	用于将一个对象与一个名称关联后存储到当前的 HttpSession 对象中
11	void setMaxInactiveInterval(int interval)	用于设置当前 HttpSession 对象可空闲的最长时间，以秒为单位。也就是修改当前会话的默认超时间隔

3.4　Session 工作原理

　　与 Cookie 不同，Session 采用在服务器保持状态的解决方案。此外，由于采用服务器保持状态的方案在客户端也需要保存一个标识，所以 Session 可能需要借助于 Cookie 来实现保存标识的目的。

　　Session 是针对每一个用户的，变量的值保存在服务器上，用一个 SessionID 来区分是哪个用户的 Session 变量，这个值是通过用户浏览器在访问的时候返回给服务器，当客户禁用 Cookie 时，这个值也能设置为 get 来返回给服务器。

　　就安全性来说，当访问一个使用 Session 的站点时，需要在自己的计算机中建立一个 Cookie。因此，为安全起见，建议用户使用时采用服务器的 Session 机制，因为它不会任意读取客户存储的信息。

　　HttpSession 在实际工作中是依靠 Cookie 来实现的，Cookie 在 HttpSession 的工作中起到数据保存的作用。

　　服务器创建 Session 后，会把 Session 的 id 以 Cookie 的形式回写给客户端。因此，只要客户端的浏览器没有关闭，再去访问服务器时，都会通过 Cookie 向服务器发送 Session 的 id，服务器发现客户端浏览器带 Session 的 id 过来了，就会使用内存中与之对应的 Session 为之服务。

Session 工作原理

3.5　个人信息模块的实现

　　下面将采用 Session 机制完成个人信息模块的实现。首先，需要新建一个完善个人信息表单页

面 "cn.edu.zn.servlet.view.PersonalPage1"，表单效果如图 3.3 所示，并在当前页面中同样显示登录信息，具体代码如下。

```java
@WebServlet("/servlet/PersonalPage1")
public class PersonalPage1 extends HttpServlet {
    public void doGet(HttpServletRequest request, HttpServletResponse response)
        throws ServletException, IOException {
        request.setCharacterEncoding("utf-8");
        Object loginTag = request.getSession().getAttribute("user");
        if(loginTag==null){
            response.sendRedirect("LoginPageView");
            return;
        }
        User user = (User)loginTag;
        response.setContentType("text/html;charset=utf-8");
        PrintWriter out = response.getWriter();
        out.println("<!DOCTYPE HTML>");
        out.println("<HTML>");
        out.println("  <HEAD><TITLE>Web 应用首页</TITLE></HEAD>");
        out.println("  <BODY>");
        out.println("当前登录的用户是: "+user.getUsername());
        SimpleDateFormat sdf = new SimpleDateFormat("yyyy-MM-dd HH:mm:ss");
        out.println(", 登录时间: "+sdf.format(user.getLoginTime()));
        out.println("<br><a href='IndexView'>进入首页</a><br>");
            String body = " <form action='PersonalPage2' method='post'>"+
                "<table>"+
                "<tr><td>年龄: </td><td><input type='text' name='age'/></td></tr>"+
                "<tr><td>性别: </td><td>"+
                "<input type='radio' name='gender' checked='checked' value='女'/>女"+
                "<input type='radio' name='gender' value='男'/>男</td></tr>"+
                "<tr><td>家庭住址: </td><td>"+
                "<input type='text' name='address'/></td></tr>"+
                "<tr><td>联系方式: </td><td>"+
                "<input type='text' name='tel'/></td></tr>"+
                "<tr><td>email: </td><td>"+
                "<input type='text' name='email'/></td></tr>"+
                "<tr><td>" +
                "</td>"+
                "<td><input type='submit' value='下一步'></td></tr>" +
                "</table>"+
                "</form>";
        out.println(body);
        out.println("  </BODY>");
        out.println("</HTML>");
        out.flush();
        out.close();
    }
    public void doPost(HttpServletRequest request, HttpServletResponse response)
        throws ServletException, IOException {
        doGet(request, response);
    }
}
```

需要注意的是，在"cn.edu.zn.servlet.view.PersonalPage1"中填写的个人信息表单并不完整，还需要与一个完善个人信息表单页面"cn.edu.zn.servlet.view.PersonalPage2"中的数据整合后，才能变成完整的用户个人信息。表单效果如图 3.4 所示，并在当前页面中同样显示登录信息，具体代码如下。

```java
1   @WebServlet("/servlet/PersonalPage2")
2   public class PersonalPage2 extends HttpServlet {
3       public void doGet(HttpServletRequest request, HttpServletResponse response)
4           throws ServletException, IOException {
5           request.setCharacterEncoding("utf-8");
6           Object loginTag = request.getSession().getAttribute("user");
7           if(loginTag==null){
8               response.sendRedirect("LoginPageView");
9               return;
10          }
11          User user = (User)loginTag;
12          response.setContentType("text/html;charset=utf-8");
13          PrintWriter out = response.getWriter();
14          out.println("<!DOCTYPE HTML>");
15          out.println("<HTML>");
16          out.println("    <HEAD><TITLE>Web 应用首页</TITLE></HEAD>");
17          out.println("    <BODY>");
18          out.println("当前登录的用户是："+user.getUsername());
19          SimpleDateFormat sdf = new SimpleDateFormat("yyyy-MM-dd HH:mm:ss");
20          out.println("，登录时间："+sdf.format(user.getLoginTime()));
21          out.println("<br><a href='IndexView'>进入首页</a><br>");
22          PersonalInfo p = new PersonalInfo();
23          p.setAddress(request.getParameter("address"));
24          p.setAge(Integer.parseInt(request.getParameter("age")));
25          p.setEmail(request.getParameter("email"));
26          p.setTel(request.getParameter("tel"));
27          p.setGender(request.getParameter("gender"));
28          request.getSession().setAttribute("p", p);
29          String body = "<form action='PersonalInfoProcess' method='post'>"+
30              "<table>"+
31              "<tr><td>最高学历：</td>"+
32              "<td><select name='highestEducation'>"+
33              "<option value='学士'>学士</option>"+
34              "<option value='硕士'>硕士</option>"+
35              "<option value='博士'>博士</option>"+
36              "<option value='其他'>其他</option>" + "</select></td></tr>"+
37              "<tr><td>毕业院校：</td>" +
38              "<td><select name='graduateSchool'>"+
39              "<option value='北京大学'>北京大学</option>"+
40              "<option value='清华大学'>清华大学</option>"+
41              "<option value='其他院校'>其他院校</option>" +
42              "</select></td></tr>"+
43              "<tr><td>所学专业：</td>" +
44              "<td><input type='text' name='major'/></td></tr>"+
45              "<tr><td>" +
46              "</td>"+
```

```
47            "<td><input type='submit' value='保存'></td></tr>"+
48            "</table>"+
49            " </form>";
50      out.println(body);
51      out.println("  </BODY>");
52      out.println("</HTML>");
53      out.flush();
54      out.close();
55    }
56    public void doPost(HttpServletRequest request, HttpServletResponse response)
57        throws ServletException, IOException {
58        doGet(request, response);
59    }
60 }
```

接下来，在"cn.edu.zzti.servlet.PersonalServlet"类中对用户填写的所有表单数据进行封装、存储，具体代码如下。

```
1  @WebServlet("/servlet/PersonalInfoProcess")
2  public class PersonalInfoProcess extends HttpServlet {
3    public void doGet(HttpServletRequest request, HttpServletResponse response)
4        throws ServletException, IOException {
5        doPost(request, response);
6    }
7    public void doPost(HttpServletRequest request, HttpServletResponse response)
8        throws ServletException, IOException {
9        request.setCharacterEncoding("utf-8");
10       Object loginTag = request.getSession().getAttribute("user");
11       if(loginTag==null){
12           response.sendRedirect("LoginPageView");
13           return;
14       }
15       User user = (User)loginTag;
16       Object personalObject = request.getSession().getAttribute("p");
17       if(personalObject==null){
18       request.setAttribute("info", "您还没有完善个人信息，请进行完善");
19       request.getRequestDispatcher("PersonalPage1").forward(request, response);
20       return;
21       }else{
22       String targetPath = "PersonalInfoView";
23       PersonalInfo p = (PersonalInfo)request.getSession().getAttribute("p");
24       p.setHighestEducation(request.getParameter("highestEducation"));
25       p.setGraduateSchool(request.getParameter("graduateSchool"));
26       p.setMajor("major");
27       response.sendRedirect(targetPath);// 使用跳转重定向到展示页
28       }
29   }
30 }
```

cn.edu.zzti.servlet.view.PersonalInfoView 用来将存储在 Session 中的登录用户的完整信息读取出来，并展现在页面中，具体代码如下。

```
1  @WebServlet("/servlet/PersonalInfoView")
```

```java
2   public class PersonalInfoView extends HttpServlet {
3   public void doGet(HttpServletRequest request, HttpServletResponse response)
4       throws ServletException, IOException {
5       doPost(request, response);
6   }
7   public void doPost(HttpServletRequest request, HttpServletResponse response)
8       throws ServletException, IOException {
9       Object loginTag = request.getSession().getAttribute("user");
10      if(loginTag==null){
11          response.sendRedirect("LoginPageView");
12          return;
13      }
14      User user = (User)loginTag;
15      Object personalObject = request.getSession().getAttribute("p");
16      if(personalObject==null){
17          request.setAttribute("info", "您还没有完善个人信息，请进行完善");
18          request.getRequestDispatcher("PersonalPage1").forward(request, response);
19          return;
20      }
21      PersonalInfo p = (PersonalInfo)personalObject;
22      response.setContentType("text/html;charset=utf-8");
23      PrintWriter out = response.getWriter();
24      out.println("<!DOCTYPE HTML>");
25      out.println("<HTML>");
26      out.println("  <HEAD><TITLE>Web 应用首页</TITLE></HEAD>");
27      out.println("  <BODY>");
28      out.println("当前登录的用户是: "+user.getUsername());
29      SimpleDateFormat sdf = new SimpleDateFormat("yyyy-MM-dd HH:mm:ss");
30      out.println(", 登录时间: "+sdf.format(user.getLoginTime()));
31      out.println("<br><a href='IndexView'>进入首页</a>");
32      String body="<table><tr><td>年龄: </td><td>" + p.getAge()+
33          "</td></tr><tr><td>性别: </td><td>" + p.getGender()+
34          "</td></tr><tr><td>家庭住址: </td><td>" +p.getAddress()+
35          "</td></tr><tr><td>联系方式: </td><td>" +p.getTel()+
36          "</td></tr><tr><td>email: </td><td>" +p.getEmail()+
37          "</td></tr><tr><td>毕业院校: </td><td>" +p.getGraduateSchool()+
38          "</td></tr><tr><td>最高学历: </td><td>" +p.getHighestEducation()+
39          "</td></tr><tr><td>专业方向: </td><td>" +p.getMajor()+
40          "</td></tr></table>";
41      out.println(body);
42      out.println("  </BODY>");
43      out.println("</HTML>");
44      out.flush();
45      out.close();
46  }
47  }
```

3.6 基于 MVC 的临时购物车

MVC 是软件工程中的一种软件架构模式，它把软件系统分为 3 个基本部分：模型（Model）、视图（View）和控制器（Controller）。

1979年，Trygve Reenskaug首次提出了MVC的概念，最初的时候叫作Model-View-Controller-Editor。Trygve Reenskaug最初提出MVC的目的是为了把模型与视图分离开来，然后用控制器来组合Model和View之间的关系。这样做的目的是实现注意点分离的设计理念，也就是让专业的对象做专业的事情，View负责视图相关的内容，Model负责描述数据模型，Controller负责总控，各自分工协作。

Session 实现购物车

3.6.1 临时购物车设计需求

在访问一些大型购物网站的时候，大家可能会发现，用户在没有登录网站的情况下，依然可以将网站中的商品放入一个临时的购物车中。而当用户进行购买的时候，购物网站才会提示用户登录，并将临时购物车的内容同步到自己的购物车中。并且，当前会话结束后，这个临时的购物车就会清空，即重新打开新的浏览器窗口访问购物网站时，此时的临时购物车就是空的。

在临时购物车中，需要购买的商品列表页面如图3.21所示。每个商品均包含有商品序号、商品名称和商品价格等信息。任意用户在商品列表页面都可以对商品进行购买。每当用户对某个商品输入购买数量后，单击"加入购物车"按钮，就会转向临时购物车页面，实现效果如图3.22所示。如果用户需要继续购买，则可以通过单击超链接返回商品列表页面，也可以对购物车中的现有商品进行删除操作。

图3.21 商品列表　　　　　　图3.22 临时购物车列表

3.6.2 临时购物车代码实现

结合临时购物车的设计需求和本章有关Cookie和Session的讲解，临时购物车可以通过HttpSession进行实现。

首先，对临时购物车中的数据模型（Model）进行分析。为了表示商品对象，需要定义商品类Goods，包含商品名称、价格、数量等私有属性及其相应的get和set方法，具体实现代码如下。

```
1   public class Goods {
2       private String name;
3       private float price;
4       private int number;
5       public String getName() {
6           return name;
7       }
8       public void setName(String name) {
```

```
9           this.name = name;
10      }
11      public float getPrice() {
12          return price;
13      }
14      public void setPrice(float price) {
15          this.price = price;
16      }
17      public int getNumber() {
18          return number;
19      }
20      public void setNumber(int number) {
21          this.number = number;
22      }
23  }
```

为了在页面中展示商品列表，定义 GoodsStore 类，完成商品信息的初始化工作。此处，采用 ArrayList 对象进行存储，并将其放在静态代码块中，保证代码的优先执行。具体实现代码如下。

```
1   public class GoodsStore {
2   public static List<Goods> goodsList = new ArrayList<Goods>();
3   static{
4       for(int i=0;i<10;i++){
5           goodsList.add(new Goods("商品"+(i+1),50+i*10,0));
6       }
7   }
8   }
```

定义好相关数据模型后，接下来定义商品列表展示页面，即完成临时购物车中视图（View）层的展示。因此，定义 GoodsList 类并使其继承 HttpServlet，进行商品列表信息的页面展示。临时购物车中每个商品都可以加入购物车，当用户单击"加入购物车"按钮时，将其交给临时购物车中的控制层，即在代码中定义"加入购物车"的 action 为"ShopCardController?type=addCard"。类似地，当用户在页面中单击"查看购物车"超链接时，将其转交给控制层，即将"查看购物车"的超链接定义为"<a href='ShopCardController?type=cardList'>查看购物车</a>"。具体代码如下。

```
1   @WebServlet("/servlet/GoodsList")
2   public class GoodsList extends HttpServlet {
3   public void doPost(HttpServletRequest request, HttpServletResponse response)
4       throws ServletException, IOException {
5       response.setContentType("text/html;charset=utf-8");
6       PrintWriter out = response.getWriter();
7       out.println("<!DOCTYPE HTML>");
8       out.println("<HTML>");
9       out.println("  <HEAD><TITLE>商品列表</TITLE></HEAD>");
10      out.println("  <BODY>");
11      out.println("<a href='ShopCardController?type=cardList'>查看购物车</a>");
12      out.println("<table border='1'>");
13      out.println("<tr>");
14      out.println("<td>商品序号</td>");
15      out.println("<td>商品名称</td>");
16      out.println("<td>商品价格</td>");
17      out.println("<td>购买数量</td>");
```

```
18        out.println("<td>操作</td>");
19        out.println("</tr>");
20        for(int i=0;i<10;i++){
21        out.println("<tr><form action='ShopCardController?type=addCard' "+
22            "method='post'>");
23        out.println("<td>"+(i+1)+"</td>");
24        out.println("<td>"+GoodsStore.goodsList.get(i).getName()+"</td>");
25        out.println("<td>"+GoodsStore.goodsList.get(i).getPrice()+"</td>");
26        out.println("<td><input type='text' name='number'></td>");
27        out.println("<td><input type='submit' value='加入购物车'></td>");
28        out.println("</form></tr>");
29        }
30        out.println("</table>");
31        out.println(" </BODY>");
32        out.println("</HTML>");
33        out.flush();
34        out.close();
35    }
36    public void doGet(HttpServletRequest request, HttpServletResponse response)
37        throws ServletException, IOException {
38        doPost(request, response);
39    }
40 }
```

根据 MVC 的设计理念，控制层负责数据模型和视图的交互。在临时购物车的商品列表页面中，当用户单击"加入购物车"按钮后，会将当前的商品所在表单提交给 ShopCardController。该类的具体代码如下。

```
1  @WebServlet("/servlet/ShopCardController")
2  public class ShopCardController extends HttpServlet {
3  public void doGet(HttpServletRequest request, HttpServletResponse response)
4      throws ServletException, IOException {
5      doPost(request, response);
6  }
7  public void doPost(HttpServletRequest request, HttpServletResponse response)
8      throws ServletException, IOException {
9      request.setCharacterEncoding("utf-8");
10     Object goodsObject = request.getSession().getAttribute("myGoodsList");
11     List<Goods> myGoodsList = null;
12     if(goodsObject==null){
13         myGoodsList = new ArrayList<Goods>();
14         request.getSession().setAttribute("myGoodsList", myGoodsList);
15     }else{
16         myGoodsList = (ArrayList<Goods>)goodsObject;
17     }
18     String type = request.getParameter("type");
19     if("addCard".equals(type)){
20         int id = Integer.parseInt(request.getParameter("id"));
21         int number = Integer.parseInt(request.getParameter("number"));
22         GoodsStore.goodsList.get(id).setNumber(number);
23         myGoodsList.add(GoodsStore.goodsList.get(id));
24     }else if("removeCard".equals(type)){
```

```
25          int id = Integer.parseInt(request.getParameter("id"));
26          myGoodsList.remove(id);
27      }
28      response.sendRedirect("ShopCard");
29   }
30 }
```

用户在商品列表中选择商品后进入购物车页面，可以查看购物车中所选择的商品列表。购物车 ShopCard 类的代码如下。

```
1  @WebServlet("/servlet/ShopCard")
2  public class ShopCard extends HttpServlet {
3  public void doGet(HttpServletRequest request, HttpServletResponse response)
4      throws ServletException, IOException {
5      doPost(request, response);
6  }
7
8  public void doPost(HttpServletRequest request, HttpServletResponse response)
9      throws ServletException, IOException {
10
11     request.setCharacterEncoding("utf-8");
12     Object goodsObject = request.getSession().getAttribute("myGoodsList");
13     List<Goods> myGoodsList = null;
14     if(goodsObject==null){
15         myGoodsList = new ArrayList<Goods>();
16     request.getSession().setAttribute("myGoodsList", myGoodsList);
17     }else{
18         myGoodsList = (ArrayList<Goods>)goodsObject;
19     }
20     response.setContentType("text/html;charset=utf-8");
21     PrintWriter out = response.getWriter();
22     out.println("<!DOCTYPE HTML>");
23     out.println("<HTML>");
24     out.println("  <HEAD><TITLE>临时购物车</TITLE></HEAD>");
25     out.println("  <BODY>");
26     out.println("<a href='GoodsList'>继续购物</a>");
27     out.println("<table border='1'>");
28     out.println("<tr>");
29     out.println("<td>商品序号</td>");
30     out.println("<td>商品名称</td>");
31     out.println("<td>商品单价</td>");
32     out.println("<td>购买数量</td>");
33     out.println("<td>总价</td>");
34     out.println("<td>操作</td>");
35     out.println("</tr>");
36     for(int i=0;i<myGoodsList.size();i++){
37         Goods goods = myGoodsList.get(i);
38         out.println("<tr>");
39         out.println("<td>"+(i+1)+"</td>");
40         out.println("<td>"+goods.getName()+"</td>");
41         out.println("<td>"+goods.getPrice()+"</td>");
42         out.println("<td>"+goods.getNumber()+"</td>");
43         out.println("<td>"+goods.getPrice()*goods.getNumber()+"</td>");
```

```
44            out.println("<td><a href='ShopCardController?
45            type=removeCard&id="+i+"'>删除</a></td>");
46            out.println("</tr>");
47        }
48        out.println("</table>");
49        out.println("  </BODY>");
50        out.println("</HTML>");
51        out.flush();
52        out.close();
53    }
54 }
```

3.7 小结

对于当前的 Web 应用，HTTP 的无状态特征使得客户端向服务器发送的每次请求都是独立的，从而导致许多应用在记录用户操作步骤上的开销较大。本章对客户端与服务器的会话机制进行了阐述，具体包括 Cookie 和 Session 两种技术。其中，Cookie 采用的是在客户端保持状态的方案，而 Session 采用的是在服务器保持状态的方案。由于采用服务器保持状态的方案在客户端也需要保存一个标识，所以 Session 的实现需要借助于 Cookie 来达到保存标识的目的。此外，借助于 MVC 设计模式，本章对临时购物车进行了实现。Web 应用经常需要保持状态信息，掌握 Cookie 和 Session 技术是基本的技能之一。

习 题

1. 从_____开始，到_____结束，被称为一个会话。（   ）（选 1 项）
    A. 访问者连接到服务器，访问者关闭浏览器离开该服务器
    B. 服务器启动，服务器关闭
    C. 访问者连接到服务器，服务器关闭
    D. 服务器启动，访问者关闭浏览器离开该服务器
2. 下列说法中错误的是哪项？（   ）（选 1 项）
    A. Cookie 和 HttpSession 是保存会话相关数据的技术，其中 Cookie 将信息存储在浏览器端是客户端技术，Session 将数据保存在服务器是服务器技术
    B. HttpSession 会话对象的默认保持时间可以修改
    C. HttpSession 默认是基于 Cookie 运作的
    D. 浏览器可以接受任意多个 Cookie 信息保存任意长的时间
3. 下列哪条语句可以更改 Cookie 的存活时间？（   ）（选 1 项）
    A. cookie.setMaxAge(3600*24);   B. cookie.setPath("/app");
    C. cookie.setDomain("localhost");   D. cookie.setValue("share");
4. 如何发送 Cookie？（   ）（选 1 项）
    A. 使用 new Cookie 语句   B. 调用 response.addCookie 方法
    C. 使用 Cookie 的 setMaxAge 方法   D. 使用 setCookie 方法

5. 在 J2EE 中，Servlet API 为使用 Cookie 提供了哪个类？（   ）（选 1 项）
   A. javax.servlet.http.Cookie   B. javax.servlet.http.HttpCookie
   C. javax.servlet. Cookie   D. javax.servlet.http. HttpCookie
6. 获取 Cookie [] 所用到的方法是哪个？（   ）（选 1 项）
   A. request.getCookies()   B. request.getCookie()
   C. response..getCookies()   D. response..getCookie()
7. 关于 SessionID，以下说法正确的是哪一项？（   ）（选 3 项）
   A. 每个 HttpSession 对象都有唯一的 SessionID
   B. SessionID 由 Servlet 容器创建
   C. SessionID 必须保存在客户端的 Cookie 文件中
   D. Servlet 容器会把 SessionID 作为 Cookie 或者 URL 的一部分发送到客户端
8. 以下哪个方法一定可以获取代表当前会话的 Session 对象？（   ）（选 1 项）
   A. request.getSession();   B. request.getSession(false);
   C. new HttpSession();   D. HttpSession.newInstance(request);
9. 以下哪个方法可用于检索 session 属性 userid 的值？（   ）（选 1 项）
   A. session. getAttribute("userid");   B. session. setAttribute("userid");
   C. request. getParameter("userid");   D. request. getAttribute("userid");

第 4 章 JSP 编程

Servlet 是一个能与支持 Servlet 规范的 Web 容器（如 Tomcat）交互的类。开发者可以通过 Servlet 将一段 HTML 代码返回浏览器，让浏览器对 HTML 代码进行渲染。为实现动态页面的展现效果，需要在一个 Servlet 类中实现对 HTML 代码的拼装，甚至包含很多效果属性的设置，这使得 Servlet 编码变成了一项十分烦琐的工作。特别是在表示层有需求变更的情况下，还需对 Servlet 进行重新编译。因此，Java Web 提供了 JSP 技术，其将表示层职责从 Servlet 中抽离，从而简化了 Java Web 页面编程。本章首先对 JSP 进行概述，通过案例演示 JSP 的运行方式，然后详细介绍 JSP 的语法及其与 Servlet 的关系。

4.1 JSP 概述

Java 服务器页面（Java Server Pages，JSP）是一种动态页面开发技术。JSP 是在传统的 HTML 代码中插入 Java 程序段和 JSP 标记而形成的扩展名为".jsp"的文件。JSP 与 Servlet 一样，是在服务器执行的。下面来学习 JSP 页面的创建以及 JSP 的文件结构。

JSP 与 Servlet 的关系

（1）首先在 MyEclipse 下，选择 File→New→Web Project 选项（见图 4.1），新建一个 Web Project 项目，并输入项目名称"jsp_first"。

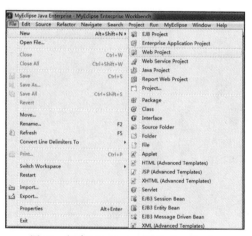

图 4.1 新建 Web Project 项目"jsp_first"

（2）在"WebRoot"文件夹上单击鼠标右键，会出现如图 4.2 所示的功能菜单，选择 New→JSP

(Advanced Templates)选项,将弹出如图 4.3 所示的 JSP 创建向导对话框。

图 4.2　新建 JSP

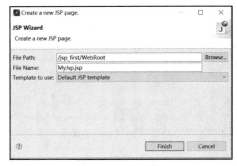

图 4.3　设置 JSP 信息

(3)在"Create a new JSP page"对话框中的"File Name"文本框中输入 JSP 页面文件的名称:first.jsp,然后单击"Finish"按钮完成设置。

此时,在项目的工程文件夹"WebRoot"下,会出现一个 first.jsp 文件,双击该文件打开如图 4.4 所示的页面。

图 4.4　自动生成的 first.jsp 页面代码

（4）将该 Web 项目部署到 Tomcat，查看 JSP 页面 first.jsp 的显示效果，打开浏览器，输入访问路径：http://localhost:8080/jsp_first/first.jsp，可看到该页面的显示效果与 HTML 文件的效果一致，如图 4.5 所示。

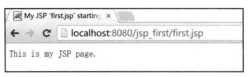

图 4.5 first.jsp 的显示效果

JSP 的登录程序

4.2 JSP 页面代码解析

通过对图 4.4 所示的 JSP 页面代码进行分析可以发现，写 JSP 就像在写 HTML，但 HTML 只能为用户提供静态内容，而 JSP 技术允许在页面中嵌套 Java 代码，为用户提供动态数据。

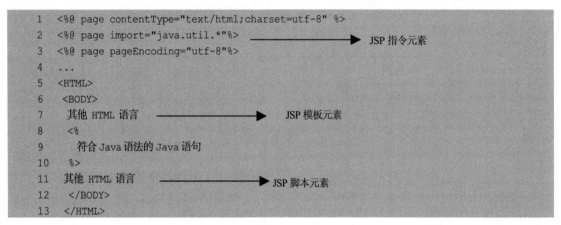

上述代码展示了一个 JSP 页面的组成元素，包括 JSP 指令元素、JSP 模板元素以及 JSP 脚本元素。其中，JSP 脚本元素又包括 Java Scriptlet、JSP 声明以及 JSP 表达式。下面将详细介绍 JSP 中各元素的使用方式。

4.2.1 JSP 指令元素

通过分析 MyEclipse 使用模板新建的 JSP 页面结构，可以看到每个 JSP 页面的最上方都有 <%@ page…%>代码片段，该代码片段是 JSP 语法中的指令语法结构。

JSP 指令用来设置与整个 JSP 页面相关的属性，它并不直接产生任何可见的输出，只是告诉 JSP 引擎如何处理 JSP 页面，如网页的编码方式和脚本语言。JSP 指令使用的语法格式如下。

<%@ 指令名称属性="属性值" [属性="属性值"] %>

JSP 中常用的指令如表 4.1 所示。本节主要介绍 JSP 的 page 指令，include 及 taglib 指令的使用说明将放在后续章节中进行介绍。

表 4.1　　　　　　　　　　　　　　　　JSP 的常用指令

指　令	用　途	范　例
page	设定 JSP 整体信息	<%@page import="java.util.*" "%>
include	在 JSP 内包含其他 JSP 内容	<%@include file="leftframe.jsp"%>
taglib	在 JSP 内使用 "自定义标签"	<%@taglib prefix="abc" uri="taglib.tld"%>

page 指令为容器提供当前页面的使用说明。一个 JSP 页面可以包含多个 page 指令。page 指令的语法格式如下。

```
<%@ page attribute="value" [ attribute="value"]%>
```

表 4.2 列举了 page 指令的常用属性及其功能描述。

表 4.2　　　　　　　　　　　　　　　page 指令的常用属性

属　性	功　能　描　述
buffer	指定 out 对象使用缓冲区的大小
autoFlush	控制 out 对象的缓存区
contentType	指定当前 JSP 页面的 MIME 类型和字符编码
errorPage	指定当 JSP 页面发生异常时需要转向的错误处理页面
isErrorPage	指定当前页面是否可以作为另一个 JSP 页面的错误处理页面
pageEncoding	说明当前页面中的文字所使用的文字编码
import	导入要使用的 Java 类
info	定义 JSP 页面的描述信息
isThreadSafe	指定对 JSP 页面的访问是否为线程安全
language	定义 JSP 页面所用的脚本语言，默认是 Java
session	指定 JSP 页面是否使用 session
isELIgnored	指定是否执行 EL 表达式
isScriptingEnabled	确定脚本元素能否被使用

本节只对常用的 language、import、pageEncoding 这 3 个属性进行介绍。打开通过 MyEclipse 提供的 JSP 默认模板生成的 first.jsp 文件，可以看到在该页面的第一行使用了 page 指令，如下所示。

```
<%@ page language="java" import="java.util.*"pageEncoding="ISO-8859-1"%>
```

（1）language="java"指定了 JSP 引擎要用什么语言来编译 JSP 网页。目前只可以使用 Java 语言。

（2）import="java.util.*"表示在当前 JSP 中按需导入 java.util 包下的所需的类，此处所指 import 属性，与 Java 中的 package、import 使用方法相同。如果需要同时导入多个不同的包，可使用 "," 对多个包进行分隔。

```
<%@page import="java.text.SimpleDateFormat,java.util.Date"%>
```

也可以同时添加多个 page 指令标签，设置多个 import 以引入不同的包，如以下代码。

```
<%@page import="java.text.SimpleDateFormat"%>
<%@page import="java.util.Date"%>
```

（3）pageEncoding 说明当前 first.jsp 中的文字所使用的文字编码默认为 "ISO-8859-1"，但该编码不支持中文。如果在页面中写入中文，并进行保存，则会弹出如图 4.6 所示的提示框。此时，

87

可以通过修改 pageEncoding 的值为"utf-8"来解决 JSP 文件中文件的保存问题,代码如下。

```
<%@ page language="java" import="java.util.*"pageEncoding="utf-8"%>
```

JSP 指令与 JSP
表达式

图 4.6　first.jsp 中的 page 指令

4.2.2　JSP 模板元素

JSP 页面中的 HTML 内容称之为 JSP 模板元素。JSP 模板元素定义了网页的基本骨架,即定义了页面的结构和外观。例如,创建登录界面 login.jsp,其中页面中包含 username 和 password,以及"登录"按钮。login.jsp 页面的源代码如下。

```
1   <%@ page language="java" pageEncoding="utf-8"%>
2   <!DOCTYPE >
3   <html>
4     <head>
5       <title>登录界面</title>
6     </head>
7     <body>
8       <form>
9         username: <input type="text" name="username"/><br>
10        password: <input type="text" name="password"/><br>
11        <input type="submit" value="登录"/>
12      </form>
13    </body>
14  </html>
```

将该 Web 项目重新部署到 Tomcat,查看 login.jsp 的显示效果。打开浏览器,输入访问路径:http://localhost:8080/jsp_first/login.jsp,该页面的显示效果如图 4.7 所示。

图 4.7　JSP 实现登录界面

4.2.3　JSP 脚本元素

在 JSP 页面中有 3 种脚本元素(Scripting Elements): Java Scriptlet、JSP 表达式和 JSP 声明。

（1）Java Scriptlet

Java Scriptlet 是嵌入在 JSP 页面中的 Java 代码段。Java Scriptlet 是以<%开头，以%>结尾的标签。例如，在 jsp_first 工程中新建 JSP 页面 scriptlet.jsp，代码如下。

```jsp
1  <%@ page language="java" pageEncoding="utf-8"%>
2  <!DOCTYPE >
3  <html>
4    <head>
5    <title>Java Scriptlet 实例</title>
6    </head>
7    <body>
8      <%
9      for(int i=0;i<10;i++){
10        System.out.println(i);
11     }
12     %>
13   </body>
14 </html>
```

Java Scriptlet 在每次访问页面时都会被执行，在浏览器中输入当前 JSP 页面的访问路径"http://localhost:8080/jsp_first/scriptlet.jsp"，在控制台中显示了 for 循环的执行结果，通过标准输出流向控制台输出 1~9 的数字，运行效果如图 4.8 所示。

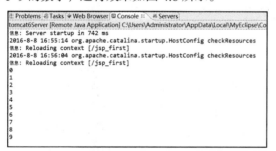

图 4.8 scriptlet.jsp 的访问效果

由于 Java Scriptlet 可以包含任何 Java 代码，所以它通常用来在 JSP 页面嵌入计算逻辑，或打印 HTML 模板文本。多个脚本片断的代码可以相互访问，相当于将所有的代码放在一对 "<%" "%>" 之中。单个脚本片断中的 Java 语句可以是不完整的，但是，多个脚本片断组合后的结果必须是完整的 Java 语句。

（2）JSP 表达式

在 Java 的语法中，如果希望将数据通过标准输出流打印到控制台中，可使用 "System.out" 将数据打印到控制台，如图 4.8 所示。如果希望将数据输出到浏览器中进行展示，可使用 JSP 表达式。

JSP 表达式是以 "<%=" 开头，以 "%>" 结尾的标签，它作为 Java 语言表达式的占位符。例如以下语句。

```jsp
<%= count%>
```

该语句表示将 count 变量的值，输出到浏览器中。注意，JSP 表达式不是语句，不能以 ";" 作为结束，因此下面的代码是非法的。

```jsp
<%= count; %>
```

使用表达式可以向输出流输出任何对象或任何基本数据类型的值，也可以打印任何算术表达式、布尔表达式或方法调用返回的值。例如，在 jsp_first 工程中，新建 JSP 页面 jspExpression.jsp，希望能在浏览器中显示 1~9 的数字，代码如下。

```
1   <%@ page language="java"pageEncoding="utf-8"%>
2   <!DOCTYPE >
3   <html>
4     <head>
5       <title>JSP 表达式实例</title>
6     </head>
7     <body>
8       <%
9         for(int i=0;i<10;i++){
10        %>
11        <%= i%><br/>
12        <%
13        }
14        %>
15    </body>
16  </html>
```

在浏览器中输入当前 JSP 页面的访问路径："http://localhost:8080/jsp_first/jspExpression.jsp"，可看到浏览器中显示了 for 循环的执行结果，即在浏览器中显示 1~9 的数字，如图 4.9 所示。

图 4.9　在浏览器中输入访问路径

（3）JSP 声明

JSP 声明可用于在 JSP 页面中声明变量和定义方法。声明被放到以"<%!"开头，以"%>"结尾的标签内，可以包含任意数量的、合法的 Java 声明语句。下面是 JSP 声明的一个例子。

```
<%! int count = 0; %>
```

上述代码声明了一个名为 count 的变量并将其初始化为 0。声明的变量仅在页面第一次载入时由容器初始化一次。例如，在 jsp_first 工程中，新建 JSP 页面 jspDeclaration.jsp，希望在控制台上显示当前访问时间及 count 变量的值，代码如下。

```
1   <%@page import="java.text.SimpleDateFormat,java.util.Date"%>
2   <%@page language="java" pageEncoding="utf-8"%>
3   <!DOCTYPE >
4   <html>
5     <head>
6       <title>JSP 声明</title>
7     </head>
8     <body>
9       <%!//JSP 声明：声明一个整数 count，并将其初始化为 0
10        int count = 0;%>
11        <%
12          //每访问一次该页面，都会在控制台输出 count 的数值
13          SimpleDateFormat sdf = new SimpleDateFormat("HH:MM:ss");
14          System.out.print("访问时间: " + sdf.format(new Date()));
15          System.out.println("\tcount=" + ++count);
```

```
16      %>
17  </body>
18  </html>
```

在浏览器中输入当前 JSP 页面的访问路径 "http://localhost:8080/jsp_first /jspDeclaration.jsp",每访问一次,控制台就显示一次当前访问时间及 count 变量的取值,如图 4.10 所示。

图 4.10 声明变量 count 的访问效果

除声明变量之外,在声明片段中还可声明方法,下面的代码在一个标签中声明了一个变量和一个方法。

```
1   <%!
2   String color[] = {"red", "green", "blue"};
3   String getColor(int i){
4   return color[i];
5   }
6   %>
```

也可以将上面的两个 Java 声明语句写在两个 JSP 声明标签中。

```
1   <%! String color[] = {"red", "green", "blue"}; %>
2   <%!
3   String getColor(int i){
4   return color[i];
5   }
6   %>
```

变量的声明位置决定了变量的生命周期,在 Java Scriptlet 中声明的变量,JSP 每被访问一次,该变量就会被重新声明一次。然而,在 JSP 声明片段中声明的变量,在当前 JSP 页面没有任何修改的前提下,只会被声明一次,各请求访问的是同一个变量空间。例如,在 jsp_first 工程中,新建 JSP 页面 jspDeclaration2.jsp,代码如下。其中,在 Java Scriptlet 中定义一个整型变量 countB,在 JSP 声明中定义一个整型变量 countA,每请求一次当前页面,就使得 countA 和 countB 增 1。

```
1   <%@page import="java.text.SimpleDateFormat,java.util.Date"%>
2   <%@page language="java" pageEncoding="utf-8"%>
3   <!DOCTYPE >
4   <html>
5   <head>
6       <title>JSP 脚本与 JSP 声明</title>
7   </head>
8   <body>
9       <%!//JSP 声明:声明一个整数 countA,并将其初始化为 0
10      int countA = 0;%>
11      <%
12          //Java Scriptlet 脚本,声明一个整数 countB,并将其初始化为 0
13          int countB = 0;
```

```
14      %>
15      <%="countA=" + ++countA %><br/>
16      <%="countB=" + ++countB %><br/>
17      </body>
18  </html>
```

在浏览器中访问"http://localhost:8080/jsp_first/jspDeclaration2.jsp",10 次之后的运行效果如图 4.11 所示。可以看出,JSP 声明片段中的变量 countA 的值随着访问次数一直在增长,而 countB 每次访问都会被重新定义其初始化值。

图 4.11 JSP 声明变量的生命周期

JSP 声明

4.3 JSP 的工作原理

执行 JSP 代码需要在服务器上安装 JSP 引擎,比较常见的引擎有 WebLogic 和 Tomcat,下面将以 Tomcat 为例进行讲解。Tomcat 接收到以".jsp"为扩展名的 URL 的访问请求时,将该访问请求交给 JSP 引擎去处理。Tomcat 中的 JSP 引擎负责解释和执行 JSP 页面。例如,下面的 JSP 页面 jspDeclaration2.jsp,源代码如下。

```
1   <%@page import="java.text.SimpleDateFormat,java.util.Date"%>
2   <%@page language="java" pageEncoding="utf-8"%>
3   <!DOCTYPE >
4   <html>
5   <head>
6       <title>JSP 运行原理</title>
7   </head>
8   <body>
9       <%!//JSP 声明:声明一个整数 countA,并将其初始化为 0
10      int countA = 0;%>
11      <%
12          //Java Scriptlet 脚本,声明一个整数 countB,并将其初始化为 0
13          int countB = 0;
14      %>
15      <%="countA=" + ++countA %><br/>
16      <%="countB=" + ++countB %><br/>
17  </body>
18  </html>
```

保存好文件后,打开文件夹"%CATALINA_HOME%\work\Catalina\localhost\jsp_first\org\apache\jsp",可以看到该文件夹下存放了多个 Java 源码文件,如图 4.12 所示。

第 4 章　JSP 编程

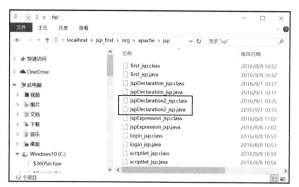

图 4.12　转换后的 Servlet 源码

其中包括 jspDeclaration2_jsp.java 和 jspDeclaration2_jsp.class，分别对应 jspDeclaration2.jsp 文件经过 JSP 解析引擎转换后的 Servlet 类，以及这个 Servlet 类编译后的字节码文件。打开其中的 jspDeclaration2_jsp.java 文件，分析一下这个解析后的 Servlet 与 JSP 源文件之间的关系，如图 4.13 所示。

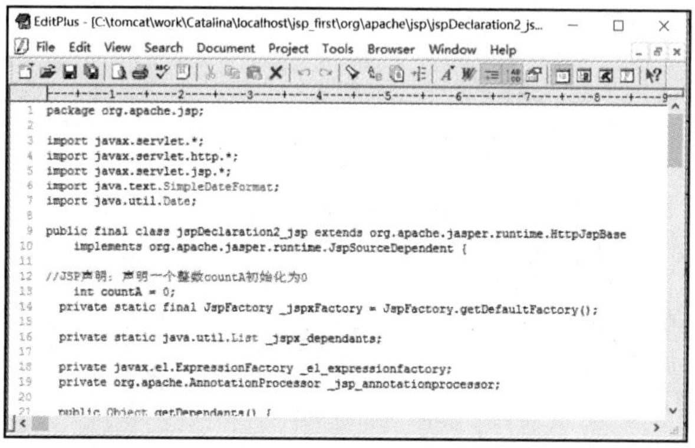

图 4.13　定义 jspDeclaration2_jsp 类

4.3.1　JSP 与 Servlet 的关系

经由 JSP 引擎解析获得的类 jspDeclaration2_jsp 是一个 Servlet。我们通过学习第 2 章的内容可知，自定义一个 Servlet 类必须要实现接口 javax.servlet.Servlet，那么 jspDeclaration2_jsp 与 javax.servlet.Servlet 接口之间存在什么样的关系呢？

其实，jspDeclaration2_jsp 类继承自 org.apache.jasper.runtime.HttpJspBase，而 HttpJspBase 实现了 javax.servlet.Servlet 接口，从而 jspDeclaration2_jsp 类间接实现了 javax.servlet.Servlet 接口，所以称 jspDeclaration2_jsp 类是一个 Servlet 类。这一点可以通过下载 Tomcat 的源码来证明，Tomcat 源码可以在 Tomcat 的官网进行下载，如图 4.14 所示。

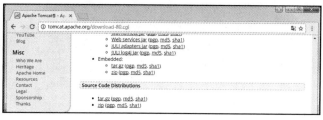

图 4.14　下载 Tomcat 源码

93

解压缩 Tomcat 源码包，进入 "..\apache-tomcat-8.0.36-src\java\org\apache\jasper\runtime" 目录，如图 4.15 所示。

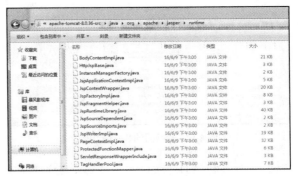

图 4.15　Tomcat 源码文件列表

在该文件夹中找到 org.apache.jasper.runtime.HttpJspBase 类的源代码，该类的定义代码如下。

```
1   public abstract class HttpJspBase extends HttpServlet implements HttpJspPage {
2       private static final long serialVersionUID = 1L;
3       protected HttpJspBase() {
4       }
5       @Override
6       public final void init(ServletConfig config)
7           throws ServletException
8       {
9           super.init(config);
10          jspInit();
11          _jspInit();
12      }
13      @Override
14      public String getServletInfo() {
15          return Localizer.getMessage("jsp.engine.info");
16      }
17      @Override
18      public final void destroy() {
19          jspDestroy();
20          _jspDestroy();
21      }
22      /**
23       * Entry point into service.
24       */
25      @Override
26      public final void service(HttpServletRequest request, HttpServletResponse
27          response)
28          throws ServletException, IOException
29      {
30          _jspService(request, response);
31      }
32      @Override
33      public void jspInit() {
34      }
```

```
35      public void _jspInit() {
36      }
37      @Override
38      public void jspDestroy() {
39      }
40      protected void _jspDestroy() {
41      }
42      @Override
43      public abstract void _jspService(HttpServletRequest request,
44          HttpServletResponse response)
45          throws ServletException, IOException;
46  }
```

该类继承自 HttpServlet，符合 Servlet 规范，因此，通过 JSP 引擎转换后所产生的类 jspDeclaration2_jsp 是一个 Servlet。

jspDeclaration2.jsp 经过 JSP 引擎解析转化后的 Servlet 源代码如下。

```
1   public final class second_jsp extends org.apache.jasper.runtime.HttpJspBase
2       implements org.apache.jasper.runtime.JspSourceDependent,
3       org.apache.jasper.runtime.JspSourceImports {
4       //JSP 声明：声明一个整数 countA，并将其初始化为 0
5       int countA = 0;
6       …
7   public void _jspService(final javax.servlet.http.HttpServletRequest request, final
8       javax.servlet.http.HttpServletResponse response)
9       throws java.io.IOException, javax.servlet.ServletException {
10      final java.lang.String _jspx_method = request.getMethod();
11      …
12      out.write("\r\n");
13      out.write("\r\n");
14      out.write("<!DOCTYPE HTML PUBLIC \"-//W3C//DTD HTML 4.01
15      Transitional//EN\">\r\n");
16      out.write("<html>\r\n");
17      out.write("<head>\r\n");
18      out.write("<title>JSP 表达式</title>\r\n");
19      out.write("</head>\r\n");
20      out.write("<body>\r\n");
21      out.write("\t");
22      out.write('\r');
23      out.write('\n');
24      out.write(' ');
25      //Java Scriptles 脚本，声明一个整数 countB，并将其初始化为 0
26      int countB = 0;
27      out.write('\r');
28      out.write('\n');
29      out.write(' ');
30      out.print("countA=" + ++countA );
31      out.write("<br/>\r\n");
32      out.write("\t");
```

```
33        out.print("countB=" + ++countB );
34        out.write("<br/>\r\n");
35        out.write("</body>\r\n");
36        out.write("</html>\r\n");
37      } catch (java.lang.Throwable t) {
38      …}
39   }
```

通过对该源码的分析可以看出，JSP 页面中的 JSP 声明片段（以"<%!"为开始的标签），被解析到对应的 Servlet 类的类体内，成为了成员变量。因此，在 JSP 声明片段中只能写变量定义或者方法定义的内容。而 JSP 脚本（以"<%"为开始的标签）片段则按照代码的编写位置，解析到"_jspService"方法的方法体中，使得此处定义的变量成为了局部变量，JSP 声明片段与 JSP 脚本片段中定义的变量的生命周期的区别就是成员变量与局部变量的区别。最后 JSP 表达式的代码"<%="countA=" + ++countA%>"，按照 JSP 页面的编写顺序解析到"_jspService"方法体中，格式为"out.print("countA=" + ++countA);"。其他静态 HTML 代码全部以"out.write("…");"的格式被转化。其中，out 是输出流 JspWriter 的对象，该对象将字符串的结果写入 HTTP 响应消息中，最终响应给浏览器。

4.3.2　JSP 的执行流程

JSP 页面在第一次被访问时，JSP 引擎将它翻译成一个 Servlet 源程序，接着再把这个 Servlet 源程序编译成 Servlet 的 class 类文件，然后再由 Web 容器（Servlet 引擎）以调用普通 Servlet 程序一样的方式来装载和解释执行这个由 JSP 页面翻译成的 Servlet 程序，如图 4.16 所示，具体流程如下。

（1）客户端请求连接服务器，并将请求信息交给 Web 容器来处理。

（2）Web 容器找到客户端请求的*.jsp 文件。

（3）判断是否为创建或修改后第一次访问该 JSP 文件，如果是第一次访问，则将*.jsp 文件通过转换变为符合 Servlet 规范的*.java 文件，并进入步骤（4）；否则直接进入步骤（5）。

（4）*.java 文件经过编译后，生成*.class 文件。

（5）Web 容器要执行生成的*.class 文件，就要调用该 Servlet 对象的 service 方法。而该 service 方法，如果是第一次请求页面，或者页面有所改动，则 Web 容器要先把 JSP 页面转化为 Servlet 代码，再将其转化为.class 文件。因为编译过程会耗费一些时间，所以第一次访问 JSP 文件，或者 JSP 文件有改动时，访问时间略长。

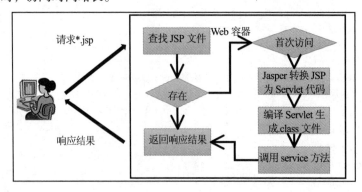

图 4.16　JSP 的执行流程

4.4 JSP 的隐含对象

每个 JSP 页面在第一次被访问时，Web 容器都会把请求交给 JSP 引擎（即一个 Java 程序）去处理。JSP 引擎先将 JSP 翻译成一个_jspServlet，然后按照 Servlet 的调用方式进行调用。JSP 引擎在调用 JSP 对应的_jspServlet 时，会传递或创建一些与 Web 开发相关的对象供_jspServlet 使用。

JSP 隐含对象

JSP 中预先传递和定义了 9 个这样的对象，分别为 request、response、session、application、out、pageContext、config、page、exception。表 4.3 介绍了每个对象的具体类型。

表 4.3 JSP 的 9 个隐含对象

序 号	隐 含 对 象	类 型
1	pageContext	javax.servlet.jsp.PageContext
2	request	javax.servlet.http.HttpServletRequest
3	response	javax.servlet.http.HttpServletResponse
4	session	javax.servlet.http.HttpSession
5	application	javax.servlet.ServletContext
6	config	javax.servlet.ServletConfig
7	out	javax.servlet.jsp.JspWriter
8	page	java.lang.Object
9	exception	java.lang.Throwable

打开 jspDeclaration2.jsp 转换后的 Servlet 类文件 jspDeclaration2.jsp_jsp.java，可以看到这 9 个隐含对象的定义格式，如图 4.17 所示。下面介绍几个常用的隐含对象。

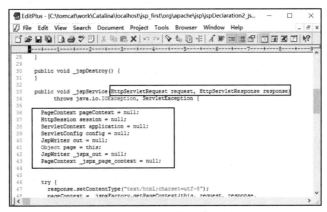

图 4.17 隐含对象的传递与定义

其中，request 与 response 的定义与 Servlet 一致，都是通过 service 方法的形式传递而来，而其他对象则是在_jspService 方法体中进行定义。

4.4.1 response 与 out 对象

我们在前面章节已对 response 进行过详细阐述。response 对象代表对客户端的响应，主要是将 JSP 容器处理过的对象传回到客户端。response 对象也具有作用域，但只在 JSP 页面内有效。

out 对象用于向客户端发送文本数据。JSP 页面中的 out 对象的类型为 JspWriter，其作用和用法与 ServletResponse 对象的 getWriter 方法返回的 PrintWriter 对象非常相似。JspWriter 相当于一种带缓存功能的 PrintWriter，设置 JSP 页面的 page 指令的 buffer 属性可以设置其缓存大小，或者关闭缓存。

只有向 out 对象中写入了内容，且满足如下任何一个条件时，out 对象才去调用 ServletResponse 对象的 getWriter 方法，并通过该方法返回的 PrintWriter 对象将 out 对象缓冲区中的内容真正写入 Servlet 引擎提供的缓冲区中。

（1）设置 page 指令的 buffer 属性关闭 out 对象的缓存功能。

（2）out 对象的缓冲区已满。

（3）整个 JSP 页面结束。

例如，在 jsp_first 项目中新建 currentTime.jsp，实现一个实时显示当前时间的页面，该页面每隔 1 秒刷新一次，显示新的时间。具体的实现代码如下。

```jsp
1  <%@ page language="java"
2    import="java.text.SimpleDateFormat,java.util.Date" pageEncoding="utf-8"%>
3  <!DOCTYPE>
4  <html>
5  <head>
6      <title>实时刷新时间效果</title>
7  </head>
8  <body>
9    <%
10       // 设置每隔1秒刷新一次
11       response.setIntHeader("Refresh", 1);
12       // 获取当前时间
13       SimpleDateFormat sdf = new SimpleDateFormat("yyyy-MM-dd HH:mm:ss");
14       out.println("当前时间为: " + sdf.format(new Date()) + "\n");
15   %>
16  </body>
17  </html>
```

在浏览器中输入当前 JSP 页面的访问路径：http://localhost:8080/jsp_first /currentTime.jsp，执行效果如图 4.18 所示。

图 4.18　每隔 1 秒刷新时间的效果

4.4.2　4 个作用域对象

在 Web 开发中存在 4 种范围的作用域，分别为当前页面、一次请求、一次会话以及整个 Web 生命周期。开发者可以借助于对应的作用域对象来访问不同作用域中的数据，在 JSP 中将使用 page、request、session 以及 application 这 4 个隐含对象来访问当前页面、一次请求、一次会话以及整个 Web 生命

周期 4 个作用域中的数据。

Web 中的 page、request、session 以及 application 4 个隐含对象，拥有各自独立的 "Key/value" 容器，用来存放 "Key/value" 对格式的数据。4 个作用域范围实际上指的是这 4 个代表作用域的对象的生命周期。

（1）page 里的 "Key/value"，只要页面跳转了，它们就不见了。如果把 "Key/value" 放到 pageContext 里，就说明它的作用域是 page，它的有效范围只在当前 JSP 页面里。从 "Key/value" 放到 pageContext 开始，到 JSP 页面结束，可以使用这个 "Key/value"。

（2）request 里的 "Key/value" 可以跨越 forward 前后的两页。但是只要刷新页面，它们就重新计算。如果把 "Key/value" 放到 request 里，就说明它的作用域是 request，它的有效范围是一次请求。

一次请求，是指从 http 请求发起，到服务器处理结束，返回响应的整个过程。在这个过程中可能使用 forward 的方式跳转了多个 JSP 页面，在这些页面中都可以使用这个 "Key/value"。

（3）session 里 "Key/value" 的有效范围是一次会话，只要关闭浏览器，再次重启浏览器访问该页，session 里的 "Key/value" 就失效了。

一次会话，是指从用户打开浏览器开始，到用户关闭浏览器的过程。这个过程可能包含多个请求响应。也就是说，只要用户不关浏览器，服务器就有办法知道这些请求是一个人发起的，整个过程被称为一个会话（session）。放到会话中的变量，就可以在当前会话的所有请求中使用。

（4）application 里 "Key/value" 的有效范围是整个 Web 应用，除非重启 Tomcat，否则 "Key/value" 会一直存在。整个应用是指从应用启动，到应用结束。

application 作用域里的变量，它们的存活时间是最长的，如果不进行手动删除，它们就一直可以使用。

下面对这 4 个作用域对象进行验证。首先，在 jsp_first 项目中，定义一个 Servlet 类 ActionScope，在该 Servlet 中，分别在 request、session 以及 ServletContext 对象中存放键值为 "key" 的数据，value 分别为 "request" "session" 以及 "application"，代码如下。

```
1  public class ActionScope extends HttpServlet {
2   public void doGet(HttpServletRequest request, HttpServletResponse response)
3       throws ServletException, IOException {
4       request.setAttribute("key", "request");
5       request.getSession().setAttribute("key", "session");
6       getServletContext().setAttribute("key", "application");
7       request.getRequestDispatcher("/activeScope.jsp");
8   }
9   public void doPost(HttpServletRequest request, HttpServletResponse response)
10      throws ServletException, IOException {
11      doGet(request, response);
12  }
13 }
```

其次，编写 activeScope.jsp 来访问上述代码中 3 个作用域里存放的 key 值，并将其打印到浏览器中，具体代码如下。

```
1  <%@ page language="java" pageEncoding="utf-8"%>
2  <!DOCTYPE>
3  <html>
4    <head>
5      <title>作用域</title>
6    </head>
```

```
  7     <body>
  8     <%
  9         pageContext.setAttribute("key", "page");
 10     %>
 11     pageContext.getAttribute("key"): <%=pageContext.getAttribute("key") %><br>
 12     request.getAttribute("key"): <%=request.getAttribute("key") %><br>
 13     session.getAttribute("key"): <%=request.getAttribute("key") %><br>
 14     application.getAttribute("key"): <%=request.getAttribute("key") %><br>
 15     </body>
 16 </html>
```

在浏览器中输入访问地址"http://localhost:8080/jsp_first/servlet/ActionScope",执行效果如图4.19所示。

图 4.19 获取 4 大作用域中的数据

四种范围变量(续)

4.4.3 pageContext 对象

pageContext 对象是 JSP 技术中最重要的一个对象,它代表 JSP 页面的运行环境,这个对象不仅封装了对其他八大隐式对象的引用,它自身还是一个域对象(容器),可以用来保存数据。此外,该对象还封装了 Web 开发中经常涉及的一些操作,例如,引入其他资源、检索其他域对象中的属性等。

(1) pageContext 封装其他隐含对象的意义

如果在编程过程中,把 pageContext 对象传递给一个普通的 Java 对象,那么这个 Java 对象将可以获取八大隐含对象,此时这个 Java 对象就可以和浏览器交互了,这个 Java 对象就成为了一个动态 Web 资源。这就是 pageContext 封装其他八大隐含对象的意义,把 pageContext 传递给谁,谁就能成为一个动态 Web 资源。通过 pageContext 获取其他隐含对象的方法如下:

- getException()方法返回 exception 隐含对象;
- getPage()方法返回 page 隐含对象;
- getRequest()方法返回 request 隐含对象;
- getResponse()方法返回 response 隐含对象;
- getServletConfig()方法返回 config 隐含对象;
- getServletContext()方法返回 application 隐含对象;
- getSession()方法返回 session 隐含对象;
- getOut()方法返回 out 隐含对象。

那么什么情况下需要把 pageContext 传递给另一个 Java 类呢?什么情况下需要使用这种技术?在比较正规的开发中,JSP 页面是不允许出现 Java 代码的,如果 JSP 页面出现了 Java 代码,可以开发一个自定义标签来移除 JSP 页面上的 Java 代码。首先为自定义标签写一个 Java 类,JSP 引擎在执行自定义标签的时候就会调用该自定义标签 Java 类,同时会把 pageContext 对象传递给这个 Java 类。由于 pageContext 对象封装了对其他八大隐含对象的引用,因此在这个 Java 类中就可以使用 JSP 页面中的八大隐含对象(request、response、config、application、exception、session、 page、out）了，所以pageContext对象在JSP的自定义标签开发中特别重要。

（2）pageContext作用域对象

pageContext对象可以作为容器来使用，因此可以将一些数据存储在pageContext对象中。pageContext对象的常用方法如下：

- public void setAttribute(java.lang.String name,java.lang.Object value);
- public java.lang.Object getAttribute(java.lang.String name,int scope);
- public void removeAttribute(java.lang.String name);
- public java.lang.Object findAttribute(java.lang.String name)。

这里重点介绍一下 findAttribute 方法，该方法可以查找各个域中的属性。当要查找某个属性时，findAttribute 方法按照"page→request→session→application"的查找顺序，在这4个对象中查找属性。只要找到了就返回属性值，如果在4个对象中都没有找到，则返回 null。使用 pageContext.getAttribute (String name,int scope)访问作用域对象时，scope 的值可以使用如下4个常量代替：

- pageContext.APPLICATION_SCOPE；
- pageContext.SESSION_SCOPE；
- pageContext.REQUEST_SCOPE；
- pageContext.PAGE_SCOPE。

例如，修改 ActionScope.jsp，使用 pageContext 的作用域访问方法查找属性值的代码如下。

```
1   <%@ page language="java" pageEncoding="utf-8"%>
2   <!DOCTYPE>
3   <html>
4     <head>
5       <title>作用域</title>
6     </head>
7     <body>
8       <%pageContext.setAttribute("key", "page");%>
9        pageContext.getAttribute("key"):
10       <%=pageContext.getAttribute("key") %><br>
11       pageContext.getAttribute("key",pageContext.REQUEST_SCOPE) :
12     <%=pageContext.getAttribute("key",pageContext.REQUEST_SCOPE) %><br>
13       pageContext.getAttribute("key",pageContext.SESSION_SCOPE) :
14     <%=pageContext.getAttribute("key",pageContext.SESSION_SCOPE) %><br>
15       pageContext.getAttribute("key",pageContext.APPLICATION_SCOPE) :
16     <%=pageContext.getAttribute("key",pageContext.APPLICATION_SCOPE)%><br>
17       pageContext.findAttribute("key"):
18     <%=pageContext.findAttribute("key")%><br>
19     </body>
20  </html>
```

在浏览器中输入"http://localhost:8080/jsp_first/servlet/ActionScope"，效果如图4.20所示，可以发现 pageContext.findAttribute("key")是从 page 作用域中获得的数据。如果将 activeScope.jsp 中的"<%pageContext.setAttribute("key","page");%>"代码删除，刷新该页面，此时 pageContext.findAttribute("key")是从 request 作用域中获得数据。

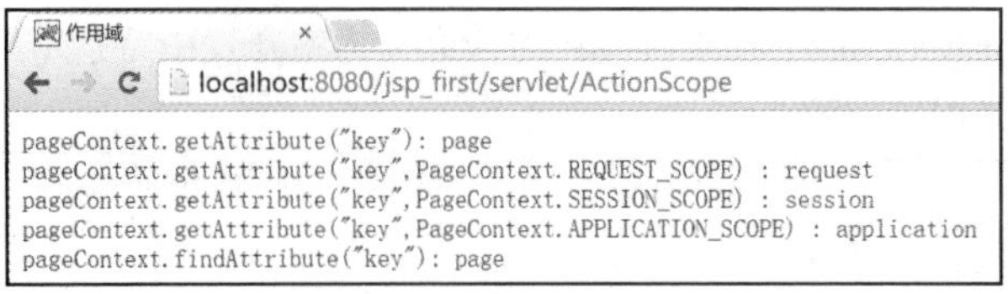

```
pageContext.getAttribute("key"): page
pageContext.getAttribute("key",PageContext.REQUEST_SCOPE) : request
pageContext.getAttribute("key",PageContext.SESSION_SCOPE) : session
pageContext.getAttribute("key",PageContext.APPLICATION_SCOPE) : application
pageContext.findAttribute("key"): page
```

图 4.20 pageContext 访问 4 个作用域

（3）pageContext 进行跳转

pageContext 类中定义了一个 forward 方法来简化和替代 RequestDispatcher.forward 方法。使用 pageContext 的 forward 方法跳转到其他页面的代码如下。

```
1  <%@ page language="java" pageEncoding="utf-8"%>
2  <%@page import="java.util.*"%>
3  <!DOCTYPE >
4  <head>
5      <title>使用 pageContext 的 forward 方法跳转页面</title>
6  </head>
7  <%
8  pageContext.forward("/pageContextForword.jsp");
9  %>
```

pageContext.forward(relativeUrlPath)这种写法是用来简化和替代"request. getRequestDispatcher ("/pageContextDemo05.jsp").forward(request,response)"这种写法的。

4.4.4 config 对象

config 对象的主要作用是取得服务器的配置信息。通过 pageConext 对象的 getServletConfig() 方法可以获取一个 config 对象。当一个 Servlet 初始化时，容器把某些信息通过 config 对象传递给这个 Servlet。开发者可以在 web.xml 文件中为应用程序环境中的 Servlet 程序和 JSP 页面提供初始化参数。

config 对象的几个方法分别是：

（1）public String getParameter(String name)，返回指定名称 name 的初始化参数值，如果参数不存在则返回 null；

（2）public java.util.Enumeration getinitParameterNames()，得到所有初始化参数名称的枚举；

（3）public ServletContext getServletContext()，返回 Servlet 或 JSP 页面所属的 ServletContext 的一个引用；

（4）public String getServletName()，返回 Servlet 实例或 JSP 页面的名称，此名称可以在 Web 应用部署描述文件中指定。对于一个未注册（即未命名）的 Servlet 实例或 JSP 页面，将返回该 Servlet 类的类名。在以下 JSP 页面代码中，使用了 config 的一个方法 getServletName()。

```
1  <%@ page language="java" pageEncoding="utf-8"%>
2  <!DOCTYPE HTML PUBLIC "-//W3C//DTD HTML 4.0 Transitional//EN">
3  <HTML>
4  <HEAD>
5      <TITLE>测试 config 隐含对象</TITLE>
6  </HEAD>
7  <BODY>
8      <!-- 直接输出 config 的 getServletName 的值 -->
9      <%=config.getServletName()%>
```

```
10    </BODY>
11  </HTML>
```

实际上，用户也可以在 web.xml 文件中配置 JSP（只是比较少用），这样就可以为 JSP 页面指定配置信息，并可为 JSP 页面另外设置一个 URL。

config 对象是 ServletConfig 的实例，该接口用于获取设置参数的方法是 getInitParameter(String paramName)。

在 jsp_first 项目中创建 config.jsp 页面，通过以下代码示范如何在页面中使用 config 获取 JSP 的配置参数。

```
1   <%@ page language="java" pageEncoding="utf-8"%>
2   <HTML>
3   <HEAD>
4       <TITLE>测试 config 隐含对象</TITLE>
5   </HEAD>
6   <BODY>
7       <!-- 输出该 JSP 名为 name 的配置参数 -->
8       name 配置参数的值:<%=config.getInitParameter("name")%><br/>
9       <!-- 输出该 JSP 名为 age 的配置参数 -->
10      age 配置参数的值:<%=config.getInitParameter("age")%>
11  </BODY>
12  </HTML>
```

在上述代码中，两行粗体字代码输出了 config 的 getInitParameter()方法返回值，它们分别获取了 name、age 两个配置参数的值。

配置JSP也是在web.xml文件中进行的，JSP被当成Servlet配置，为Servlet配置参数使用init-param元素，该元素可以接受 param-name 和 param-value 两个子元素，分别指定参数名和参数值。

在 web.xml 文件中增加如下配置片段，即可将 JSP 页面配置在 Web 应用中。

```
1   <servlet>
2   <!-- 指定 Servlet 名字 -->
3   <servlet-name>config</servlet-name>
4   <!-- 指定将哪个 JSP 页面配置成 Servlet -->
5   <jsp-file>/config.jsp</jsp-file>
6   <!-- 配置名为 name 的参数，值为 test -->
7   <init-param>
8       <param-name>name</param-name>
9       <param-value>test</param-value>
10  </init-param>
11  <!-- 配置名为 age 的参数，值为 30 -->
12  <init-param>
13      <param-name>age</param-name>
14      <param-value>30</param-value>
15  </init-param>
16  </servlet>
```

在上述代码中，粗体字代码为该 Servlet（其实是 JSP）配置了两个参数：name 和 value；把 config.jsp 页面配置成名为 config 的 Servlet，并将该 Servlet 映射到"/config.jsp"处，这就允许浏览器通过 URL "/config.jsp"来访问该页面。在浏览器中访问/config.jsp 会看到图 4.21 所示的界面。

图 4.21 通过 config 获取配置信息

4.4.5 exception 对象

exception 对象用于显示异常信息，只有在包含 isErrorPage=="true" 的页面中才可使用，在一般的 JSP 页面中使用该对象将无法编译 JSP 文件。exception 对象与 Java 的所有对象一样，都具有系统提供的继承结构。exception 对象几乎定义了所有异常情况。在 Java 程序中，可以使用 try/catch 关键字来处理异常情况。如果在 JSP 页面中出现没有捕获到的异常，就会生成 exception 对象，并把 exception 对象传送到在 page 指令中设定的错误页面中，然后在错误页面中进行处理。

JSP 提供了可选项来为每个 JSP 页面指定错误页面。无论何时页面抛出了异常，JSP 容器都会自动地调用错误页面。

在 jsp_first 项目中创建 main.jsp 页面，并使用<%@page errorPage= "URL"%>指令为其指定错误页面 showError.jsp，代码如下。

```
1   <%@ page errorPage="ShowError.jsp" %>
2   <html>
3   <head>
4      <title>Error Handling Example</title>
5   </head>
6   <body>
7   <%
8      int x = 1;
9      if (x == 1){
10        throw new RuntimeException("Error condition!!!");
11     }
12  %>
13  </body>
14  </html>
```

现在，编写 ShowError.jsp 文件如下。

```
1   <%@ page language="java" pageEncoding="utf-8"%>
2   <!DOCTYPE >
3   <%@ page isErrorPage="true"%>
4   <html>
5   <head>
6       <title>Show Error Page</title>
7   </head>
8   <body>
9       <p>对不起，这个页面出错了</p>
10      <%exception.printStackTrace(response.getWriter());%>
11  </body>
12  </html>
```

这里，ShowError.jsp 文件使用了<%@page isErrorPage="true"%>指令，这个指令告诉 JSP 编译器需要产生一个异常实例变量。下面访问 main.jsp 页面，结果如图 4.22 所示。

图 4.22　异常页面跳转及数据显示

4.5　JSP 标签与 JavaBean

为了简化 Web 编程，JSP 页面内置了支持一些以 "jsp" 为前缀的标签，被称为 JSP 标签。其中用于数据处理的 JSP 标签需要与后端 JavaBean 实体对象一起使用，能够有效减少 JSP 页面中的 Java 代码量。

4.5.1　JavaBean 概述

JavaBean 在 Web 开发中通常用于封装数据，其他程序可以通过反射技术实例化 JavaBean 对象，并且通过反射遵守命名规范的方法，获知 JavaBean 的属性，进而调用其属性保存数据。

JavaBean 的属性可以是任意类型，且一个 JavaBean 可以有多个属性，每个属性通常都需要具有相应的 setter、getter 方法，setter 方法称为属性修改器，getter 方法称为属性访问器。

属性修改器必须以小写的 set 前缀开始，后跟属性名，且属性名的第一个字母必须为大写。例如，name 属性的修改器名称为 setName，password 属性的修改器名称为 setPassword。

属性访问器通常以小写的 get 前缀开始，后跟属性名，且属性名的第一个字母也必须为大写。例如，name 属性的访问器名称为 getName，password 属性的访问器名称为 getPassword。

JavaBean 是一个遵循特定写法的 Java 类，它通常具有如下特点：
- 提供一个默认的无参构造函数；
- 需要被序列化并且实现了 Serializable 接口；
- 可能有一系列可读/写属性；
- 可能有一系列的 "getter" 或 "setter" 方法。

JavaBean 示例代码如下。

```
1   public class Person {
2       private String name;
3       private int age;
```

```
4    public String getName() {
5        return name;
6    }
7    public void setName(String name) {
8        this.name = name;
9    }
10   public int getAge() {
11       return age;
12   }
13   public void setAge(int age) {
14       this.age = age;
15   }
16   public Person(String name, int age) {
17       super();
18       this.name = name;
19       this.age = age;
20   }
21   public Person(){
22   }
23   @Override
24   public String toString() {
25       return name;
26   }
27   }
```

用户在进行 JSP 开发的时候,一般不允许在 JSP 页面中使用 Java Scriptlet 脚本,因此需尽量替换掉 JSP 页面中的相关 Java 代码。JSP 技术提供了 3 个关于 JavaBean 组件的 JSP 标签,来实现对有关 JavaBean 操作代码的替换,它们分别为:

JavaBean

- <jsp:useBean>标签,用于在 JSP 页面中查找或实例化一个 JavaBean 组件;
- <jsp:setProperty>标签,用于在 JSP 页面中设置一个 JavaBean 组件的属性;
- <jsp:getProperty>标签,用于在 JSP 页面中获取一个 JavaBean 组件的属性。

4.5.2 <jsp:useBean>标签

通过使用<jsp:useBean>标签可以在 JSP 中声明一个 JavaBean,声明后,JavaBean 对象就成了脚本变量,可以通过脚本元素或其他自定义标签来访问。<jsp:useBean>标签的语法格式如下。

```
<jsp:useBean id="beanName" class="类的全称" scope="page|request|session|application"/>
```

- id 属性用于指定 JavaBean 实例对象的引用名称和其存储在域范围中的名称;
- class 属性用于指定 JavaBean 的完整类名(即必须带有包名);
- scope 属性用于指定 JavaBean 实例对象所存储的域范围,其取值只能是 page、request、session 和 application 这 4 个值中的一个,其默认值是 page。

接下来看看<jsp:useBean>标签的一个简单用法,编写 useBean.jsp 页面的代码如下。

```
1   <%@ page language="java" pageEncoding="utf-8"%>
2   <!DOCTYPE>
3   <html>
4     <head>
5       <title>useBean 定义</title>
```

```
6       </head>
7       <body>
8           <jsp:useBean id="p_page" class="entry.Person" scope="page"></jsp:useBean>
9           <jsp:useBean id="p_request" class="entry.Person" 10   scope="request">
10          </jsp:useBean>
11          <jsp:useBean id="p_session" class="entry.Person" 12   scope="session">
12          </jsp:useBean>
13          <jsp:useBean id="p_application" class="entry.Person" scope="application">
14          </jsp:useBean>
15          <%
16              p_page.setName("name_page");
17              p_request.setName("name_request");
18              p_session.setName("name_session");
19              p_application.setName("name_application");
20          %>
21      </body>
22  </html>
```

上面这段代码分别定义了存放于 4 个作用域中的 4 个 entry.Person 类型的对象 p_page、p_request、p_session、p_application。<jsp:useBean>标签的 id 属性代表了这个对象的引用变量名称，并且在每个作用域进行存放时所使用的 key 的名称也是该 id，为 4 个对象的 name 属性进行赋值。用户可以直接在 JSP 脚本片段中通过 id 的值来访问对应的 JavaBean 对，上述代码中的 p_page 对象的定义方式为 "<jsp:useBean id="p_page" class="entry.Person" scope="page"></jsp:useBean>"，其功能与下列代码的含义一致，一般用来替换下列 JSP 脚本中的 Java 源码：

```
<% Person p_page = new Person();%>
```

在 "%CATALINA_HOME%\work\Catalina\localhost\jsp_first\org\apache\jsp" 路径下找到 useBean_jsp.java 文件，打开可以发现，<jsp:useBean>标签被 JSP 引擎解析成了如下代码。

```
1   entry.Person p_page = null;
2       p_page = (entry.Person) _jspx_page_context.getAttribute("p_page",
3       javax.servlet.jsp.PageContext.PAGE_SCOPE);
4       if (p_page == null){
5           p_page = new entry.Person();
6           _jspx_page_context.setAttribute("p_page", p_page,
7   javax.servlet.jsp.PageContext.PAGE_SCOPE);}
```

就是说，在 index.jsp 中使用<jsp:useBean id="p_page" class= "entry.Person" scope="page"/>实例化 Person 对象的过程，实际上是执行了上述 Java 代码来实例化 Person 对象。<jsp:useBean>标签的执行原理是：首先在指定的域范围内查找指定名称的 JavaBean 对象，如果存在则直接返回该 JavaBean 对象的引用，如果不存在则实例化一个新的 JavaBean 对象，并将它以指定的名称存储到指定的域范围中。

而在当前 JSP 页面中所定义的对象，通过<jsp:useBean>标签分别放在了 4 个不同的作用域中，下面我们编写 printBean.jsp 页面，访问在上述 useBean.jsp 页面中定义的 4 个 JavaBean 对象。

在 useBean.jsp 页面中增加跳转代码，使 useBean.jsp 在给 4 个对象的 name 属性赋值完毕后，使用 pageContext 跳转至 printUseBean.jsp 页面。printUseBena.jsp 页面的代码如下。

```
1   <%@ page language="java" pageEncoding="utf-8"%>
2   <!DOCTYPE >
3   <html>
4       <head>
5           <title>useBean作用域范围</title>
```

107

```
  6        </head>
  7        <body>
  8            page 作用域中的 Person 对象：<%=pageContext.getAttribute("p_page")%><br>
  9            request 作用域中的 Person 对象：<%=request.getAttribute("p_request")%><br>
 10            session 作用域中的 Person 对象：<%=session.getAttribute("p_session")%><br>
 11            application 作用域中的 Person 对象：
 12            <%=application.getAttribute("p_application")%><br>
 13        </body>
 14    </html>
```

在浏览器中输入 URL "http://localhost:8080/jsp_first/useBean.jsp"，执行效果如图 4.23 所示。

图 4.23　访问 useBean 标签定义的对象

4.5.3　\<jsp:setProperty\>标签

\<jsp:setProperty\>标签的主要功能是为对象设置属性值，被设置值的对象可以是通过\<jsp:useBean\>标签定义的对象，也可以是通过其他任何方式放置到 4 大作用域范围内的对象。\<jsp:setProperty\>标签在使用时，有 4 种语法格式，分别是：

```
<jsp:setProperty name="beanName" property="属性名" value="string字符串"/>
<jsp:setProperty name="beanName" property="属性名" value="<%= expression %>" />
<jsp:setProperty name="beanName" property="属性名" param="参数名"/>
<jsp:setProperty name="beanName" property= "*" />
```

其中，\<jsp:setProperty\>标签有 4 个属性，其用法和作用描述如下。

- name 属性用于指定 JavaBean 对象的名称。
- property 属性用于指定 JavaBean 对象的属性名。
- value 属性用于指定 JavaBean 对象的某个属性的值，value 的值可以是字符串，也可以是表达式。为字符串时，该值会自动转化为 JavaBean 属性相应的类型；如果是一个表达式，那么该表达式的计算结果必须与所要设置的 JavaBean 属性的类型一致。
- param 属性用于将 JavaBean 实例对象的某个属性值设置为一个请求参数值，该属性值同样会自动转换成要设置的 JavaBean 属性的类型。

下面来看一个通过\<jsp:setProperty\>标签为 page 域中的 Person 对象的 name 属性赋值的简单示例。创建 setPropertyDemo1.jsp 页面，代码如下。

```
 1    <%@ page language="java" pageEncoding="utf-8"%>
 2    <%@ page import="entry.Person"%>
 3    <!DOCTYPE>
 4    <html>
 5        <head>
 6            <title>jsp:setProperty 标签使用示例 1</title>
 7        </head>
```

```
8   <body>
9       <%
10          Person p = new Person();
11          pageContext.setAttribute("p", p);
12      %>
13      <jsp:setProperty property="name" name="p" value="p" />
14      通过 JSP 脚本定义的 Person 对象使用 setProperty 标签赋值：<%=p%><br>
15      <jsp:useBean id="p1" class="entry.Person" scope="page"></jsp:useBean>
16      <jsp:setProperty property="name" name="p1" value="p1" />
17      value 属性使用"字符串"设置 name 属性：<%=p1%><br>
18      <jsp:useBean id="p2" class="entry.Person" scope="page"></jsp:useBean>
19      <jsp:setProperty property="name" name="p2" value="p2" />
20      value 属性使用 JSP 表达式设置 name 属性：<%=p2%><br>
21  </body>
22  </html>
```

在浏览器中输入"http://localhost:8080/jsp_first/setPropertyDemo1.jsp"，代码执行效果如图 4.24 所示。

图 4.24　jsp:setProperty 标签的使用

除了上述直接为属性赋值的方式，还可以通过获取请求参数的方式来为对象的属性进行赋值，首先改写 Person 的 toString 方法如下。

```
1   @Override
2   public String toString() {
3       return "[name=" + name+",age=" +age+"]";
4   }
```

接下来编写 setPropertyDemo2.jsp：

```
1   <%@ page language="java" pageEncoding="utf-8"%>
2   <!DOCTYPE>
3   <html>
4   <head>
5       <title>jsp:setProperty 标签使用示例 1</title>
6   </head>
7   <body>
8       <jsp:useBean id="p1" class="entry.Person" scope="page"></jsp:useBean>
9       <jsp:setProperty name="p1" property="name" param="userName"/>
10      获取请求参数 userName 的值来设置对象 p1 的 name 属性：<%=p1%><br>
11      <jsp:useBean id="p2" class="entry.Person" scope="page"></jsp:useBean>
12      <jsp:setProperty property="*" name="p2" />
13      请求参数自动匹配设置属性：<%=p2%><br>
14  </body>
15  </html>
```

在浏览器中输入如下 URL：http://localhost:8080/jsp_first/setPropertyDemo2.jsp?userName=

admin&name=test&age=30，运行结果如图 4.25 所示，我们向 setPropertyDemo2.jsp 页面中传递了 3 个请求参数。

```
userName=admin
name=test
age=30
```

其中，对象 p1 的 name 属性值接受的是请求参数中的 userName 的值，而对象 p2 获取请求参数中与 Person 所定义的属性名称相同的参数值进行自动匹配。

图 4.25　通过请求参数设置属性值

4.5.4　<jsp:getProperty>标签

<jsp:getProperty>标签用于读取 JavaBean 对象的属性，也就是调用 JavaBean 对象的 getter 方法，然后将读取的属性值转换成字符串后插入输出的响应正文中，该标签的使用格式为：

```
<jsp:getProperty name="beanInstanceName" property="PropertyName" />
```

❑ name 属性用于指定 JavaBean 实例对象的名称，其值应与<jsp:useBean>标签的 id 属性值相同；
❑ property 属性用于指定 JavaBean 实例对象的属性名。

如果一个 JavaBean 实例对象的某个属性的值为 null，则使用<jsp:getProperty>标签输出该属性的结果将是一个内容为"null"的字符串。下面一起来看一个使用<jsp:getProperty>标签获取 bean 对象属性值的示例。创建 getPropertydemo.jsp 的代码如下。

```
1   <%@ page language="java" pageEncoding="utf-8"%>
2   <!DOCTYPE>
3   <html>
4   <head>
5       <title>jsp:getProperty标签使用示例</title>
6   </head>
7   <body>
8       <jsp:useBean id="p1" class="entry.Person" scope="page"></jsp:useBean>
9       <jsp:setProperty property="*" name="p1" />
10      p1.getName=<%=p1.getName()%><br>
11      p1.getAge=<%=p1.getAge()%><br>
12      *******使用 getProperty 标签来代替 JSP 表达式：*******<br>
13      name 属性=<jsp:getProperty property="name" name="p1"/><br>
14      age 属性=<jsp:getProperty property="age" name="p1"/><br>
15  </body>
16  </html>
```

在浏览器中输入 URL：http://localhost:8080/jsp_first/getPropertydemo.jsp?name=admin&age=30，通过请求参数为 getPropertydemo.jsp 中 p1 的各个属性进行赋值，然后通过如下语法格式，将 p1 中的 name 和 age 属性的值打印到浏览器中，如图 4.26 所示。

```
<jsp:getProperty name="beanInstanceName" property="PropertyName" />
```

JSP 标签

图 4.26　使用 getProperty 标签获取 Bean 属性

4.6　JSP 动作标签

在 JSP 编程的过程中，需要尽量替换掉 Java 代码部分。前面章节讲述了在 Java 编程过程中必不可少的对象创建，以及属性值的设置方法和访问的替换方法，下面讲解 Web 程序设计中有关页面跳转等动作方面的替换方法。

4.6.1　\<jsp:forward\>标签

前面章节中介绍了 pageContext 的页面跳转功能，在实际应用中，为了简化页面跳转的代码，用户可能会选择使用 pageContext 的 forward 方法进行跳转，然而这样的代码依然是 JSP 脚本，仍然会出现 Java 代码。下面来学习一个新的 JSP 标签，以实现对页面跳转功能的 Java 代码的替换。\<jsp:forward\>标签可用于把一个请求转发给另一个资源。该标签的语法格式如下。

```
<jsp:forward page="relativeURL | <%=expression%>" />
```

page 属性用于指定请求转发到的资源的相对路径，它可以通过执行一个 JSP 表达式来获得，下面来看一个简单的使用示例。首先定义两个 JSP 页面：forward.jsp 和 target.jsp，希望在访问 forward.jsp 后，能够让页面跳转到 target.jsp，具体实现代码如下。

（1）forward.jsp

```
1  <%@ page language="java" pageEncoding="utf-8"%>
2  <!DOCTYPE>
3  <html>
4    <head>
5      <title>forward 标签使用示例</title>
6    </head>
7    <body>
8      <jsp:forward page="target.jsp"></jsp:forward>
9    </body>
10 </html>
```

（2）target.jsp

```
1  <%@ page language="java" pageEncoding="utf-8"%>
2  <!DOCTYPE>
3  <html>
4    <head>
5      <title>forward 标签使用示例</title>
6    </head>
7    <body>
8      这是跳转后的目标文件
```

```
9       </body>
10  </html>
```

当在浏览器中输入 URL：http://localhost:8080/jsp_first/forward.jsp，来访问 forward.jsp 页面，可以看到浏览器中显示的是 target.jsp 页面内容，证明跳转成功，如图 4.27 所示。

图 4.27 <jsp:forward>跳转效果

打开 JSP 转换后的 Java 源码发现，<jsp:forward>标签实际上是被转换成 pageContext.forwaord("URL")后实现的跳转，如图 4.28 所示。

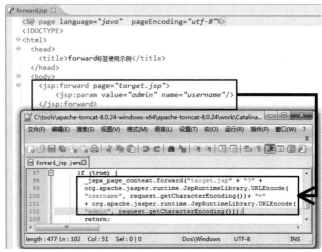

图 4.28 <jsp:forward>标签转换后的源代码

前面在介绍 Servlet 时，我们讲解了两种页面跳转方式：请求转发和重定向。那么，<jsp:forward>标签采用的跳转方式是哪一种呢？区分请求转发和重定向的最简单的方式，就是在浏览器的地址栏中查看一下 URL 是否有变化，比如我们请求时，在地址栏中填写的是"http://localhost:8080/jsp_first/forward.jsp"，当完成跳转后显示依然是"http://localhost:8080/jsp/forward.jsp"，则表示<jsp:forward>标签完成跳转时，使用的是请求转发。

4.6.2 <jsp:param>标签

在页面进行跳转的过程中，会不可避免地在两个资源之间进行一些数据传递的操作。JSP 提供了<jsp:param>标签，来实现通过请求参数进行数据传递。使用该标签的语法格式如下：

```
<jsp:forward page="relativeURL | <%=expression%>">
    <jsp:param name="参数名" value="参数值|<%= expression %>" />
</jsp:forward>
```

<jsp:param>标签的 name 属性用于指定参数名，value 属性用于指定参数值。在<jsp:forward>标签中可以使用多个<jsp:param>标签来传递多个参数。下面来修改一下 4.6.1 节中的 forward.jsp 和 target.jsp，实现使用<jsp:param>标签向跳转的目标页面传递参数。

（1）forward.jsp

```
1   <%@ page language="java" pageEncoding="utf-8"%>
2   <!DOCTYPE>
3   <html>
4     <head>
5        <title>forward标签使用示例</title>
6     </head>
7     <body>
8        <jsp:forward page="target.jsp">
9          <jsp:param value="admin" name="username"/>
10       </jsp:forward>
11    </body>
12  </html>
```

（2）target.jsp

```
1   <%@ page language="java" pageEncoding="utf-8"%>
2   <!DOCTYPE>
3   <html>
4     <head>
5        <title>forward标签使用示例</title>
6     </head>
7     <body>
8        这是跳转后的目标文件, username= <%=request.getParameter("username") %>
9     </body>
10  </html>
```

当在浏览器中输入 URL：http://localhost:8080/jsp_first/forward.jsp，来访问 forward.jsp 页面，并向 target.jsp 页面传递参数 username，值为 admin，在 target.jsp 页面中使用 JSP 表达式将这个参数获取出来并显示在浏览器中，效果如图 4.29 所示。

图 4.29 <jsp:param>传递参数

4.6.3 <jsp:include>标签

在 JSP 的动作标签中，<jsp:include>是原理较为复杂的一个标签，用于把另一个资源的输出内容插入当前 JSP 页面的输出内容中，这种在 JSP 页面执行时的引入方式称为动态引入。具体使用的语法格式如下。

```
<jsp:include page="relativeURL | <%=expression%>" flush="true|false" />
```

- page 属性用于指定被引入资源的相对路径，它也可以通过执行一个表达式来获得；
- flush 属性指定在插入其他资源的输出内容时，是否先将当前 JSP 页面已输出的内容刷新到客户端。

同时也可以在<jsp:include>标签内部使用<jsp:param>进行数据传递，语法格式如下。

```
<jsp:include page="relativeURL | <%=expression%>">
<jsp:param name="参数名" value="值" />
```

```
</jsp:include>
```

下面一起来看一个简单的使用示例,首先实现两个 JSP 页面:include1.jsp 和 include2.jsp,其中,用 include1.jsp 包含 include2.jsp 的内容,这两个页面的运行效果如图 4.30 所示,代码如下。

(1) include1.jsp

```
1    <%@ page language="java" pageEncoding="utf-8"%>
2    <!DOCTYPE>
3    <html>
4      <head>
5        <title>主页面</title>
6      </head>
7      <body>
8        这是主页面include1.jsp 的内容,接下来是要引入的include2.jsp的内容:
9        <br>
10       <jsp:include page="include2.jsp"></jsp:include>
11     </body>
12   </html>
```

(2) include2.jsp

```
1    <%@ page language="java" pageEncoding="utf-8"%>
2    <!DOCTYPE>
3    <html>
4      <head>
5        <title>被包含的页面</title>
6      </head>
7      <body>
8        这里是 include2.jsp 的内容<br>
9      </body>
10   </html>
```

当在浏览器中输入 URL:http://localhost:8080/jsp_/include1.jsp 时,在浏览器显示的结果是在使用<jsp:include>标签的地方将 include2.jsp 的内容显示出来,运行效果如图 4.30 所示。

图 4.30 <jsp:include>标签的包含效果

在前面介绍<jsp:include>的时候,我们提到了该标签是通过动态引入将另一个资源的内容包含进来的,那么,什么是动态引入呢?

打开 include1.jsp 源码转换后的 include1_jsp.java 文件,如图 4.31 所示。可以看出,include1.jsp 被 JSP 引擎解释成 include1_jsp.java 时,对应的<jsp:include>标签被翻译成了如下代码:

```
org.apache.jasper.runtime.JspRuntimeLibrary.include(request, response, "include2.jsp",
    out, false)
```

我们一起来看一下这个 include 方法的源码,如图 4.32 所示。

RequestDispatcher 接口的 include()方法与 forward()方法类似,唯一不同之处在于,利用 include()方法将 HTTP 请求转送给其他 Servlet 后,被调用的 Servlet 虽然可以处理这个 HTTP 请求。但是最后的主导权仍然是在原来的 Servlet 中,只是把资源的输出包含到当前输出中。

图 4.31 include1.jsp 源码转换

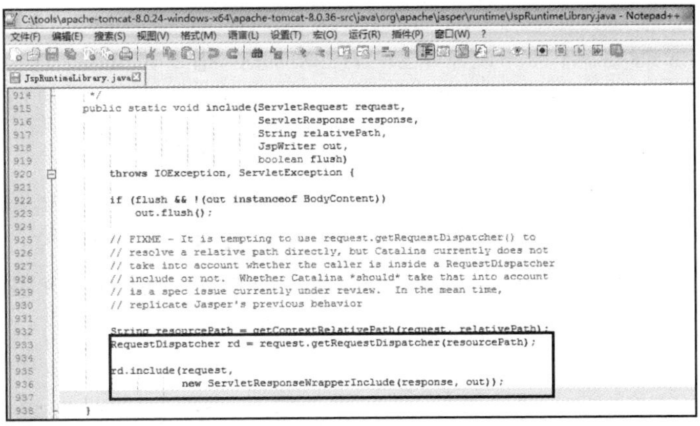

图 4.32 <jsp:include>标签的源码

<jsp:include>标签是在当前 JSP 页面中插入被引入资源的输出内容,当前 JSP 页面与被动态引入的资源是两个彼此独立的执行实体,被动态引入的资源必须是一个能独立被 Web 容器调用和执行的资源。<jsp:include>标签对 JSP 引擎翻译 JSP 页面的过程不起作用,它是在 JSP 页面的执行期间才被调用的,因此不会影响两个页面的编译。

在 include1.jsp 的响应结果页面上单击鼠标右键,选择"查看网页源代码",就可以看到最终的响应结果,如图 4.33 和图 4.34 所示。可以看出,最终的相应结果是将整个 include2.jsp 的响应内容完全包含进来了。

图 4.33 通过 Chrome 浏览器查看页面源码

图 4.34 include1.jsp 资源的响应结果

关于<jsp:include>标签，不得不说在 4.2.1 节提到的 JSP 指令 include，这个 JSP 指令的功能与<jsp:include>标签类似，都是将另一个资源的内容包含到当前资源中，但是原理上却有很大的差别，JSP 指令是通过静态引入实现的。JSP 指令的资源引入方式如下。

```
<%@ include file="relative url" >
```

include 指令只能引入符合 JSP 格式的文件，被引入的文件与当前 JSP 文件共同被翻译成一个 Servlet 的源文件。下面看一个示例，在 include3.jsp 页面中使用 JSP 指令来引入 include4.jsp，代码如下。

（1）include3.jsp

```
1   <%@ page language="java" pageEncoding="utf-8"%>
2   <!DOCTYPE>
3   <html>
4     <head>
5       <title>include 指令示例</title>
6     </head>
7     <body>
8       include3.jsp 页面，接下来是使用 include 指令引入的文件：<br>
9       <%@include file="include4.jsp" %>
10    </body>
11  </html>
```

（2）include4.jsp

```
1   <%@ page language="java" pageEncoding="utf-8"%>
2   <%@page import="java.util.Date,java.text.SimpleDateFormat"%>
3   include4.jsp 被引入的内容
4   <br>
5   <%
6   SimpleDateFormat sdf = new SimpleDateFormat("yyyy-MM-dd HH:mm:ss");
7   %>
8   <%=sdf.format(new Date())%>
```

打开浏览器输入 URL "http://localhost:8080/jsp_first/include3.jsp" 后，可以看到访问效果如图 4.35 所示。

图 4.35 include3.jsp 的访问效果

include 指令是在 JSP 引擎翻译 JSP 页面的过程中被解释处理的，所以它对 JSP 引擎翻译 JSP 页面的过程起作用。如果多个 JSP 页面中都要用到一些相同的声明，那么就可以把这些声明语句放在一个单独的文件中编写,然后在每个 JSP 页面中使用 include 指令将那个文件包含进来。因此，打开%CATALINA_HOME%\work\Catalina\localhost\jsp_first\org\apache\jsp 文件夹，如图 4.36 所示，JSP 引擎解析后的结果只有 include3_jsp.java，并没有 include4.jsp 的解析结果。

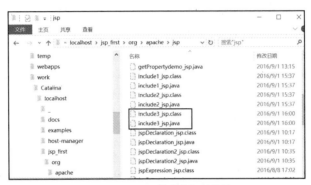

图 4.36 include 指令的解析结果

打开 include3_jsp.java 查看 JSP 引擎转化后的结果，如图 4.37 所示。include4.jsp 的内容被直接解析到 include3_jsp.java 中，并没有被单独解析成一个 Java 文件，<jsp:include>标签在进行解析时，是被解析成为两个 Java 文件，运行时再引入。

图 4.37 include3_jsp.java 源码

4.7 综合 Servlet 与 JSP 的登录程序

综合上述所学知识，下面一起来实现一个较为完整的登录程序。该程序包含如下功能。
（1）用户能在登录页面输入用户名和密码，如图 4.38 所示。

（2）单击"登录"按钮时，系统能对输入的用户名和密码进行校验。

（3）若用户名和密码正确（假定用户名为 admin，密码为 123456），则跳转至登录成功页面，如图 4.39 所示。

图 4.38　登录界面

图 4.39　登录成功页面

（4）否则，会在登录页面提示"用户名或者密码错误"，如图 4.40 所示。

从上述功能分析，需要创建新的 Java Web 项目 jsp_second，并设计登录界面 login.jsp、数据后台处理 LoginServlet、登录成功页面 success.jsp。此外，为了封装用户信息，需要编写相应的实体 User。其中，login.jsp 包含用户名 username 和密码 password 的输入框。当用户输入的 username 为"admin"，且 password 是"123456"时，页面跳转至登录成功页面 success.jsp，并显示登录信息，如图 4.39 所示。如果 username 或者 password 填写不正确，页面将跳转至 login.jsp，并在当前页面使用红色字体提示"用户名或者密码错误"，如图 4.40 所示。

图 4.40　登录失败页面

（1）login.jsp

首先编写 login.jsp 页面，该页面包含两个输入框、一个登录按钮及数据校验错误后的信息提示，代码如下。

```jsp
1  <%@ page language="java" pageEncoding="utf-8"%>
2  <%
3    String path = request.getContextPath();
4    String basePath = request.getScheme() + "://"+
5        request.getServerName() + ":" + request.getServerPort()+
6        path + "/";
7  %>
8  <!DOCTYPE>
9  <html>
10   <head>
11     <base href="<%=basePath%>">
12     <title>登录界面</title>
13   </head>
14   <body>
15     <%
16       String error = (String) request.getAttribute("errorInfo");
17       if (error != null) {
18         out.println("<font color='red'>" + error + "</font><br>");
19       }
20     %>
21     <form action="servlet/LoginServlet" method="post">
22       username: <input type="text" name="username" /><br />
```

```
23          password: <input type="text" name="passwd" /><br />
24          <input type="submit" value="登录" />
25     </form>
26   </body>
27 </html>
```

（2）User

为了封装用户信息，设计开发 User 实体类，包含用户名、密码和登录时间等私有属性。代码如下。

```
1  public class User {
2  private String username;
3  private String passwd;
4  private Date loginTime;
5  public User(String username, String passwd, Date loginTime) {
6      super();
7      this.username = username;
8      this.passwd = passwd;
9      this.loginTime = loginTime;
10 }
11 public User(){
12 }
13 public String getUsername() {
14     return username;
15 }
16 public void setUsername(String username) {
17     this.username = username;
18 }
19 public String getPasswd() {
20     return passwd;
21 }
22 public void setPasswd(String passwd) {
23     this.passwd = passwd;
24 }
25 public Date getLoginTime() {
26     return loginTime;
27 }
28 public void setLoginTime(Date loginTime) {
29     this.loginTime = loginTime;
30 }
31
32 }
```

（3）LoginServlet

为了校验前台输入数据的合法性，设计开发 LoginServlet，负责接收到输入数据后的页面跳转工作。从程序功能来看，LoginServlet 首先要获取用户输入的 username 和 password 数据，如果 username 或 password 错误，则设定 errorInfo = "用户名或者密码错误"，如果用户名或密码为空，则 errorInfo = "用户名及密码不能为空"。如果正确，则页面跳转至 success.jsp 页面。LoginServlet 代码如下。

```
1  public class LoginServlet extends HttpServlet {
2    public void doGet(HttpServletRequest request, HttpServletResponse response)
```

```
3          throws ServletException, IOException {
4       doPost(request, response);
5   }
6   public void doPost(HttpServletRequest request, HttpServletResponse response)
7       throws ServletException, IOException {
8       request.setCharacterEncoding("utf-8");
9       String username = request.getParameter("username");
10      String passwd = request.getParameter("passwd");
11      String errorInfo = "";
12      String forwardPath = "/login.jsp";
13      if (username != null && !"".equals(username.trim()) && passwd != null
14          && !"".equals(passwd.trim())) {
15          if (!"admin".equals(username) || !"123456".equals(passwd)) {
16              errorInfo = "用户名或者密码错误";
17          }else{
18              User user = new User(username, passwd, new Date());
19              request.getSession().setAttribute("user", user);
20              forwardPath = "/success.jsp";
21          }
22      } else {
23          errorInfo = "用户名及密码不能为空";
24      }
25      request.setAttribute("errorInfo", errorInfo);
26      request.getRequestDispatcher(forwardPath).forward(request, response);
27  }
28
29  }
```

（4）success.jsp

本页面负责登录成功后的显示，包含用户名和登录的时间信息。代码如下。

```
1   <%@ page language="java" pageEncoding="utf-8"%>
2   <%
3    String path = request.getContextPath();
4    String basePath = request.getScheme() + "://"+
5     request.getServerName() + ":" + request.getServerPort()+
6     path + "/";
7   %>
8   <!DOCTYPE>
9   <html>
10   <head>
11       <base href="<%=basePath%>">
12       <title>登录成功系统首页</title>
13   </head>
14   <body>
15       <jsp:useBean id="user" class="entry.User" scope="session"></jsp:useBean>
16       欢迎<jsp:getProperty property="username" name="user" />访问系统!
17       <br>登录时间是:
18       <jsp:getProperty property="loginTime" name="user" /><br>
19   </body>
20   </html>
```

在浏览器中输入"http://localhost:8080/jsp_second/login.jsp"之后，输入相应数据进行测试就可以查看如图 4.38~图 4.40 所示的效果。

尝试打开一个新的浏览器窗口，创建一个新的会话，并且在浏览器的 URL 中输入"http://localhost:8080/jsp_second/success.jsp"，可以直接访问这个 JSP 页面，但是页面上显示的用户不正确，如图 4.41 所示。

图 4.41　直接访问 success.jsp

为了避免上述问题的出现，可修改 success.jsp 中的代码。

```
 1  <body>
 2      <jsp:useBean id="user" class="entry.User" scope="session"></jsp:useBean>
 3      <%
 4          if (user.getUsername() == null) {
 5      %>
 6  <jsp:forward page="login.jsp"></jsp:forward>
 7      <%
 8          }
 9      %>
10  欢迎<jsp:getProperty property="username" name="user" />访问系统!
11  <br>登录时间是:
12  <jsp:getProperty property="loginTime" name="user" /><br>
13  </body>
```

在浏览器的 URL 中输入"http://localhost:8080/jsp_second/success.jsp"之后，可以看到页面直接跳转至 login.jsp 页面，如图 4.42 所示。

图 4.42　修改代码后直接访问 success.jsp

综合 Servlet 与 JSP 的登录程序

4.8　简易购物商城系统

本节基于 Servlet 与 JSP 开发一个简易的购物商城系统，使读者对如何综合应用 Servlet 和 JSP 开发 Web 应用有一个初步的认识。

4.8.1　系统功能

购物商城系统分为前后台子系统。其中，前台主要完成商品信息的展示及购物车的相关功能，主要包含以下模块。

（1）登录：用户在登录页面输入用户名和密码，如图 4.43 所示。单击"登录"按钮时，系统能对输入的用户名和密码进行校验。若用户名和密码正确（初始化用户名为 admin0，…，admin4，密码与用户名相同），则跳转至购物商城首页，如图 4.44 所示。

图 4.43　登录页面

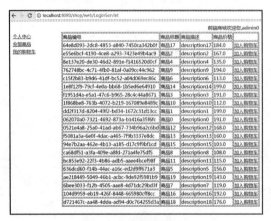

图 4.44　购物商城首页

（2）个人中心：单击图 4.44 左侧的"个人中心"，会出现图 4.45 所示的个人信息展示页面。

图 4.45　个人信息展示页面

（3）查看商品列表：单击图 4.45 左侧的"全部商品"，用户可以查看全部商品列表，如图 4.46 所示。从页面可以看出，图 4.44 与图 4.46 相同，这说明用户登录后的首页即是全部商品列表页面。

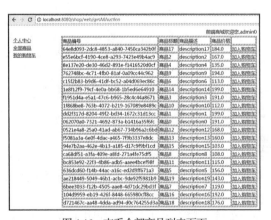

图 4.46　查看全部商品列表页面

(4)添加商品至购物车:单击商品列表中每个商品后的"加入购物车",系统即可将该商品加入购物车,如图 4.47 所示。单击"继续购物",则页面跳转至商品列表页面,用户可以继续将需要购买的商品加入购物车。

图 4.47 购物车页面

(5)购物车管理:包括查看购物车,删除购物车内指定商品,如图 4.47 所示。
系统后台的主要功能是进行商品的管理,包括对商品进行增加、修改、删除等。
(6)管理员登录:与用户登录一样,系统对管理员的用户名和密码进行校验,如图 4.48 所示。当登录成功后,出现系统后台首页,如图 4.49 所示。

图 4.48 系统后台登录页面

图 4.49 系统后台首页

(7)添加商品:单击图 4.49 左侧的"添加商品",会出现商品添加页面,如图 4.50 所示。

图 4.50 商品添加页面

(8)商品修改和删除:单击图 4.50 中的"查看商品列表",页面会跳转至商品信息修改和删除页面,如图 4.51 所示。

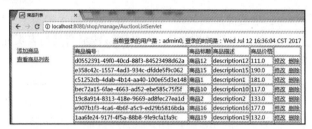

图 4.51　商品信息修改和删除页面

本章所开发的简易购物商城系统，是基于内存实现的。即在系统启动时，首先由系统在内存中随机创建 10 个商品、5 个用户，同样地，用户的个人信息也会存储在内存中。购物车分为临时购物车和用户购物车两种，临时购物车是指用户在没有登录的情况下，将商品加入购物车时，系统会根据会话 id 创建一个属于该会话的临时购物车对象，当用户进行登录后，这个临时购物车对象会被销毁，购物车中的商品会在临时购物车销毁之前，被加入"用户购物车"中。无论用户是否登录，都可以访问简易购物商城的商品列表页面。

4.8.2　系统设计

本系统按照 MVC 的设计理念，将程序分为 3 个核心模块：模型、视图和控制器，同时采用 DAO 设计模式实现对数据的相关存取操作。

在进行程序设计和开发之前，首先需要设计目录和包的结构。良好的结构会使代码逻辑清楚且容易维护。本应用的项目名称为 chexam，整体目录结构如图 4.52 所示。

其中，src 目录的结构如图 4.53 所示，由图中可知 src 目录下共有 5 个包，分别说明如下。

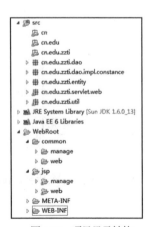

图 4.52　项目目录结构

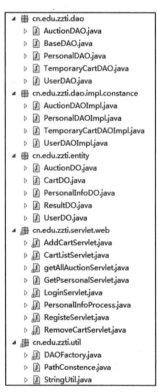

图 4.53　src 目录结构

（1）cn.edu.zzti.dao 包：存放 AutionDAO、BaseDAO、Personal DAO、TempoparyCartDAO、UserDAO 接口的源代码文件，分别对应于商品存取、反射机制、人员信息存取、临时购物车存取、用户信息存取。

（2）cn.edu.zzti.dao.impl.constance 包：存放 DAO 包中接口的内存实现的源代码文件。

（3）cn.edu.zzti.entity 包：存放 AutionDO、CartDO、PersonalInfoDO、ResultDO、UserDO 等实体类的源代码文件，分别对应于商品实体、购物车实体、个人信息实体、执行结果实体和用户实体。

（4）cn.edu.zzti.servlet.web 包：存放项目相关的 Servlet 文件。

（5）cn.edu.zzti.util 包：存放 DAOFactory 类、PathConstence 和 StringUtil 等辅助类的源代码文件。其中，DAOFactory 类是工厂类，用于生成 DAO 对象，PathConstence 类用于配置 JSP 和 Servlet 的根路径，StringUtil 类用于判断字符串是否为空。

图 4.54　WebRoot 目录结构

WebRoot 目录下除了有 META-INF 和 WEB-INF 这两个配置文件夹外，还包含 common 和 jsp 两个文件夹。WebRoot 目录结构如图 4.54 所示，common 文件夹中存放前后台页面的共性 jsp 文件，jsp 文件夹中存放前后台独立的 jsp 文件。其中，web 文件夹中存放前台相关文件，manage 文件夹中存放后台相关文件。

4.8.3　实体类定义

首先，对系统中的数据模型（Model）进行分析。从目录结构来看，系统可以识别出 AutionDO、CartDO、PersonalInfoDO、ResultDO、UserDO 等实体类。

（1）AutionDO 类

AutionDO 类可实现对商品基本信息的封装，包括商品 id、商品名称、商品描述、商品价格等，相关代码如下。

```
1   package cn.edu.zzti.entity;
2   import java.util.UUID;
3   public class AuctionDO {
4       private String id;
5       private String title;
6       private String description;
7       private float price;
8       public AuctionDO(String title, String disc, float price){
9           this.title = title;
10          this.description = disc;
11          this.price = price;
12          this.id = UUID.randomUUID().toString();
13      }
14      public AuctionDO() {
15          super();
16      }
17      public String getTitle() {
18          return title;
19      }
```

```
20    public void setTitle(String title) {
21        this.title = title;
22    }
23    public String getDescription() {
24        return description;
25    }
26    public void setDescription(String description) {
27        this.description = description;
28    }
29    public float getPrice() {
30        return price;
31    }
32    public void setPrice(float price) {
33        this.price = price;
34    }
35    public String getId() {
36        return id;
37    }
38    public void setId(String id) {
39        this.id = id;
40    }
41    public String toString() {
42        return "AuctionDO[id=" + id + ",title=" + title + ",description=" +
43            description + ", price=" + price + "]";
44    }
45 }
```

（2）CartDO 类

CartDO 类可实现对购物车的封装，根据系统功能要求，购物车应该包括商品名称、商品数量、商品价格等信息，相关代码如下。

```
1  package cn.edu.zzti.entity;
2  public class CartDO {
3      private AuctionDO auctionDO;
4      private double totlePrice;
5      private int number;
6      public AuctionDO getAuctionDO() {
7          return auctionDO;
8      }
9      public int getNumber() {
10         return number;
11     }
12     public void setNumber(int number) {
13         this.number = number;
14     }
15     public void setAuctionDO(AuctionDO auctionDO) {
16         this.auctionDO = auctionDO;
17     }
18     public double getTotlePrice() {
19         return totlePrice;
20     }
21     public void setTotlePrice(double totlePrice) {
```

```
22            this.totlePrice = totlePrice;
23      }
24 }
```

(3) PersonInfoDO 类

PersonInfoDO 类可实现对个人基本信息的封装，如年龄、性别、地址、电话、邮箱等基本信息及专业、毕业院校等学历信息，代码如下。

```
1  package cn.edu.zzti.entity;
2  public class PersonalInfoDO {
3  /*
4   * page1 基础信息
5   */
6  private Integer age;
7  private String gender;
8  private String address;
9  private String tel;
10 private String email;
11 /*
12  * page2 学历信息
13  */
14 private String graduateSchool;
15 private String highestEducation;
16 private String major;
17 private String realName;//真实姓名
18 public String getRealName() {
19       return realName;
20 }
21 public void setRealName(String realName) {
22       this.realName = realName;
23 }
24 public PersonalInfoDO() {
25       super();
26 }
27 public PersonalInfoDO(Integer age, String gender, String address, String
28       tel, String email, String graduateSchool,
29       String highestEducation, String major) {
30       super();
31       this.age = age;
32       this.gender = gender;
33       this.address = address;
34       this.tel = tel;
35       this.email = email;
36       this.graduateSchool = graduateSchool;
37       this.highestEducation = highestEducation;
38       this.major = major;
39 }
40 public Integer getAge() {
41       return age;
42 }
43 public void setAge(Integer age) {
44       this.age = age;
```

```
45     }
46     public String getGender() {
47         return gender;
48     }
49     public void setGender(String gender) {
50         this.gender = gender;
51     }
52     public String getAddress() {
53         return address;
54     }
55     public void setAddress(String address) {
56         this.address = address;
57     }
58     public String getTel() {
59         return tel;
60     }
61     public void setTel(String tel) {
62         this.tel = tel;
63     }
64     public String getEmail() {
65         return email;
66     }
67     public void setEmail(String email) {
68         this.email = email;
69     }
70     public String getGraduateSchool() {
71         return graduateSchool;
72     }
73     public void setGraduateSchool(String graduateSchool) {
74         this.graduateSchool = graduateSchool;
75     }
76     public String getHighestEducation() {
77         return highestEducation;
78     }
79     public void setHighestEducation(String highestEducation) {
80         this.highestEducation = highestEducation;
81     }
82     public String getMajor() {
83         return major;
84     }
85     public void setMajor(String major) {
86         this.major = major;
87     }
88 }
```

（4）UserDO 类

UserDO 类可实现对用户登录信息的封装，如用户名、密码等，代码如下。

```
1  package cn.edu.zzti.entity;
2  import java.util.Date;
3  public class UserDO {
4      private String username;
5      private String password;
```

```java
6      private Date loginTime;
7      private PersonalInfoDO pi;
8      public int hashCode() {
9          final int prime = 31;
10         int result = 1;
11         result = prime * result+
12         ((password == null) ? 0 : password.hashCode());
13         result = prime * result+
14         ((username == null) ? 0 : username.hashCode());
15         return result;
16     }
17     public boolean equals(Object obj) {
18         if (this == obj)
19             return true;
20         if (obj == null)
21             return false;
22         if (getClass() != obj.getClass())
23             return false;
24         UserDO other = (UserDO) obj;
25         if (password == null) {
26             if (other.password != null)
27                 return false;
28         } else if (!password.equals(other.password))
29             return false;
30         if (username == null) {
31             if (other.username != null)
32                 return false;
33         } else if (!username.equals(other.username))
34             return false;
35         return true;
36     }
37     public PersonalInfoDO getPi() {
38         return pi;
39     }
40     public void setPi(PersonalInfoDO pi) {
41         this.pi = pi;
42     }
43     public String getUsername() {
44         return username;
45     }
46     public void setUsername(String username) {
47         this.username = username;
48     }
49     public String getPassword() {
50         return password;
51     }
52     public void setPassword(String password) {
53         this.password = password;
54     }
55     public Date getLoginTime() {
56         return loginTime;
57     }
```

```
58    public void setLoginTime(Date loginTime) {
59        this.loginTime = loginTime;
60    }
61    public UserDO(String username, String password, Date loginTime) {
62        super();
63        this.username = username;
64        this.password = password;
65        this.loginTime = loginTime;
66    }
67    public UserDO(String username, String password) {
68        super();
69        this.username = username;
70        this.password = password;
71    }
72    public UserDO(){}
73    public String toString() {
74        return "[username:"+username+",password:"+password+"]";
75    }
76 }
```

4.8.4 DAO 接口定义

数据访问对象（Data Access Object，DAO）是一个数据访问接口，其目的是为了让业务层不依赖具体的数据存储方法。一个典型的 DAO 实现有下列几个组件。

- DAO 接口：DAO 接口中定义了所有数据的基本操作，如添加记录、删除记录及查询记录等。
- 实现 DAO 接口的具体类：DAO 实现类实现 DAO 接口，并实现了接口中定义的所有方法。
- DAO 工厂类：在没有 DAO 工厂类的情况下，必须通过创建 DAO 实现类的实例才能完成对数据记录的相关操作。如果需要选用其他数据源的 DAO 实现类，就必须对该段代码重新编辑和编译，降低了系统的可维护性。所以，在本章中加入了工厂设计模式的 DAOFactory 类解决该问题。

（1）BaseDAO

BaseDAO 是用于设置反射机制的，作为其他接口的父类接口而存在。详细解释请参看 4.8.6 节 DAOFactory 的相关内容。具体代码如下。

```
1  package cn.edu.zzti.dao;
2  public interface BaseDAO {
3  }
```

（2）AuctionDAO

该接口定义了商品基本操作的相关方法，包括获取全部商品信息、获取指定商品信息、添加商品信息及删除指定商品信息等。

```
1  package cn.edu.zzti.dao;
2  import cn.edu.zzti.entity.AuctionDO;
3  import java.sql.SQLException;
4  import java.util.List;
5
6  /*商品操作 */
7  public interface AuctionDAO extends BaseDAO{
8    /**
```

```
9     * 从数据源中获取指定id对应的商品信息
10    * @param id
11    * @return
12    */
13    public AuctionDO getAuction(String id) throws SQLException ;
14    /**
15     * 添加一条商品信息到数据源中
16     * @param auc: 要添加的商品对象
17    */
18    public void addAuction(AuctionDO auc)throws SQLException;
19    /**
20     * 获取数据源中的全部的商品列表
21     * @return
22    */
23    public List<AuctionDO> getAll() throws SQLException;
24    /**
25     * 通过商品id删除一条商品记录
26     * @param id: 要删除的商品的id
27    */
28    public void deleteAuction(String id) throws SQLException;
29    /**
30     * 修改数据源中的指定商品信息
31     * @param auc: 要修改的商品和其修改后的信息
32    */
33    public void updateAuction(AuctionDO auc) throws SQLException;
34  }
```

（3）UserDAO

UserDAO 接口继承自 BaseDAO 接口，定义了获取所有用户信息、查找用户、增加及删除用户的方法，具体代码如下。

```
1   package cn.edu.zzti.dao;
2   import java.sql.SQLException;
3   import java.util.List;
4   import cn.edu.zzti.entity.UserDO;
5   public interface UserDAO extends BaseDAO{
6    /**
7     * 获得系统中的所有用户
8     * @return
9    */
10   public List<UserDO> getAll() throws SQLException;
11   /**
12    * 用于登录校验
13    * @param username
14    * @param password
15    * @return
16   */
17   public UserDO findUser(String username, String password) throws
18   SQLException;
19   /**
20    * 在系统中创建一个用户的信息
21    * @param u
```

```
22      * @return
23      */
24     public int insertUser(UserDO u) throws SQLException;
25     /**
26      * 根据用户的id删除一个用户
27      * @param id
28      * @return
29      */
30     public int deleteUser(String id) throws SQLException;
31
32 }
```

（4）PersonalInfoDAO

PersonalInfoDAO 接口继承自 BaseDAO 接口，定义了获取个人基本信息和设置个人基本信息的基本方法，具体代码如下。

```
1  package cn.edu.zzti.dao;
2  import java.sql.SQLException;
3  import cn.edu.zzti.entity.PersonalInfoDO;
4  public interface PersonalDAO extends BaseDAO{
5      /**
6       * 通过用户名查询当前用户的个人信息
7       * @param username
8       * @return
9       * @throws SQLException
10      */
11     public PersonalInfoDO getPersonalInfo(String username) throws
12  SQLException;
13     /**
14      * 保存用户的个人信息
15      * @param username
16      * @param p
17      * @throws SQLException
18      */
19     public void setPersonalInfo(String username,PersonalInfoDO p) throws
20  SQLException;
21 }
```

（5）TemporaryCartDAO 接口

TemporaryCartDAO 接口继承自 BaseDAO 接口，定义了向临时购物车中增加一条商品记录、删除一条商品记录及获取商品所有信息的基本方法，代码如下。

```
1  package cn.edu.zzti.dao;
2  import cn.edu.zzti.entity.AuctionDO;
3  import cn.edu.zzti.entity.CartDO;
4  import java.util.List;
5  public interface TemporaryCartDAO extends BaseDAO{
6      /**
7       * 添加商品到临时购物车中
8       * @param auctionDO
9       */
10     public void addToCart(String username,AuctionDO auctionDO);
11
```

```
12      /**
13       * 从临时购物车中删除一条商品记录
14       * @param aucId
15       */
16      public void removeFromCart(String username,String aucId);
17
18      /*从临时购物车中将所有的商品信息获取出来
19       * @return
20       */
21      public List<CartDO> getAllFromCart(String username);
22  }
```

4.8.5 DAO 接口实现类

（1）AuctionDAO 的实现，利用 HasMap 存储所有商品，商品 id 作为键，商品 AuctionDO 作为值，增加、删除、更新商品就是针对该 HasMap 进行相应的增、删、改操作，代码如下。

```
1   public class AuctionDAOImpl implements AuctionDAO{
2   private static Map<String,AuctionDO> auctionList = new
3       HashMap<String,AuctionDO>();
4       static{
5       for(int i=0;i<20;i++){
6           AuctionDO auc = new AuctionDO("商品"+i,"description"+i,100+(int)
7               (Math.random()*100));
8           auctionList.put(auc.getId(),auc);
9       }
10  }
11  @Override
12  public AuctionDO getAuction(String id) {
13      return auctionList.get(id);
14  }
15  @Override
16  public void addAuction(AuctionDO auc) {
17      auctionList.put(auc.getId(),auc);
18  }
19  @Override
20  public List<AuctionDO> getAll() {
21      return new ArrayList<AuctionDO>(auctionList.values());
22  }
23  @Override
24  public void deleteAuction(String id) {
25      auctionList.remove(id);
26  }
27  @Override
28  public void updateAuction(AuctionDO auc) {
29      auctionList.put(auc.getId(), auc);
30  }
31  }
```

（2）UserDAO 的实现，利用 HasMap 存储所有用户，admin+序号作为键，用户信息 UserDO 作为值，增加、删除、更新用户就是针对该 HasMap 进行相应的增、删、改操作，代码如下。

```
1   public class UserDAOImpl implements UserDAO {
```

```
2    static Map<String,UserDO> userList = new HashMap<String,UserDO>();
3    static{
4        for(int i=0;i<5;i++){
5            UserDO userDO = new UserDO("admin"+i,"admin"+i);
6            if(i==0){
7                userDO.setPi(new PersonalInfoDO(20, "女", "河南省中原区", "67698021",
8                    "test.@163.com", "中原工学院", "硕士", "计算机应用"));
9            }else{
10               userDO.setPi(null);
11           }
12           userList.put("admin"+i, userDO);
13       }
14   }
15   @Override
16   public List<UserDO> getAll() {
17       return new ArrayList<UserDO>(userList.values());
18   }
19   @Override
20   public UserDO findUser(String username, String password) {
21       Collection<UserDO> c = userList.values();
22       for(UserDO u: c){
23           if(u.getUsername().equals(username)&&u.getPassword().equals(password)){
24               return u;
25           }
26       }
27       return null;
28   }
29   @Override
30   public int insertUser(UserDO u) {
31       userList.put(u.getUsername(), u);
32       return 1;
33   }
34   @Override
35   public int deleteUser(String id) {
36       userList.remove(id);
37       return 1;
38   }
39 }
```

（3）PersonalDAO 的实现与 UserDAO 一致。

```
1  public class PersonalDAOImpl implements PersonalDAO{
2  @Override
3  public PersonalInfoDO getPersonalInfo(String username) {
4      if(username!=null&&!"".equals(username)){
5          return UserDAOImpl.userList.get(username).getPi();
6      }
7      return null;
8  }
9  @Override
10 public void setPersonalInfo(String username,PersonalInfoDO p) {
11     UserDO u = UserDAOImpl.userList.get(username);
12     if(u!=null){
```

```
13              u.setPi(p);
14          }
15      }
16  }
```

（4）TemporaryCartDAO 的实现：利用 HashMap<String,Map<String,CartDO>>存储临时购物车中的所有商品，其中，username 作为外层 HashMap 的键，用于记录哪个用户使用的购物车，而内层 Map 中的键代表商品号，表明购物车中存放的是哪个商品，内层 Map 中的值代表该商品的数量，即用户在临时购物车中添加该商品的数量。增加、删除、更新购物车主要是针对该内层Map 进行相应的增、删、改操作，代码如下。

```
1   public class TemporaryCartDAOImpl implements TemporaryCartDAO {
2   private static Map<String,Map<String,CartDO>> cartList = new
3       HashMap<String,Map<String,CartDO>>();
4       @Override
5       public void addToCart(String username,AuctionDO auctionDO) {
6           Map<String,CartDO> userCart = cartList.get(username);
7           if(userCart==null){
8               userCart = new HashMap<String, CartDO>();
9               cartList.put(username,userCart);
10          }
11          if(!userCart.containsKey(auctionDO.getId())){
12              userCart.put(auctionDO.getId(),new CartDO());
13          }
14          CartDO cart = userCart.get(auctionDO.getId());
15          cart.setAuctionDO(auctionDO);
16          cart.setNumber(cart.getNumber()+1);
17          cart.setTotlePrice(cart.getTotlePrice()+auctionDO.getPrice());
18      }
19      @Override
20      public void removeFromCart(String username,String aucId) {
21          Map<String,CartDO> userCart = cartList.get(username);
22          if(userCart!=null){
23              userCart.remove(aucId);
24          }
25      }
26      @Override
27      public List<CartDO> getAllFromCart(String username) {
28          List<CartDO> list = new ArrayList<CartDO>();
29          Map<String,CartDO> userCart = cartList.get(username);
30          if(userCart!=null){
31              list = new ArrayList<CartDO>(userCart.values());
32          }
33          return list;
34      }
35  }
```

4.8.6 工具类的设计

为了提高代码复用性，方便用户维护，在工程中专门设计了一些工具类来实现服务共享、数据共享。例如，在多个类中都会涉及字符串的判空操作，我们就可以专门提供一个 StringUtil 类，来提供字符串判空的静态方法供其他类使用，本项目使用的工具类如图 4.55 所示。

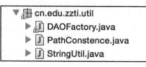

图 4.55　工具类

（1）StringUtil 类的实现

```java
1  public class StringUtil {
2      public static boolean isEmpty(String str){
3          if("".equals(str)||str==null){
4              return true;
5          }
6          return false;
7      }
8  }
```

（2）DAOFactory 类的实现

在面向对象的应用过程中，当需要使用某个类型的对象时，就使用关键字"new"一个对象出来使用。以 DAO 层为例，几乎每个请求，都需要访问数据，都需要 DAO 对象。虽然 Java 提供了垃圾回收机制，但是垃圾回收的代价是很大的，尤其是在 Web 应用程序中，Web 请求是并发的。如果在每个请求中都产生一个 DAO 对象，则会造成内存的大量浪费，给 JVM 带来负担。

所以本例在设计时使用简单工厂模式来代替关键字"new"，使得每个 DAO 对象在内存中只存在一个，其他类之间对 DAO 类对象共享。DAOFactory 就是创建 DAO 对象的工厂类，因为该类只负责产生 DAO 对象，所以将前面介绍过的 BaseDAO 作为所有 DAO 的根基类，利用反射技术，生成 DAO 的对象。DAOFactory 的代码如下。

```java
1   public class DAOFactory {
2       public static final String AUCTION_DAO_CLASS_NAME=
3           "cn.edu.zzti.dao.impl.constance.AuctionDAOImpl";
4       public static final String PERSONAL_DAO_CLASS_NAME=
5           "cn.edu.zzti.dao.impl.constance.PersonalDAOImpl";
6       public static final String USER_DAO_CLASS_NAME=
7           "cn.edu.zzti.dao.impl.constance.jdbc.UserDAOImpl";
8       public static final String TEMPORARY_CART_DAO_CLASS_NAME=
9           "cn.edu.zzti.dao.impl.constance.TemporaryCartDAOImpl";
10      private DAOFactory factory = new DAOFactory();
11      private DAOFactory(){}
12      private static AuctionDAO auctionDAO;
13      private static PersonalDAO personalDAO ;
14      private static UserDAO userDAO;
15      public static BaseDAO getDAO(String className){
16          if(className!=null&&!"".equals(className)){
17              try {
18                  Class<? extends BaseDAO> clazz =
19                      (Class<? extends BaseDAO>)Class.forName(className);
20                  return clazz.newInstance();
21              } catch (InstantiationException e) {
22                  e.printStackTrace();
```

```
23                } catch (IllegalAccessException e) {
24                    e.printStackTrace();
25                } catch (ClassNotFoundException e) {
26                    e.printStackTrace();
27                }
28            }
29        return null;
30    }
31 }
```

（3）PathConstence 类的实现

一般在开发时，无论是 Servlet 的配置路径，还是 JSP 的存放路径，在开发的过程中，根据业务的发展，经常可能会发生变动。因为在 Web 程序中，路径之间的跳转是非常频繁的，容易导致路径值会出现在多个文件中。

为了在文件路径变化后，代码中的路径能够及时更新，并且与最新路径统一，这里将文件中代表路径的字面值统一配置到一个类中，以常量的形式存在。以 JSP 的文件路径配置为例，代码如下。

```
1  public class PathConstence {
2      public static final String JSP_MANAGE_BASE="/jsp/manage";
3      public static final String JSP_WEB_BASE="/jsp/web";
4      public static final String M_SERVLET_BASE="/manage";
5      public static final String W_SERVLET_BASE="/web";
6  }
```

JSP_MANAGE_BASE：代表简易购物商城系统的后台页面路径。

JSP_WEB_BASE：代表简易购物商城系统的前台页面路径。

M_SERVLET_BASE：代表简易购物商城系统的后台 Servlet 根路径。

W_SERVLET_BASE：代表简易购物商城系统的前台 Servlet 根路径。

4.8.7 简易购物商城系统前台实现

在 4.7 节中已经介绍过系统的登录功能实现方案，这里就不再介绍。本小节主要针对查看商品、商品加入购物车、查看购物车、删除购物车内指定商品、个人信息管理 5 个模块部分进行实现说明。

每个模块都涉及两部分的实现，一个是用于显示结果的显示层，另一个是调用跳转的控制层。显示层指的是 JSP，而控制层就是 Servlet。本例中 JSP 都存储在"WebRoot\jsp\web"路径下，Servlet 都在"cn.edu.zzti.servlet.web"包下。

1. 首页模板

通过图 4.44 所示，可以看到系统的首页可以分为三部分："页头""导航"和"内容页面"。因此，我们将"页头"和"导航"做成公用页面，放到"common\jsp\web"下，在每个页面中进行加载，方便进行统一管理，具体代码如下。

（1）top.jsp

```
1  <%@ page language="java" pageEncoding="utf-8"%>
2  <%@ page import="cn.edu.zzti.entity.UserDO" %>
3  <%
4  Object o = session.getAttribute("user");
```

```
5    if(o!=null){
6      UserDO user = (UserDO)o;
7    %>
8    前端商城欢迎您,<%=user.getUsername() %>
9    <%
10   }else{
11   %>
12   <a href="login.jsp">请登录</a>
13   <%
14   }
15   %>
```

（2）left.jspf

```
1    <%@ page language="java" import="java.util.*" pageEncoding="utf-8"%>
2    <table>
3    <tr>
4    <td><a href="<%=pageContext.getServletContext().
5        getContextPath() %>/web/GetPsersonalServlet">
6    个人中心</a></td>
7    </tr>
8    <tr>
9    <td><a href="<%=pageContext.getServletContext().getContextPath() %>/web/
10       getAllAuction">全部商品
11   </a></td>
12   </tr>
13   <tr>
14   <td><a href="<%=pageContext.getServletContext().
15       getContextPath() %>/web/CartListServlet">
16   我的购物车</a></td>
17   </tr>
18   </table>
```

2. 查看全部商品

查看系统中的全部商品，需要先从数据访问层获得全部数据，然后再将数据显示到显示层。实现该功能的 Servlet 是 GetAllAuctionServlet，显示所有商品的界面是"auctionList.jsp"。

（1）GetAllAuctionServlet

```
1    @WebServlet(name="getAllAuctionServlet",
2    urlPatterns = {PathConstence.W_SERVLET_BASE+"/getAllAuction"})
3    public class GetAllAuctionServlet extends HttpServlet {
4    AuctionDAO auctionDAO = (AuctionDAO) DAOFactory.getDAO(
5        DAOFactory.AUCTION_DAO_CLASS_NAME);
6    @Override
7    protected void doPost(HttpServletRequest req, HttpServletResponse resp)
8        throws ServletException, IOException {
9        List<AuctionDO> list = new ArrayList<AuctionDO>();
10       try {
11           list = auctionDAO.getAll();
12       } catch (SQLException e) {
13           e.printStackTrace();
14       }
15       req.setAttribute("auctionList",list);
```

```
16              req.getRequestDispatcher(PathConstence.JSP_WEB_BASE+
17                  "/auction/auctionList.jsp").forward(req,resp);
18          }
19          protected void doGet(HttpServletRequest request, HttpServletResponse response)
20              throws ServletException, IOException {
21              doPost(request,response);
22          }
23      }
```

（2）auctionList.jsp

```
1   <%@ page import="cn.edu.zzti.entity.AuctionDO" %>
2   <%@ page language="java" pageEncoding="utf-8"%>
3   <%
4   String path = request.getContextPath();
5   String basePath = request.getScheme()+"://"
6       +request.getServerName()+
7       ":"+request.getServerPort()+path+"/";
8   %>
9   <%@ taglib prefix="c" uri="http://java.sun.com/jsp/jstl/core" %>
10  <!DOCTYPE HTML>
11  <html>
12    <head>
13      <base href="<%=basePath%>">
14      <title>商品列表</title>
15    </head>
16    <body>
17      <table>
18      <tr ><td colspan="2" align="right">
19  <!--引入共有页面,页头信息-->
20          <jsp:include page="/common/web/top.jsp"/>
21      </td></tr>
22      <tr valign="top">
23      <td width="20%">
24          <%@include file="/common/web/left.jspf" %>
25  <!--引入共有页面,导航信息-->
26      </td>
27      <td align="center">
28        <table border="1" >
29          <tr>
30              <td>商品编号</td>
31              <td>商品标题</td>
32              <td>商品描述</td>
33              <td>商品价格</td>
34              <td></td>
35          </tr>
36          <%
37              Object o = request.getAttribute("auctionList");
38              if(o!=null){
39                  List<AuctionDO> list = (List<AuctionDO>)o;
40                  for(int i=0;i<list.size();i++){
41          %>
42          <tr>
```

```
43            <td><%= list.get(i).getId() %></td>
44            <td><%= list.get(i).getTitle() %></td>
45            <td><%= list.get(i).getDescription() %></td>
46            <td><%= list.get(i).getPrice() %></td>
47            <td><a href="<%=pageContext.getServletContext().getContextPath()%>/
48               web/AddCartServlet?id=<%= list.get(i).getId() %>">加入购物车</a></td>
49         </tr>
50         <%
51                }
52             }
53         %>
54      </table>
55    </td></tr>
56   </table>
57  </body>
58 </html>
```

3. 商品加入购物车

用户看到自己需要的商品，可以将该商品加入自己的购物车中，在 auctinList.jap 文件中，可以看到"加入购物车"的链接，传递了当前商品的 id 到 AddCartServlet，AddCartServlet 调用 AuctionDAO 获取商品对象，再调用 TemporaryCartDAO 将商品存储到购物车中，代码如下。

```
1  @WebServlet(name="AddCartServlet",
2  urlPatterns = { PathConstence.W_SERVLET_BASE+"/AddCartServlet"})
3  public class AddCartServlet extends HttpServlet {
4      private TemporaryCartDAO temporaryCartDAO = (TemporaryCartDAO)
5  
6      DAOFactory.getDAO(DAOFactory.TEMPORARY_CART_DAO_CLASS_NAME);
7      private AuctionDAO auctionDAO = (AuctionDAO)
8      DAOFactory.getDAO(DAOFactory.AUCTION_DAO_CLASS_NAME);
9  protected void doPost(HttpServletRequest request, HttpServletResponse response)
10     throws ServletException, IOException {
11 
12  String basePath =
13  request.getContextPath()+PathConstence.W_SERVLET_BASE;
14      String aucId = request.getParameter("id");
15      if (aucId==null||"".equals(aucId)){
16          response.sendRedirect(basePath+"/getAllAuctionServlet");
17      }
18      try {
19          AuctionDO auctionDO = auctionDAO.getAuction(aucId);
20     this.temporaryCartDAO.addToCart(((UserDO)request.
21          getSession().getAttribute("user")).getUsername(),auctionDO);
22 
23          response.sendRedirect(basePath+"/CartListServlet");
24      } catch (SQLException e) {
25          e.printStackTrace();
26          response.sendRedirect(basePath+"/getAllAuctionServlet");
27      }
28  }
29  protected void doGet(HttpServletRequest request, HttpServletResponse response)
```

```
30         throws ServletException, IOException {
31             doPost(request,response);
32         }
33 }
```

4. 查看购物车

通过 AddCartServlet 的实现，可以看出，当将一个商品添加到购物车后，会跳转到购物车列表页面，即左侧导航的"我的购物车"链接的页面。查看购物车内容，首先需要访问 CartListServlet，通过该 Servlet 获取 Session 中的用户信息，然后调用 TemporaryCartDAO 获取当前用户的购物车信息，再进行显示，具体代码如下。

（1）CartListServlet

```
1  @WebServlet(name="CartListServlet",urlPatterns =
2  {PathConstence.W_SERVLET_BASE+"/CartListServlet"})
3  public class CartListServlet extends HttpServlet {
4      private TemporaryCartDAO temporaryCartDAO =
5          (TemporaryCartDAO) DAOFactory.getDAO(
6          DAOFactory.TEMPORARY_CART_DAO_CLASS_NAME);
7      protected void doPost(HttpServletRequest request, HttpServletResponse response)
8          throws ServletException, IOException {
9          HttpSession session = request.getSession();
10         UserDO user = (UserDO)session.getAttribute("user");
11         List<CartDO> list =
12         this.temporaryCartDAO.getAllFromCart(user.getUsername());
13         request.setAttribute("cartList",list);
14         request.getRequestDispatcher(PathConstence.JSP_WEB_BASE+"/
15         shoppingCart/myShoppingCart.jsp").forward(request,response);
16     }
17     protected void doGet(HttpServletRequest request, HttpServletResponse response)
18         throws ServletException, IOException {
19         doPost(request,response);
20     }
21 }
```

（2）myShoppingCart.jsp

```
1  <%@ page import="cn.edu.zzti.entity.CartDO" %>
2  <%@ page contentType="text/html;charset=UTF-8" language="java" %>
3  <html>
4  <head>
5  <title>我的购物车</title>
6  </head>
7  <body>
8  <table>
9      <tr ><td colspan="2" align="right">
10         <jsp:include page="/common/web/top.jsp"/>
11     </td></tr>
12     <tr valign="top">
13         <td width="20%">
14             <%@include file="/common/web/left.jspf" %>
15         </td>
16         <td align="center">
```

```jsp
17          <form action="" method="post">
18              <table border="1">
19                  <tr>
20                      <td colspan="7" align="center">我的购物车</td>
21                  </tr>
22                  <tr>
23                      <td></td>
24                      <td>商品编号</td>
25                      <td>商品名称</td>
26                      <td>商品数量</td>
27                      <td>商品单价</td>
28                      <td>商品总价</td>
29                      <td>操作列表</td>
30                  </tr>
31                  <%
32                      Object o = request.getAttribute("cartList");
33                      if(o!=null){
34                          List<CartDO> list = (List<CartDO>)o;
35                          for(int i=0;i<list.size();i++){
36                  %>
37                  <tr>
38                      <td>
39                          <input type="checkbox" name="slctedOrder"
40                          value="<%=list.get(i).getAuctionDO().getId()%>">
41                      </td>
42                      <td><%=list.get(i).getAuctionDO().getId()%></td>
43
44                      <td><%=list.get(i).getAuctionDO().getTitle()%></td>
45                      <td><%=list.get(i).getNumber()%></td>
46
47                      <td><%=list.get(i).getAuctionDO().getPrice()%></td>
48                      <td><%=list.get(i).getTotlePrice()%></td>
49                      <td><a href="<%=pageContext.getServletContext().
50                          getContextPath()%>/web/RemoveCartServlet?
                            id=<%=list.get(i).
51                          getAuctionDO().getId()%>">删除此商品</a></td>
52                  </tr>
53                  <%
54                          }
55                      }
56                  %>
57                  <tr>
58                      <td colspan="7" align="right">
59                          <a href="<%=pageContext.getServletContext().
                            getContextPath()%>/web/getAllAuction">
60                          继续购物</a></td>
61                  </tr>
62              </table>
63          </form>
64      </td>
65  <tr>
66 </table>
```

5. 删除购物车内指定商品

在 myShoppingCart.jsp 页面中，可以看到存在一个超链接，用来删除购物车中指定的商品。该链接传递了商品 id 给 RemoveCartServlet，RemoveCartServlet 接收该 id 后，首先获得当前用户，调用 TemporaryCartDAO 来删除当前用户购物车中指定 id 的商品，代码如下。

```java
1  @WebServlet(name = "RemoveCartServlet",
2       urlPatterns = {PathConstence.W_SERVLET_BASE+"/RemoveCartServlet"})
3  public class RemoveCartServlet extends HttpServlet {
4  private TemporaryCartDAO temporaryCartDAO = (TemporaryCartDAO)
5       DAOFactory.getDAO(DAOFactory.TEMPORARY_CART_DAO_CLASS_NAME);
6  protected void doPost(HttpServletRequest request, HttpServletResponse response)
7       throws ServletException, IOException {
8       String aucId = request.getParameter("id");
9       this.temporaryCartDAO.removeFromCart(
10          ((UserDO)request.getSession().getAttribute("user"))
11          .getUsername(),aucId);
12      response.sendRedirect(request.getContextPath()+
13          PathConstence.W_SERVLET_BASE+"/CartListServlet");
14  }
15  protected void doGet(HttpServletRequest request, HttpServletResponse response)
16      throws ServletException, IOException {
17      doPost(request,response);
18  }
19 }
```

6. 个人信息管理模块

在左侧导航中还有一个"个人中心"的链接，该链接请求 GetPsersonalServlet，该 Servlet 调用 personalDAO 来判断是否已经完善过个人信息，如果该用户已经完善过个人信息，则跳转到 personalInfo.jsp 进行展示，在 personalInfo.jsp 中使用 JSP 的<jsp:useBean>标签进行演示。

如果未完善过个人信息，系统将显示"请完善个人信息"的链接，单击"完善个人信息"的链接后，跳转至 personalPage1.jsp 页面，填写第一步的个人信息，单击 personalPage1.jsp 页面上的"下一步"按钮，页面数据被提交给 PersonalInfoProcess，并传递参数"requestType"为"next"，即告知 PersonalInfoProcess 将要进行下一步完善信息，需要将请求的数据暂存。PersonalInfoProcess 将这些参数信息存储到了 Session 中。PersonalInfoProcess 跳转至 personalPage2.jsp，继续添加下一页的信息，添加完毕后，personalPage2.jsp 将数据再次发送到 PersonalInfoProcess 中，并传递参数"requestType"为"save"。此时 PersonalInfoProcess 会调用 PersonalDAO 进行数据保存，代码如下。

（1）GetPsersonalServlet

```java
1  @WebServlet(name="GetPsersonalServlet",
2       urlPatterns = {PathConstence.W_SERVLET_BASE+"/GetPsersonalServlet"})
3  public class GetPsersonalServlet extends HttpServlet {
4  private static final long serialVersionUID = 1L;
5       PersonalDAO personalDAO = (PersonalDAO)
6       DAOFactory.getDAO(DAOFactory.PERSONAL_DAO_CLASS_NAME);
7  protected void doGet(HttpServletRequest request, HttpServletResponse response)
8       throws ServletException, IOException {
9       doPost(request, response);
10  }
11  protected void doPost(HttpServletRequest request, HttpServletResponse response)
```

```
12        throws ServletException, IOException {
13            request.setCharacterEncoding("utf-8");
14            UserDO u= null;
15            if(request.getSession().getAttribute("user")!=null){
16                u = (UserDO)request.getSession().getAttribute("user");
17                try {
18                    PersonalInfoDO personal =
19                        personalDAO.getPersonalInfo(u.getUsername());
20                    request.setAttribute("personalInfo", personal);
21                } catch (Exception e) {
22                }
23            request.getRequestDispatcher( PathConstence.JSP_WEB_BASE+
24                "/personal/personalInfo.jsp").forward(request, response);
25            }else{
26                response.sendRedirect(request.getContextPath()+
27                    PathConstence.JSP_WEB_BASE+"/login.jsp");
28            }
29        }
30    }
```

（2）personalInfo.jsp

```
1   <%@ page language="java" import="java.util.*" pageEncoding="utf-8"%>
2   <%
3     String path = request.getContextPath();
4     String basePath = request.getScheme() + "://"+
5         request.getServerName() + ":" + request.getServerPort()+
6         path + "/";
7   %>
8   <%@ page import="cn.edu.zzti.entity.PersonalInfoDO" %>
9   <!DOCTYPE HTML>
10  <html>
11  <head>
12  <base href="<%=basePath%>">
13  <title>个人基本信息展示</title>
14  </head>
15  <body>
16  <table>
17    <tr ><td colspan="2" align="right">
18      <jsp:include page="/common/web/top.jsp"/>
19  </td></tr>
20    <tr valign="top">
21    <td width="20%">
22      <%@include file="/common/web/left.jspf" %>
23    </td>
24    <td align="center">
25     <%
26     Object o= request.getAttribute("personalInfo");
27     if(o!=null){
28     %>
29  <jsp:useBean id="personalInfo" class="cn.edu.zzti.entity.PersonalInfoDO"
30  scope="request">
31  </jsp:useBean>
```

```
32    <br>年龄: <jsp:getProperty property="age" name="personalInfo" />
33    <br>性别: <jsp:getProperty property="gender" name="personalInfo"/>
34    <br>家庭住址: <jsp:getProperty property="address" name="personalInfo"/>
35    <br>联系方式: <jsp:getProperty property="tel" name="personalInfo"/>
36    <br> email: <jsp:getProperty property="email" name="personalInfo"/>
37    <br>毕业院校:
38    <jsp:getProperty property="graduateSchool" name="personalInfo"/>
39    <br>最高学历:
40    <jsp:getProperty property="highestEducation" name="personalInfo"/>
41    <br>专业方向: <jsp:getProperty property="major" name="personalInfo"/>
42    <%
43    }else{
44    %>
45    您还没有完善信息, <a
46    href="<%=pageContext.getServletContext().getContextPath()%>/jsp/web/personal/
47    personalPage1.jsp">请完善信息</a>
48    <%
49      }
50    %>
51      </td>
52      <tr>
53      </table>
54  </body>
55  </html>
```

(3) personalPage1.jsp

```
1   <%@ page language="java" import="java.util.*" pageEncoding="utf-8"%>
2   <%
3   String path = request.getContextPath();
4   String basePath = request.getScheme()+"://"+request.getServerName()+
5       ":"+request.getServerPort()+path+"/";
6   %>
7   <%@ page import="cn.edu.zzti.util.PathConstence" %>
8   <!DOCTYPE HTML>
9   <html>
10    <head>
11      <base href="<%=basePath%>">
12      <title>完善个人信息1</title>
13    </head>
14    <body>
15      <table>
16        <tr><td colspan="2" align="right">
17            <jsp:include page="/common/web/top.jsp"/>
18        </td></tr>
19        <tr valign="top">
20          <td width="20%">
21            <%@include file="/common/web/left.jspf" %>
22          </td>
23          <td align="center">
24            <form action="<%=pageContext.getServletContext().
25                getContextPath() %>/web/PersonalInfoProcess"
26                method="post">
```

```
27      年龄：<input type='text' name='age' /><br>
28      性别：<input type='radio' name='gender' checked='checked' value='女'/>女
29      <input type='radio' name='gender' value='男'/>男<br>
30      家庭住址：<input type='text' name='address'/><br>
31      联系方式：<input type='text' name='tel'/><br>
32      email：<input type='text' name='email'/><br>
33      <input type='hidden' name='requestType' value='next'>
34      <input type='submit' value='下一步'>
35      </form>
36    </td>
37    <tr>
38  </table>
39  </body>
40 </html>
```

（4）personalPage2.jsp

```
1  <%@ page language='java' import='java.util.*' pageEncoding='utf-8'%>
2  <%
3  String path = request.getContextPath();
4  String basePath =
5      request.getScheme()+"://"+request.getServerName()+":"+
       request.getServerPort()+path+"/";
6  %>
7  <!DOCTYPE HTML>
8  <html>
9    <head>
10     <base href='<%=basePath%>'>
11     <title>完善个人信息2</title>
12   </head>
13   <body>
14     <table>
15       <tr ><td colspan="2" align="right">
16         <jsp:include page="/common/web/top.jsp"/>
17       </td></tr>
18       <tr valign="top">
19         <td width="20%">
20           <%@include file="/common/web/left.jspf" %>
21         </td>
22         <td align="center">
23           <form
24  action="<%=pageContext.getServletContext().
       getContextPath()%>/web/PersonalInfoProcess"
25           method="post">
26  最高学历：<select name='highestEducation'>
27      <option value='学士'>学士</option>
28      <option value='硕士'>硕士</option>
29      <option value='博士'>博士</option>
30      <option value='其他'>其他</option>
31    </select><br>
32  毕业院校：<select name='graduateSchool'>
33      <option value='北京大学'>北京大学</option>
34      <option value='清华大学'>清华大学</option>
```

```
35        <option value='其他院校'>其他院校</option>
36      </select><br>
37 所学专业:<input type='text' name='major'/><br>
38 <input type='hidden' name='requestType' value='save'>
39 <input type='submit' value='保存'>
40          </form>
41      </td>
42      <tr>
43      </table>
44   </body>
45 </html>
```

（5）PersonalInfoProcess

```
1  @WebServlet(name="PersonalInfoProcess",
2      urlPatterns = {PathConstence.W_SERVLET_BASE+"/PersonalInfoProcess"})
3  public class PersonalInfoProcess extends HttpServlet {
4  PersonalDAO personalDAO =
5      (PersonalDAO) DAOFactory.getDAO(DAOFactory.PERSONAL_DAO_CLASS_NAME);
6  public void doGet(HttpServletRequest request, HttpServletResponse response)
7      throws ServletException, IOException {
8      doPost(request, response);
9  }
10 public void doPost(HttpServletRequest request, HttpServletResponse response)
11     throws ServletException, IOException {
12     request.setCharacterEncoding("utf-8");
13     UserDO u= null;
14     if(request.getSession().getAttribute("user")!=null){
15         u = (UserDO)request.getSession().getAttribute("user");
16         String targetPath =
17         PathConstence.W_SERVLET_BASE+"/GetPsersonalServlet";
18         String requestType = request.getParameter("requestType");
19         if(requestType!=null&&"next".equals(requestType)){
20             targetPath = PathConstence.JSP_WEB_BASE+
21             "/personal/personalPage2.jsp";
22             PersonalInfoDO p = new PersonalInfoDO();
23             p.setAge(Integer.parseInt(request.getParameter("age")));
24             p.setGender(request.getParameter("gender"));
25             p.setAddress(request.getParameter("address"));
26             p.setTel(request.getParameter("tel"));
27             p.setEmail(request.getParameter("email"));
28             request.getSession().setAttribute("personal", p);
29         }else if(requestType!=null&&"save".equals(requestType)){
30             PersonalInfoDO p = (PersonalInfoDO)request.
31                 getSession().getAttribute("personal");
32     p.setHighestEducation(request.getParameter("highestEducation"));
33         p.setGraduateSchool(request.getParameter("graduateSchool"));
34             p.setMajor("major");
35             try {
36             personalDAO.setPersonalInfo(u.getUsername(), p);
37             } catch (SQLException e) {
38                 e.printStackTrace();
39             }
```

```
40              }
41              response.sendRedirect(request.getContextPath() + targetPath);
42          }else{
43              response.sendRedirect(request.getContextPath() +
44                  PathConstence.JSP_WEB_BASE+"/login.jsp");
45          }
46      }
47  }
```

4.9 小结

本章主要讲解了 JSP 的工作原理、JSP 隐含对象和 JSP 标签等，并通过一个综合 Servlet 和 JSP 的登录程序进行了验证。JSP 是一种简化的 Servlet，最终也会被编译成 Servlet。虽然 JSP 文件在形式上与 HTML 类似，但 JSP 可以直观展现页面上的内容和布局，这在动态网页开发中占有重要地位，读者应熟练掌握 JSP 的相关知识。

习 题

1. 要在 JSP 中使用 ArrayList，哪个选项是正确的？（　　）（选 1 项）
    A. <% import java.util.ArrayList%>
    B. <%@ import "java.util.ArrayList"%>
    C. <%@ pageimport="java.util.ArrayList"%>
    D. <%@ pagepackage="java.util.ArrayList"%>
2. 在 JSP 中，有 test.jsp 文件如下，运行该文件时将发生什么？（　　）（选 1 项）

```
<html>
    <% String str = null; %>
    str is <%= str%>
</html>
```

    A. 转译期有误
    B. 编译 Servlet 源码时发生错误
    C. 执行编译后的 Servlet 时发生错误
    D. 运行后，浏览器上显示 "str is null"
3. 在 JSP 中可动态导入其他页面的标签是哪一项？（　　）（选 1 项）
    A. <%include/></textarea>   B. <%@ include%>
    C. <jsp:importPage/>   D. <jsp:include/>
4. 有 JSP 代码如下，以下哪句代码可以正确显示 "admin"？（　　）（选 1 项）

```
<%
Cookie c = new Cookie("name","admin");
c.setMaxAge(10000);
response.addCookie(c);
%>
```

    A. ${cookie.name}   B. ${cookie.name.value}
    C. ${name}   D. ${name.value}

5. test.jsp 文件中有如下一行代码，要使 user 对象可以作用于整个应用程序，横线处应添加哪一项？（   ）（选1项）

```
<jsp:useBean id="user" scope="_" class="com.UserBean">
```

    A. page   B. request   C. session   D. application

6. JSP 中有 3 大类标签，分别是什么？（   ）（选1项）
    A. HTML 标记　JSP 标记　Servlet 标记
    B. CSS 标记　HTML 标记　Javascript 标记
    C. 动作标记　脚本标记　指令标记
    D. 指令标记　脚本标记　HTML 标记

7. 下面关于 JSP 作用域对象的说法错误的是哪项？（   ）（选1项）
    A. request 对象可以得到请求中的参数
    B. session 对象可以保存用户信息
    C. application 对象可以被多个应用共享
    D. 作用域范围从小到达是 request、session、application

8. 在 JSP 页面中通过<jsp:forwardpage=urlname/>将本页面请求转发至指定 URL 的文件，则在该 URL 组件（JSP 页面）中可接收数据的范围是哪项？（   ）（选3项）
    A. session   B. request   C. page   D. application

9. 关于<jsp:include>，下列说法不正确的是哪项？（   ）（选1项）
    A. 它可以包含静态文件
    B. 它可以包含动态文件
    C. 当它的 flush 属性为 true 时，表示缓冲区满时，将会被清空
    D. 它的 flush 属性的默认值为 true

10. 在 JSP 中，对<jsp:setProperty>标记描述正确的是哪项？（   ）（选1项）
    A. <jsp:setProperty>和<jsp:getProPerty>必须在一个 JSP 文件中搭配出现
    B. 如同 session.setAttribute()一样，来设计属性/值对
    C. 和<jsp:useBean>动作一起使用，来设置 bean 的属性值
    D. 如同 request.setAttribute()一样，来设置属性/值对

第 5 章
EL 表达式与 JSTL 标签

在第 4 章中，用 JSP 页面动态展示输出结果时，数据访问和逻辑控制语句使得 JSP 语法与 Java 代码混合在一起，这降低了代码的可维护性。为此，Java Web 提供了 EL 表达式（Expression Language），帮助开发者在 JSP 页面中能够无须编写 JSP 声明、JSP 表达式以及 Scriptlet 就可以完成数据访问操作。另外，它还提供了一个定制标签类库 JSTL（JSP Standard Tag Library），使得在 JSP 页面可使用标签来实现逻辑控制（如迭代集合、条件控制、循环控制等）。本章主要讲解能简化 JSP 页面编程的 EL 表达式与 JSTL 标签。

5.1 EL 语法

EL 表达式的语法非常简洁，都是以 "${" 开始，以 "}" 符号结束的，请看下面的使用示例。

```
1  <%
2    Object cart = session.getAttribute("cart");
3    if(cart != null){
4  %>
5  <%= (ShoppingCart)cart.getTotal()%>
6  <% } %>
```

上述语句希望从 Session 中获取 key 为 "cart" 的对象，判断其是否为空，如果不为空，就将这个 cart 对象中的 total 属性打印到浏览器中。因此，需要编写 Java Scriptlet，从 Session 中获取购物车对象，并用 Java 表达式将对象的 total 属性输出。但如果使用 EL，则只需要使用如下简单的一条语句，就可以代替上述代码：

```
${cart}
```

下面，让我们一起来学习 EL 语法。

5.1.1 EL 获取数据

EL 表达式主要用于替换 JSP 页面中的脚本表达式，从 Web 的 4 大作用域 PageContext、HttpRequest、HttpSession 以及 ServletContext 中检索 Java 对象，访问它的属性，或者访问集合中指定元素的值，并且 EL 表达式只能在这 4 个作用域中检索对象。

EL 表达式可以轻松获取 4 大作用域中的 JavaBean 的属性，或获取数组、Collection、Map 类型集合的数据。EL 表达式语句在执行时，会调用 pageContext 的 findAttribute(String key)方法，用标识符名称作为关键字，分别从 page、request、session、application 4 个域中查找相应的对象，找到则返回相应对象，找不到则返回""（空字符串），语法如下。

${作用域对象.属性名称}

其中，EL 表达式中用于代表 4 大作用域的对象如表 5.1 所示，表 5.1 中的对象名称是 EL 表达式中的关键字，代表要访问的 Servlet 的作用域对象。

表5.1　　　　　　　　　　　EL 表达式中的 4 大作用域对象

EL 表达式对象	对应作用域	使 用 样 例
pageScope	Page	${pageScope.paramName}
requestScope	Request	${requestScope.paramName}
sessionScope	Session	${sessionScope.paramName}
applicationScope	Application	${applicationScope.paramName}

下面创建一个 Web 工程 ch05，在该工程中，我们一起来学习 EL 表达式对 4 大作用域中数据的访问方式。

1．获取作用域中的简单数据

在工程 ch05 中，创建一个名为"AddDataServlet"的 Servlet，用于向各个作用域中存放简单数据类型的数据，具体代码如下。

```
1   @WebServlet("/AddDataServlet")
2   public class AddDataServlet extends HttpServlet {
3   private static final long serialVersionUID = 1L;
4   protected void doGet(HttpServletRequest request, HttpServletResponse response)
5       throws ServletException, IOException
6   {
7       request.setCharacterEncoding("utf-8");
8       response.setContentType("text/html;charset=utf-8");
9       // 向 request 作用域中存放一个 key 为"myData"的字符串"requestData"
10      request.setAttribute("myData", "requestData");
11      // 向 session 作用域中存放一个 key 为"myData"的字符串"sessionData"
12      request.getSession().setAttribute("myData", "sessionData");
13      // 向 application 作用域中存放一个 key 为"myData"的字符串"applicationData"
14      request.getServletContext().setAttribute("myData", "applicationData");
15      // 数据存储完毕后，服务器响应 showData.jsp
16      request.getRequestDispatcher("/showData.jsp").forward(request, response);
17  }
18  protected void doPost(HttpServletRequest request, HttpServletResponse response)
19      throws ServletException,
20      IOException {
21      doGet(request, response);
22  }
23}
```

EL 表达式在获取数据时，允许不指定作用域，直接访问属性名，此时 EL 表达式会按照 page→request→session→application 的顺序对作用域进行遍历查找，EL 表达式的最终结果，以第一次查找到的作用域中的数值为准。具体可查看 showData.jsp 中的示例代码。

```
1   <%@ page language="java" contentType="text/html; charset=UTF-8"
2       pageEncoding="UTF-8"%>
3   <!DOCTYPE HTML>
4   <html>
```

```
5    <head>
6        <meta http-equiv="Content-Type" content="text/html; charset=UTF-8">
7        <title>使用EL表达式显示作用域中的数据</title>
8    </head>
9    <body>
10       <%
11       //在page作用域中存放数据
12       pageContext.setAttribute("myData", "pageData");
13       %>
14       显示page作用域中的数据：${pageScope.myData }<br/>
15       显示request作用域中的数据：${requestScope.myData }<br/>
16       显示session作用域中的数据：${sessionScope.myData }<br/>
17       显示application作用域中的数据：${applicationScope.myData }<br/>
18       不指定作用域，直接获取指定key'值的数据：${myData }<br/>
19   </body>
20   </html>
```

部署发布工程ch05，并在浏览器中输入路径：http://localhost:8080/ch05/AddDataServlet，访问存放数据的Servlet，数据存储完毕后，会跳转至showData.jsp页面对数据进行显示，效果如图5.1所示。

图5.1 showData.jsp页面显示效果

2. 获取作用域中的JavaBean属性

如果在作用域中存放的元素是一个JavaBean对象，而在JSP中需要展示这个对象时，需要按照需求展示其相关属性。此时可以使用对象的取成员符来完成对一个已经被获取到的JavaBean对象的属性访问，具体代码如下。

（1）定义一个代表商品的JavaBean，商品有唯一的商品编号，以及商品名称和商品价格，具体代码如下。

```
1    public class Auction {
2    public Auction(){}
3    private String id;
4    private String title;
5    private float price;
6    public String getId() {return id;}
7    public void setId(String id) {this.id = id;}
8    public String getTitle() {return title;}
9    public void setTitle(String title) {this.title = title;}
10       public float getPrice() {return price;}
11       public void setPrice(float price) {this.price = price;}
12   }
```

（2）定义一个在各个作用域存放JavaBean对象的Servlet，具体代码如下。

```
1    @WebServlet("/AddBeanServlet")
```

```
2   publicclass AddBeanServlet extends HttpServlet {
3   private static final long serialVersionUID = 1L;
4   protected void doGet(HttpServletRequest request, HttpServletResponse response)
5       throws ServletException, IOException {
6       request.setCharacterEncoding("utf-8");
7       response.setContentType("text/html;charset=utf-8");
8       Auction auc = new Auction();
9       auc.setId(UUID.randomUUID().toString());
10      auc.setTitle("连衣裙");
11      auc.setPrice(218);
12      request.setAttribute("auction", auc);
13      request.getRequestDispatcher("showBean.jsp").forward(request, response);
14  }
15  protected void doPost(HttpServletRequest request, HttpServletResponse response)
16      throws ServletException, IOException {
18      doGet(request, response);
19  }
20  }
```

（3）编写 showBean.jsp 页面，显示 AddBeanServle 中添加至 request 作用域中的 Auction 对象，代码如下。

```
1   <%@ page language="java" contentType="text/html; charset=UTF-8"
2       pageEncoding="UTF-8"%>
3   <!DOCTYPE >
4   <html>
5   <head>
6       <meta http-equiv="Content-Type" content="text/html; charset=UTF-8">
7       <title>显示 JavaBean 的数据</title>
8   </head>
9   <body>
10      1.直接显示 auction 对象的结果：${auction }<br>
11      2.auction.id=${auction.id }<br>
12      3.auction.title=${auction.title }<br>
13      4.auciton.price=${auction.price }<br>
14  </body>
15  </html>
```

部署工程 ch05，访问"http://localhost:8080/ch05/AddBeanServlet"，可以看到具体的显示结果如图 5.2 所示。

注意其中访问的对象一定要符合 JavaBean 规范，因为 EL 表达式在访问对象的属性时，是调用了对象的 getter 访问器，所以该访问器要符合 JavaBean 的方法定义规范。例如，如果将上面代码中的属性 id 的访问器重命名为"test"，具体代码如下。

图 5.2 showBean.jsp 页面显示效果

```
1   public class Auction {
2   public Auction(){}
3   private String id;              //属性 id 的名称不变
4   private String title;
5   private float price;
6   public String getTest() {return id;}//修改属性 id 的访问器名称
```

```
7       public void setId(String id) {this.id = id;}
8       public String getTitle() {return title;}
9       public void setTitle(String title) {this.title = title;}
10          public float getPrice() {return price;}
11          public void setPrice(float price) {this.price = price;}
12      }
```

访问"http://localhost:8080/ch05/AddBeanServlet",可以看到具体的显示结果如图 5.3 所示。

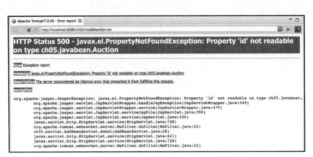

图 5.3 showBean.jsp 页面异常

如图 5.3 所示的异常信息,响应状态码为 500,表明服务器出现异常,异常信息中提示 javax.el.PropertyNotFoundException,即 EL 表达式无法获取 Auction 的属性 id。但是,事实上该属性存在,只是该属性的 getter 访问器的命名方式不符合 JavaBean 的 get+属性名的规范。

"."是 EL 表达式中最常用的操作符,作用相当于执行 JavaBean 中的 get 方法。例如,执行 ${sessionScope.user.userName}语句,可以在会话中得到名称为 user 的 JavaBean 对象,实际上是通过"."运算符执行 getUserName();方法,返回存放在 JavaBean 中的用户名属性的值。

"[]"的作用和"."运算符一样,只不过"[]"运算符可以执行一些不规则的标识符。例如,${requestScope.user["score-math"]},这个表达式中有不规则的标识符,是不能使用"."来访问的。例如,在 JSP 中想要访问 Auction 的 title 属性,也可以按照以下方式来写。

```
auction["title"]=${auction["title"]  }
```

3. 获取作用域中的集合数据

如果在作用域中存放的数据是集合类型,如 List、Map 这种集合对象,那么,对集合中的数据处理,就不是简单的获取属性。更多的操作在于获取集合中的指定元素。

下面编写 AddCollectionServlet,在 request 作用域中存储 3 个集合对象,存储 10 个整型对象的 List 集合 intList,存储 10 个 Auction 对象的 List 集合 aucList,以及这 10 个以商品名称为 key,以商品对象为 value 的商品 Map 集合 aucMap。

```
1   @WebServlet("/AddCollectionServlet")
2   public class AddCollectionServlet extends HttpServlet {
3   private static final long serialVersionUID = 1L;
4   protected void doGet(HttpServletRequest request, HttpServletResponse response)
5       throws ServletException, IOException
6       {
7       List<Integer> intList = new ArrayList<Integer>();
8       List<Auction> auclist = new ArrayList<Auction>();
9       Map<String,Auction> aucMap = new HashMap<String,Auction>();
10      for(int i=0;i<10;i++){
11          Auction auc = new Auction(UUID.randomUUID().toString(),
```

```
12                  "auction"+i,200);
13              intList.add(i);
14              auclist.add(auc);
15              aucMap.put(auc.getTitle(), auc);
16          }
17          request.setAttribute("intList", intList);
18          request.setAttribute("aucList", auclist);
19          request.setAttribute("aucMap", aucMap);
20          request.getRequestDispatcher("/showCollection.jsp").
21              forward(request, response);
22      }
23      protected void doPost(HttpServletRequest request, HttpServletResponse response)
24          throws ServletException, IOException
25      {
26          doGet(request, response);
27      }
28  }
```

编写使用 EL 表达式访问集合数据的 showCollection.jsp 文件。在文件中访问 request 作用域中的 3 个集合对象，具体代码如下。

```
1   <%@ page language="java" contentType="text/html; charset=UTF-8"
2           pageEncoding="UTF-8"%>
3   <!DOCTYPE >
4   <html>
5       <head>
6           <meta http-equiv="Content-Type" content="text/html; charset=UTF-8">
7           <title>EL 显示集合数据</title>
8       </head>
9       <body>
10          <ul>
11          <li>1.显示 request 作用域中的 intList 集合</li>
12          <li>intList[0]=${intList[0] }</li>
13          <li>intList[1]=${intList[1] }</li>
14          <li>intList[2]=${intList[2] }</li>
15          </ul>
16          <ul>
17          <li>2.显示 request 作用域中的 aucList 集合</li>
18          <li>aucList[0]=${aucList[0] }</li>
19          <li>aucList[0].id=${aucList[0].id }</li>
20          <li>aucList[0].title=${aucList[0].title }</li>
21          <li>aucList[0].price=${aucList[0].price }</li>
22          </ul>
23          <ul>
24          <li>3.显示 request 作用域中的 aucMap 集合，使用下标形式</li>
25          <li>aucMap["auction1"]=${aucMap["auction1"] }</li>
26          <li>aucMap["auction1"].id=${aucMap["auction1"].id }</li>
27          <li>aucMap["auction1"].title=${aucMap["auction1"].title }</li>
28          <li>aucMap["auction1"].price=${aucMap["auction1"].price }</li>
29          </ul>
30          <ul>
31          <li>4.显示 request 作用域中的 aucMap 集合，使用取成员符形式</li>
32          <li>aucMap.auction1=${aucMap.auction1 }</li>
```

33	`<li>aucMap.auction1.id=${aucMap.auction1.id }</li>`
34	`<li>aucMap.auction1.title=${aucMap.auction1.title }</li>`
35	`<li>aucMap.auction1.price=${aucMap.auction1.price }</li>`
36	`</ul>`
37	`</body>`
38	`</html>`

图 5.4 showCollection.jsp 页面显示效果

其中，EL 不支持读取 Set 和 Queue 中的单个元素，只能检查 Set 和 Queue 是否为空。EL 表达式访问集合数据主要借助于两个操作符"."和"[]"。使用 EL 表达式访问集合中的数据时，需要使用"[]"操作符进行访问。在浏览器中输入 URL：http://localhost:8080/ch05/AddCollectionServlet，效果如图 5.4 所示。

使用 EL 表达式访问 List 指定位置元素时，可使用"${标志符[下标]}"格式来访问。其中，标志符是集合对象放在某作用域中使用的 key，下标是要访问的元素在集合中的位置。

使用 EL 表达式访问 Map 中的数据时，可采用"${标志符["Map 中的 key"]}"格式，其中，标志符是 Map 对象在某作用域中采用的关键字，而"[]"中的值为 Map 中的指定键值。

EL 表达式

5.1.2 EL 执行运算

在 EL 表达式中可以使用运算符达到我们想要的结果，运算符按作用分为算数运算符、关系运算符、逻辑运算符，还包括一些比较特殊的三元运算符和判空运算符等。

1. 算术运算符

EL 表达式中的算数运算符与一般的高级开发语言一样，包括加、减、乘、除以及取模操作，算数运算符的用法如表 5.2 所示。

表 5.2　　　　　　　　　　　　EL 表达式中的算数运算符

操 作 符	使 用 示 例
+	例如：${6+6}，结果为 12
-	例如：${4－3}，结果为 1
*	例如：${4*3}，结果为 12
/ 或 div	例如：${ 17 / 5 } 或 ${ 17 div 5 }，结果为 3
% 或 mod	例如：${ 17 % 5 } 或 ${ 17 mod 5 }，结果为 2

需要注意的是，EL 表达式中的"+"只有数学运算的功能，没有连接符的功能，它会试着把运算符两边的操作数转换为数值类型，进而进行加法运算，最后输出结果。若出现${'a'+'b'}，则会出现异常。

2. 关系运算符

关系运算符有 6 个：==或 eq、!=或 ne、<或 lt、>或 gt、<=或 le、>=或 ge，关系运算符的用法如表 5.3 所示。

表 5.3　　　　　　　　　　　　　EL 中的关系运算符

操 作 符	使 用 示 例
> 或 gt	例如：${8>9} 或者 ${8 gt 9}
>= 或 ge	例如：${45>=9} 或者 ${45 ge 9}
< 或 lt	例如：${4<9} 或者 ${4 lt 9}
<= 或 le	例如：${9<=8} 或者 ${9 le 8}
== 或 eq	例如：${4==4} 或者 ${4 eq 4}
!= 或 ne	例如：${4!=3} 或者 ${4 ne 3}

3. 逻辑运算符

逻辑运算符有 3 个：&&或 and、||或 or、!或 not，逻辑运算符的用法如表 5.4 所示。

表 5.4　　　　　　　　　　　　　EL 中的逻辑运算符

操 作 符	使 用 示 例
&& 或 and	例如：${false && false} 或者 ${false and false}
|| 或 or	例如：${true || false} 或者 ${true or false}
! 或 not	例如：${!true}（相当于${false}）或者 ${not true}

4. 三元运算符

在 EL 表达式中也存在三元算符，语法格式如下。

```
${条件表达式?结果表达式1:结果表达式2}
```

其中，条件表达式的运算结果要求是布尔类型，如果条件表达式为真，则三元运算符将会执行结果表达式 1，结果即为结果表达式 1 的值，否则结果为结果表达式 2 的值，如${3>2?'真':'假'}的结果为"真"。

5. 判空运算符

使用 EL 判断某个对象是否为空值，可使用 empty 关键字，语法如下。

```
${empty 表达式}
```

例如，${empty sessionScope.user}是判断 session 作用域中是否存在关键字为"user"的对象，如果 session 存放了关键字为"user"的对象，该 EL 表达式的结果为 false，否则结果为 true。如果希望判断某个对象不为空，则可以写成如下形式。

```
${not empty sessionScope.user}或${!empty sessionScope.user}
```

EL 表达式（续）

5.1.3　EL 访问隐含对象

EL 表达式可以访问一系列对象，一共有 11 个，如表 5.5 所示。

（1）pageContext：指 JSP 的 pageContext 对象。
（2）pageScope：一个 Map 对象，包括 page 范围的属性和值。
（3）requestScope：一个 Map 对象，包括 request 范围的属性和值。
（4）sessionScope：一个 Map 对象，包括 session 范围的属性和值。
（5）applicationScope：一个 Map 对象，包括 application 范围的属性和值。
（6）param：一个 Map 对象，包括 Web 请求参数（Request Parameter）的字符串值，对应

ServletRequest.getParameter(String)。

（7）paramValues：一个 Map 对象，包括 Web 请求参数的多个字符串值，对应 ServletRequest.getParameterValues(String)。

（8）header：一个 Map 对象，包括请求的头信息的值，对应 ServletRequest. getHeader(String)。

（9）headerValues：一个 Map 对象，包括请求的头信息的多个值，对应 ServletRequest. getHeaders(String)。

（10）cookie：一个 Map 对象，包括对应名称的 Cookie，对应 HttpServletRequest. getCookie(String)。

（11）initParam：一个 Map 对象，包括一个 Web 程序的初始化参数值，对应 ServletRequest. getInitParameter(String)。

表 5.5　　　　　　　　　　　　　EL 表达式中的隐含对象

序号	隐含对象名称	描述
1	pageContext	对应于 JSP 页面中的 pageContext 对象
2	pageScope	代表 page 域中用于保存属性的 Map 对象
3	requestScope	代表 request 域中用于保存属性的 Map 对象
4	sessionScope	代表 session 域中用于保存属性的 Map 对象
5	applicationScope	代表 application 域中用于保存属性的 Map 对象
6	param	表示一个保存了所有请求参数的 Map 对象
7	paramValues	表示一个保存了所有请求参数的 Map 对象，它对应于某个请求参数，返回的是一个 string[]
8	header	表示一个保存了所有 http 请求头字段的 Map 对象
9	headerValues	表示一个保存了所有 http 请求头字段的 Map 对象，它对应于某个请求参数，返回的是一个 string[]数组
10	cookie	表示一个保存了所有 cookie 的 Map 对象
11	initParam	表示一个保存了所有 Web 应用初始化参数的 Map 对象

下面一起来编写访问 EL 表达式中隐含对象的应用案例，首先创建 ImplicityObjectServlet，在这个 Servlet 中，向各个作用域中存放以"user"为 key 的数据，并创建一个 Cookie 对象，跳转至"/implicityObject.jsp"页面，并通过 URL 带上请求参数，具体代码如下。

```
1   @WebServlet("/ImplicityObjectServlet")
2   public class ImplicityObjectServlet extends HttpServlet {
3       private static final long serialVersionUID = 1L;
4       protected void doGet(HttpServletRequest request, HttpServletResponse response)
5           throws ServletException,
6           IOException {
7           request.setAttribute("user", "request_user");
8           request.getSession().setAttribute("user", "session_user");
9           request.getServletContext().setAttribute("user", "application_user");
10          Cookie cookie = new Cookie("myCookie","muCookie");
11          response.addCookie(cookie);
12          request.getRequestDispatcher("/implicityObject.jsp?" +
13              "myparam=myparam"+"&like=aaa"+
14              "&like=bbb").forward(request, response);
```

```
15  }
16  protected void doPost(HttpServletRequest request, HttpServletResponse response)
17       throws ServletException, IOException
18  {
19       doGet(request, response);
20  }
21 }
```

创建 implicityObject.jsp 页面，用来测试表 5.5 中的隐含对象，尝试通过 EL 表达式来获取 ImplicityObjectServlet 中存放的数据，代码如下。

```
1  <%@ page language="java" contentType="text/html; charset=UTF-8"
2    pageEncoding="UTF-8"%>
3  <!DOCTYPE HTML>
4  <html>
5  <head>
6       <meta http-equiv="Content-Type" content="text/html; charset=UTF-8">
7       <title>Insert title here</title>
8  </head>
9  <body>
10 <%
11      pageContext.setAttribute("user", "page_User");
12 %>
13 <table border="1">
14     <tr>
15     <td>1</td>
16     <td>pageContext 对象：获取 JSP 页面中的 pageContext 对象</td>
17     <td>${pageContext}</td>
18     </tr>
19     <tr>
20         <td>2</td>
21         <td>pageScope 对象：从 page 域(pageScope)中查找数据</td>
22         <td>${pageScope.user}</td>
23     </tr>
24     <tr>
25     <td>3</td>
26     <td>requestScope 对象：从 request 域(requestScope)中获取数据</td>
27     <td>${requestScope.user}</td>
28     </tr>
29     <tr>
30     <td>4</td>
31     <td>sessionScope 对象：从 session 域(sessionScope)中获取数据</td>
32     <td>${sessionScope.user}</td>
33     </tr>
34     <tr>
35         <td>5</td>
36         <td>applicationScope 对象：从 application 域(applicationScope)中获取数据
37         </td>
38         <td>${applicationScope.user}</td>
39     </tr>
40     <tr>
41     <td>6</td>
42     <td>param 对象：获得用于保存请求参数 map，并从 map 中获取数据
```

```
43          </td>
44          <td>${param.myparam}</td>
45      </tr>
46      <tr>
47          <td>7</td>
48          <td>paramValues 对象：paramValues 获得请求参数</td>
49          <td>${paramValues.like[0]};${paramValues.like[1]}</td>
50      </tr>
51      <tr>
52          <td rowspan="2">8</td>
53          <td rowspan="2">header 对象：header 获得请求头</td>
54          <td>${header.Accept}</td>
55      </tr>
56      <tr>
57          <td>${header["Accept-Encoding"]}</td>
58      </tr>
59      <tr>
60          <td rowspan="2">9</td>
61          <td rowspan="2">headerValues 对象：headerValues 获得请求头的值
62          </td>
63          <td>${headerValues.Accept[0]}</td>
64      </tr>
65      <tr>
66          <td>${headerValues["Accept-Encoding"][0]}</td>
67      </tr>
68      <tr>
69          <td>10</td>
70          <td>cookie 对象：cookie 对象获取客户机提交的 cookie</td>
71          <td>${cookie.JSESSIONID.value}</td>
72      </tr>
73      <tr>
74          <td>11</td>
75          <td>initParam 对象：initParam 对象获取在 web.xml 文件中配置的
76  初始化参数</td>
77          <td>${initParam.root}</td>
78      </tr>
79  </table>
80  </body>
81  </html>
```

在浏览器中输入 URL：http://localhost:8080/ch05/ImplicityObjectServlet，ImplicityObjectServlet 设置完数据后，会跳转至 implicityObject.jsp 页面，显示效果如图 5.5 所示。

图 5.5 implicityObject.jsp 页面效果

在 implicityObject.jsp 页面的第 11 行代码中，我们向当前页面的 page 作用域中存放了一个以"user"为 key 的字符串对象"page_user"。表格的第一行第三列，即第 17 行代码中，显示了 EL 表达式的隐含 pageContext 的字符串结果，可以看出 EL 表达式中的 pageContext 的类型是 org.apache.jasper.runtime.PageContextImpl，与 JSP 的隐含对象一致。在第 22、27、32、38 行代码中，是我们前面所使用的从 4 大作用域中获取以"user"为 key 的存储结果。

在 ImplicityObjectServlet 中，处理结束后，页面跳转至"implicityObject.jsp"时，我们通过 URL 传递了 3 个参数，分别是"myparam=myparam""like=aaa""lke=bbb"。我们可以通过 EL 表达式的"param"对象来获取指定参数名的参数值，如果传递的参数有重名的现象，如"like"，则需要使用"paramValues"对象来获取相同参数名的多个参数值信息，此时获得的参数值是一个数组，我们也可以通过下标取值方式获取对应的参数值列表，如第 49 行代码所示。

在使用 header 对象获取请求头信息时，一般情况下，可以使用${header.请求头名称}的方式获取请求头数据。但是如果请求头的名称中含有特殊字符，如"-"，则需要使用"[]"来获取对应的请求头数据。headerValues 表示一个保存了所有 http 请求头字段的 Map 对象，它对于某个请求参数，返回的是一个 String[]数组。例如，headerValues.Accept 返回的是一个 String[]数组，headerValues.Accept[0]可取出数组中的第一个值。

使用 EL 表达式从 cookie 隐含对象中根据名称获取到的是 cookie 对象要想获取值，还需要在表达式最后增加".value"。initParam 对象是获取 Web 工程中的全局初始化参数，获取的是"web.xml"文件中"<context-param>"标签中配置的全局变量数据。

EL 表达式应用于实际程序

5.2 JSTL

JSP 标准标签库（JSP Standard Tag Library，JSTL）是一个不断完善的开放源代码的 JSP 标签库，是由 Apache 的 Jakarta 小组来维护的。JSTL 只能运行在支持 JSP 1.2 和 Servlet 2.3 规范的容器上，如 Tomcat 4.x。在 JSP 2.0 中也是作为标准支持的。

JSTL 1.0 发布于 2002 年 6 月，由 4 个定制标记库（core、format、xml 和 sql）和一对通用标记库验证器（ScriptFreeTLV 和 PermittedTaglibsTLV）组成。core 标记库提供了定制操作、作用域变量管理操作、迭代操作和条件操作。此外，它还提供了用来生成和操作 URL 的标记。format 标记库定义了用来格式化数据（尤其是数字和日期）的操作，它还支持实现 JSP 页面的国际化。xml 库中包含一些标记，这些标记用来操作通过 XML 表示的数据。sql 库定义了用来查询关系数据库的操作。

5.2.1 JSTL 的安装

一个标签库一般由两大部分组成：jar 文件包和 tld 文件。

1. jar 文件包

这个部分是标签库的功能实现部分，由 Java 来实现，此部分不是本文的重点，故详细内容略。

2. tld 文件

tld 文件是用来描述标签库的，其内容为标签库中所有标签的定义，包括标签名、功能类及各种属性。

如果要使用 JSTL，则必须将 jstl.jar 和 standard.jar 文件放到 classpath 中，这些 jar 文件全部存在于对应的 zip 文件中。

安装 JSTL 库的步骤如下。

（1）从 Apache 的标准标签库中下载 jakarta-taglibs-standard-current.zip 包，如图 5.6 所示。

（2）解压 jakarta-taglibs-standard-1.1.2.zip 包，将 lib 文件夹下的两个 jar 文件（standard.jar 和 jstl.jar 文件）加载到工程的编译路径下，不同的 IDE 的操作方式不同。

图 5.6　JSTL 库 Web 页面

（3）将标签库描述符文件导入 JSP 页面中，语法格式如下。

```
<%@ taglib(uri="tigLibURL" 或 tagDir="tagDir") prefix="tagPrefix" %>
```

- uri 属性：定位标签库描述符的位置。唯一标识和前缀相关的标签库描述符，可以使用绝对或相对 URL。
- tagDir 属性：指示前缀将被用于标识在 WEB-INF/tags 目录下的标签文件。
- prefix 属性：标签的前缀，区分多个自定义标签。不可以使用保留前缀和空前缀，应遵循 XML 命名空间的命名约定。

在 MyEclipse 中，不需要进行上述的操作，因为在 MyEclipse 创建的 Web 工程中，会自动引入 Java EE 开发相关的 jar 包，其中就包含了 standard.jar 和 jstl.jar 文件。在 MyEclipse 创建 Web 项目时，会提示用户选择 Java EE 的版本，如果所选版本为 5.0 以上，则在工程中会增加 Java EE version Libraries，其中会包含 jstl-impl.jar 文件（见图 5.7），standard.jar 和 jstl.jar 的内容就包含在 jstl-impl.jar 中。但是在其他 IDE 中，如 Eclipse 中，就需要手动将上述的 jar 包添加到工程中。

图 5.7　MyEclipse 中的 Java EE 包

5.2.2 JSTL 核心标签

核心标签是最常用的 JSTL 标签。使用 JSTL 标签前,需要引入对应的标签库,在 JSP 中引用核心标签库的语法如下。

JSTL 标签

```
<%@ taglib prefix="c" uri="http://java.sun.com/jsp/jstl/core" %>
```

其中,"taglib"是 JSP 指令,功能是用来引入标签库,"taglib"指令中含有两个属性,分别是"prefix"和"uri"。"prefix"代表使用标签时指定的前缀,该前缀名称用户可自定义,习惯上起名为"c";"uri"代表了 JSTL 核心标签库的唯一 URI 标志。常用的 JSTL 的核心标签如表 5.6 所示。

表 5.6 JSTL 的核心标签

标 签	描 述
<c:out>	用于在 JSP 中显示数据,就像<%= ... >
<c:set>	用于保存数据
<c:remove>	用于删除数据
<c:catch>	用来处理产生错误的异常状况,并且将错误信息储存起来
<c:if>	与我们在一般程序中用的 if 一样
<c:choose>	本身只当作<c:when>和<c:otherwise>的父标签
<c:when>	<c:choose>的子标签,用来判断条件是否成立
<c:otherwise>	<c:choose>的子标签,在<c:when>标签后,当<c:when>标签判断为 false 时被执行
<c:import>	检索一个绝对或相对 URL,然后将其内容暴露给页面
<c:forEach>	基础迭代标签,接受多种集合类型
<c:forTokens>	根据指定的分隔符来分隔内容并迭代输出
<c:param>	用来给包含或重定向的页面传递参数
<c:redirect>	重定向至一个新的 URL
<c:url>	使用可选的查询参数来创造一个 URL

1. 一般标签

(1) <c:out>标签

<c:out>标签主要是用来输出数据对象(如字符串、表达式)的内容或结果,然后把计算的结果输出到当前的 JspWriter 对象。<c:out>标签中的 value 属性,为要使用 JspWriter 对象输出的对象,可以是普通的字符串,也可以是 EL 表达式。语法格式如下:

- <c:out value="字符串" escapeXml="true|false" default="默认值">;
- <c:out value="EL 表达式" escapeXml="true|false" default="默认值">。

<c:out>标签中的 escapeXml 属性只包含两个值,分别为"true"和"false",该属性用于说明是否对一些特殊字符进行转义,如<、>、&等特殊字符,该属性的默认值是"true"。属性 default 的作用是为 EL 表达式设置默认值,如果 EL 表达式结果为"null",<c:out>标签会使用默认值作为输出。

JSTL 一般都是和 EL 表达式结合使用。EL 表达式虽然可以直接将结果返回给页面,但有时得到的结果为空,EL 的单独使用会降低程序的易读性。<c:out>有特定的结果处理功能,建议把 EL 的结果输出放入<c:out>标签中。下面编写 outExam.jsp,演示 out 标签的用法。

```jsp
1  <%@ page language="java" import="java.util.*" pageEncoding="utf-8"%>
2  <%--引入 JSTL 核心标签库 --%>
3  <%@ taglib prefix="c" uri="http://java.sun.com/jsp/jstl/core"%>
4  <!DOCTYPE HTML>
5  <html>
6  <head>
7      <title>JSTL: --表达式控制标签 "out" 标签的使用</title>
8  </head>
9  <body>
10     <h3>
11     <c:out value="下面的代码演示了 c:out 的使用，以及在不同属性值状态下的结果。
12     "/>
13     </h3>
14     <hr/>
15     <ul>
16     <%--（1）直接输出了一个字符串。 --%>
17     <li>（1）<c:out value="JSTL 的 out 标签的使用" /></li>
18     <li>（2）<c:out value="<a href='http://www.baidu.com/'>百度</a>"
19     /></li>
20     <%--（3）escapeXml="false"表示 value 值中的 html 标签不进行转义--%>
21     <li>（3）<c:out value="<a href='http://www.baidu.com/'>百度</a>"
22                         escapeXml="false"/>
23     </li>
24     <%--（4）字符串中有转义字符，但在默认情况下没有转换。 --%>
25     <li>（4）<c:out value="&lt 未使用字符转义&gt" /></li>
26     <%--（5）使用了转义字符&lt 和&gt 分别转换成<和>符号。 --%>
27     <li>（5）<c:out value="&lt 使用字符转义&gt"
28     escapeXml="false"></c:out></li>
29     <%--（6）设定了默认值，从 EL 表达式得到空值，输出设定的默认值。--%>
30     <li>（6）<c:out value="${null}">使用了默认值</c:out></li>
31     <%--（7）未设定默认值，输出结果为空。 --%>
32     <li>（7）<c:out value="${null}"></c:out></li>
33     <%--（8）设定了默认值，从 EL 表达式得到空值，输出设定的默认值。 --%>
34     <li>（8）<c:out value="${null}" default="默认值"/></li>
35     <%--（9）未设定默认值，输出结果为空。 --%>
36     <li>（9）<c:out value="${null}"/></li>
37     </ul>
38     </body>
39 </html>
```

访问"http://localhost:8080/ch05/outExam.jsp"，可以看到显示效果如图 5.8 所示。

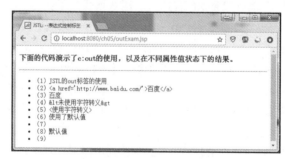

图 5.8 <c:out>标签的使用效果

（2）<c:set>标签

<c:set>标签用于在指定作用域中给某个变量设定特定的值，或者设置某个已经存在的 JavaBean 对象的属性，或者将某一个对象存储到 Map 中。

① 把一个值放在指定的域范围内

语法 1：

```
<c:set value"值" var="name" [scope="page|request|session|application"]/>
```

语法 2：

```
<c:set var="name" [scope="page|request|session|application"]>
值
</c:set>
```

② 把一个值赋值给指定的 JavaBean 的属性名

语法 3：

```
<c:set value="值" target="JavaBean 对象" property="属性名"/>
```

语法 4：

```
<c:set target="JavaBean 对象" property="属性名">
值
</c:set>
```

从功能上看，语法 1 和语法 2、语法 3 和语法 4 的效果是一样的，只是 value 值放置的位置不同。语法 1 和语法 2 是在 scope 范围内存储一个值，语法 3 和语法 4 是给指定的 JavaBean 赋值，设置 JavaBean 的属性值，等同于 setter 方法。target 属性指向实例化后的对象，property 属性指向要赋值的属性名。使用 target 时一定要指向实例化后的 JavaBean 对象，一般要与<jsp:useBean>配套使用。编写 setExam.jsp 页面演示<c:set>标签的详细用法，代码如下。

```
1   <%@ page language="java" import="java.util.*" pageEncoding="UTF-8"%>
2   <%--引入 JSTL 核心标签库 --%>
3   <%@ taglib prefix="c" uri="http://java.sun.com/jsp/jstl/core"%>
4   <!DOCTYPE HTML>
5   <html>
6   <head>
7       <title>JSTL: --表达式控制标签"set"标签的使用</title>
8   </head>
9   <body>
10      <h3>代码给出了给指定 scope 范围赋值的示例。</h3>
11      <ul>
12          <%--通过<c:set>标签将 user 的值放入 page 范围中。--%>
13          <li>把一个值放入 page 域中：
14      <c:set var="user" value="page_user" scope="page" />
15          </li>
16          <%--使用 EL 表达式从 pageScope 得到 user 的值。--%>
17          <li>从 page 域中得到值：${pageScope.user}</li>
18          <%--通过<c:set>标签将 user 的值放入 request 范围中。--%>
19          <li>把一个值放入 request 域中：
20      <c:set var="user" value="request_user" scope="request" />
21          </li>
22          <%--使用 EL 表达式从 requestScope 得到 user 的值。--%>
23          <li>从 request 域中得到值：${requestScope.user}</li>
24          <%--通过<c:set>标签将 user 的值放入 session 范围中。--%>
25          <li>把一个值放入 session 域中：
```

```
26      <c:set var="user" value="session_user" scope="session"></c:set>
27     </li>
28     <%--使用EL表达式从sessionScope得到user的值。--%>
29     <li>从session域中得到值:${sessionScope.user}</li>
30     <%--把user放入application范围中。--%>
31     <li>把一个值放入application域中。
32     <c:set var="user" scope="application">application_user</c:set>
33     </li>
34     <%--使用EL表达式从application范围中取值,用<c:out>标签输出--%>
35     <li>使用out标签和EL表达式嵌套从application域中得到值:
36         <c:outvalue="${applicationScope.user}">未得到user的值
37     </c:out>
38     </li>
39    </ul>
40    <hr />
41    <h3>操作JavaBean,设置JavaBean的属性值</h3>
42    <%--设置JavaBean的属性值,等同与setter方法,Target指向实例化后的对象,
43        property指向要插入值的参数名。注意:使用target时一定要指向实例化后的JavaBean
44        对象,也就是要跟<jsp:useBean>配套使用--%>
45    <jsp:useBean id="auction" class="ch05.javabean.Auction" />
46    <c:set target="${auction}" property="id">1</c:set>
47    <c:set target="${auction}" property="title">美丽的连衣裙</c:set>
48    <c:set target="${auction}" property="price">24</c:set>
49    <ul>
50    <li>使用的目标对象为: ${auction}</li>
51    <li>从Bean中获得的id值为: <c:out value="${auction.id}"></c:out></li>
52    <li>从Bean中获得的title值为: <c:out value="${auction.title}"></c:out></li>
53    <li>从Bean中获得的price值为: <c:out
54    value="${auction.price}"></c:out></li>
55    </ul>
56    <hr />
57    <h3>操作Map</h3>
58    <jsp:useBean id="map" class="java.util.HashMap" />
59    <%--将data对象的值存储到map集合中 --%>
60    <c:set property="key1" value="value1" target="${map}" />
61    ${map.key1}
62  </body>
63 </html>
```

访问"http://localhost:8080/ch05/setExam.jsp",可以看到显示效果如图5.9所示。

图5.9 <c:set>标签的使用效果

（3）<c:remove>标签

<c:remove>标签主要用来在指定的 JSP 范围内移除指定的变量。<c:remove>标签的语法如下。

```
<c:remove var="变量名" [scope="page|request|session|application"]/>
```

其中，var 属性是必需的，代表要移除的变量在作用域中的 key，scope 代表指定的作用域，这个属性值可以省略。在 removeExam.jsp 文件中编写<c:remove>标签的使用范例，具体代码如下。

```
1  <%@ page language="java" import="java.util.*" pageEncoding="UTF-8"%>
2  <%--引入 JSTL 核心标签库 --%>
3  <%@ taglib prefix="c" uri="http://java.sun.com/jsp/jstl/core"%>
4  <!DOCTYPE HTML>
5  <html>
6  <head>
7      <title>JSTL: --表达式控制标签"remove"标签的使用</title>
8  </head>
9  <body>
10     <ul>
11         <li>创建数据：</li>
12         <c:set var="title" scope="session">美丽的连衣裙</c:set>
13         <c:set var="price" scope="session">25</c:set>
14         <li><c:out value="(1)${sessionScope.title}"></c:out></li>
15         <li><c:out value="(2)${sessionScope.price}"></c:out></li>
16     </ul>
17     <ul>
18         <%--使用 remove 标签移除 price 变量 --%>
19         <c:remove var="price" />
20         <li>删除 price 属性后，输出结果：</li>
21         <li><c:out value="(1)${sessionScope.title}">
22             (1)title 值被删除了</c:out>
23         </li>
24         <li><c:out value="(2)${sessionScope.price}">
25             (2)price 值被删除了</c:out>
26         </li>
27     </ul>
28 </body>
29 </html>
```

访问"http://localhost:8080/ch05/removeExam.jsp"，可以看到显示效果如图 5.10 所示。

图 5.10 <c:remove>标签的使用效果

（4）<c:catch>标签

<c:catch>标签用于捕获由嵌套在它里面的标签抛出的异常对象，其语法格式如下。

```
<c:catch [var="varName"]>容易产生异常的代码</c:catch>
```

其中，var 属性用于标识<c:catch>标签捕获的异常对象，它将保存在 page 这个作用域中。下面编写 catchExam.jsp，在该文件中展示了<c:catch>标签的使用范例，具体代码如下。

```
1   <%@ page language="java" import="java.util.*" pageEncoding="UTF-8"%>
2   <%--引入JSTL核心标签库 --%>
3   <%@ taglib prefix="c" uri="http://java.sun.com/jsp/jstl/core"%>
4   <!DOCTYPE HTML>
5   <html>
6   <head>
7       <title>JSTL：--表达式控制标签"catch"标签实例</title>
8   </head>
9   <body>
10      <h4>catch 标签实例</h4>
11          <hr>
12      <%--把容易产生异常的代码放在<c:catch></c:catch>中,
13      自定义一个变量errorInfo用于存储异常信息 --%>
14          <c:catch var="errorInfo">
15      <%--实现了一段异常代码,向一个不存在的JavaBean 中插入一个值--%>
16              <c:set target="auction" property="title">test</c:set>
17          </c:catch>
18      <%--用EL表达式得到errorInfo的值,并使用<c:out>标签输出 --%>
19      异常：<c:out value="${errorInfo}" /><br />
20      异常 errorInfo.getMessage: <c:out value="${errorInfo.message}" /><br />
21      异常 errorInfo.getCause: <c:out value="${errorInfo.cause}" /><br />
22      异常 errorInfo.getStackTrace: <c:out value="${errorInfo.stackTrace}" />
23  </body>
24  </html>
```

访问"http://localhost:8080/ch05/catchExam.jsp"，可以看到显示效果如图5.11所示。

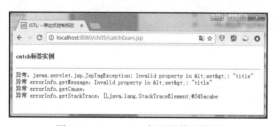

图5.11　<c:catch>标签的使用效果

2. 条件标签

（1）<c:if>标签

<c:if>标签用于进行条件判断，语法格式如下。

```
<c:if test="判断条件" var="结果存储变量" scope="结果存储作用域">
```

标签中各属性代表了不同的含义，具体含义介绍如下。
- test：代表判断条件，类似于Java语法中的if（条件表达式）中的条件表达式。
- var：代表test中的判断条件的结果值的存储变量。
- scope：代表var中的存储结果保存的作用域，共含有4个值，分别为page、request、session、application，默认值为page。

<c:if>标签的test属性必须是一个boolean类型的值，如果test的值为true，那么，执行if标签的内容；否则不执行，如ifExam.jsp代码所示。

```
1   <%@ page language="java" import="java.util.*" pageEncoding="UTF-8"%>
2   <%--引入JSTL核心标签库 --%>
3   <%@ taglib prefix="c" uri="http://java.sun.com/jsp/jstl/core"%>
4   <!DOCTYPE HTML>
5   <html>
6   <head>
7       <title>JSTL: --流程控制标签 if 标签示例</title>
8   </head>
9   <body>
10      <h4>if 标签示例</h4>
11      <hr>
12      <c:if test="${param.uname=='admin'}" var="adminchock">
13      <c:out value="管理员欢迎您! "/>
14      </c:if>
15      <%--使用EL表达式得到adminchock的值，如果输入的用户名为admin将显示true--%>
16      ${adminchock}
17  </body>
18  </html>
```

在本例中，使用 if 标签进行判断并把检验后的结果赋给 adminchock，存储在 page 中。使用 <c:if test="${adminchock}"></c:if> 判断，实现不同的欢迎效果。如果在浏览器中输入 "http://localhost:8080/ch05/ifExam.jsp?uname=admin"，则显示结果如图 5.12 所示，如果在浏览器中输入 "http://localhost:8080/ch05/ifExam.jsp?uname=test"，则显示结果如图 5.13 所示，没有"管理员欢迎您!"，结果为 false。

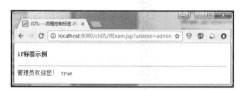
图 5.12 if 条件判断（a）

图 5.13 if 条件判断（b）

（2）<c:choose>标签

<c:choose>标签用于条件选择，类似于 Java 中的 if/else if/else 结构。它会与<c:when>及<c:otherwise>一起使用。其语法格式如下。

```
<c:choose>
<c:when test="条件1">
//业务逻辑1
</c:when>
<c:when test="条件2">
//业务逻辑2
</c:when>
…
<c:when test="条件n">
//业务逻辑n
</c:when>
<c:otherwise>
//业务逻辑
</c:otherwise>
</c:choose>
```

当<c:when>标签的 test 为 true 时，会执行这个<c:when>的内容。当所有<c:when>标签的 test 都为 false 时，才会执行<c:otherwise>标签的内容，如 chooseExam.jsp 代码所示。

```jsp
1  <%@ page language="java" contentType="text/html; charset=UTF-8"
2   pageEncoding="UTF-8"%>
3  <%--引入JSTL核心标签库 --%>
4  <%@ taglib prefix="c" uri="http://java.sun.com/jsp/jstl/core"%>
5  <!DOCTYPE HTML>
6  <html>
7  <head>
8      <meta http-equiv="Content-Type" content="text/html; charset=UTF-8">
9      <title>Insert title here</title>
10 </head>
11 <body>
12     <c:set var="score" value="${param.score }" />
13     <c:choose>
14     <c:when test="${score > 100 || score < 0}">错误的分数: ${score }</c:when>
15         <c:when test="${score >= 90 }">A级</c:when>
16         <c:when test="${score >= 80 }">B级</c:when>
17         <c:when test="${score >= 70 }">C级</c:when>
18         <c:when test="${score >= 60 }">D级</c:when>
19         <c:otherwise>E级</c:otherwise>
20     </c:choose>
21 </body>
22 </html>
```

使用 EL 表达式的 param 对象获取请求参数 score 的值，通过判断分数值域，选择对应的等级结果输出。如果在浏览器的地址栏中输入"http://localhost:8080/ch05/chooseExam.jsp?score=60"，则会显示如图 5.14 所示的"D 级"结果；如果在浏览器的地址栏中输入"http://localhost:8080/ch05/chooseExam.jsp?score=85"，则会显示如图 5.15 所示的"B 级"结果。

图 5.14 choose 条件判断（a）

图 5.15 choose 条件判断（b）

3. 迭代标签

下面介绍 JSTL 中较为常用的迭代标签<c:forEach>，<c:forEach>标签有以下两种使用方式。
（1）使用循环变量，指定开始和结束值，类似 for(int i = 1; i <= 10; i++) {}。
（2）循环遍历集合，类似 for(Object o：集合)。
基本的语法格式如下。

```
<c:forEach
    var="name"
    items="Collection"
    varStatus="StatusName"
    begin="begin"
    end="end"
    step="step">
    循环体内容
</c:forEach>
```

其中，<c:forEach>标签的各个属性含义如下。
（1）var：设定变量名，该变量用于存储从集合中取出的元素。
（2）items：指定要遍历的集合，该属性是必选属性。
（3）varStatus：设定变量名，该变量用于存放集合中元素的信息。
（4）begin：用于指定遍历的起始位置，该属性是可选属性。
（5）end：用于指定遍历的终止位置，该属性是可选属性。
（6）step：指定循环迭代的步长。

编写 forEachExam.jsp 页面，学习<c:forEach>标签的具体用法，首先来看使用<c:forEach>标签以 for 循环的方式来进行遍历的效果。

```jsp
1  <%@ page language="java" contentType="text/html; charset=UTF-8"
2    pageEncoding="UTF-8"%>
3  <%--引入JSTL核心标签库 --%>
4  <%@ taglib prefix="c" uri="http://java.sun.com/jsp/jstl/core"%>
5  <!DOCTYPE HTML>
6  <html>
7  <head>
8      <meta http-equiv="Content-Type" content="text/html; charset=UTF-8">
9      <title> foreach 标签简单应用1</title>
10 </head>
11 <body>
12     <c:set var="sum" value="0" />
13     <c:forEach var="i" begin="1" end="10">
14         <c:set var="sum" value="${sum + i}" />
15     </c:forEach>
16     <c:out value="sum = ${sum }" />
17     <c:set var="sum" value="0" />
18     <c:forEach var="i" begin="1" end="10" step="2">
19         <c:set var="sum" value="${sum + i}" />
20     </c:forEach>
21     <c:out value="sum = ${sum }" />
22 </body>
23 </html>
```

在 forEachExam.jsp 页面中，首先使用<c:set>标签定义一个变量 sum，并设置初值为 0，然后使用<c:forEach>标签定义循环变量 i，从 1 循环至 10，每次迭代步长为 1，为变量 sum 设置新值${sum+i}，使用<c:out>标签将${sum}的值输出到页面上。接下来，重新设置变量 sum 的值为 0，从 1 循环至 10，每次迭代步长为 2，为变量 sum 设置新值${sum+i}，使用<c:out>标签将${sum}的值输出到页面上。结果如图 5.16 所示，第一个数值为 55，第二个数值为 25。

图 5.16　forEach 标签迭代

接下来看一下使用<c:forEach>标签遍历集合或数组的方式。首先，编写 ForEachServlet 类，用来向 request 作用域中存放一个 List<Integer>对象、一个 List<Auction>对象、一个 Set<Auction>

对象、一个 Map<String, Auction>对象。存储完毕后，跳转至 forEachExam2.jsp 页面，对上述几个不同类型的集合对象进行遍历输出，具体代码如下，运行结果如图 5.17 所示。

（1）ForEachServlet.java 源代码

```java
1   @WebServlet("/ForEachServlet")
2   public class ForEachServlet extends HttpServlet {
3   private static final long serialVersionUID = 1L;
4   protected void doGet(HttpServletRequest request, HttpServletResponse response)
5       throws ServletException, IOException
6       {
7       List<Integer> intList = new ArrayList<Integer>();
8       Set<Auction> aucSet = new HashSet<Auction>();
9       List<Auction> auclist = new ArrayList<Auction>();
10      Map<String,Auction> aucMap = new HashMap<String,Auction>();
11      for(int i=0;i<4;i++){
12          Auction auc = new Auction(UUID.randomUUID().
13
14          toString(),"auction"+i,200);
15          intList.add(i);
16          aucSet.add(auc);
17          auclist.add(auc);
18          aucMap.put(auc.getTitle(), auc);
19      }
20      request.setAttribute("intList", intList);
21      request.setAttribute("aucList", auclist);
22      request.setAttribute("aucMap", aucMap);
23      request.setAttribute("aucSet", aucSet);
24      request.getRequestDispatcher("/forEachExam2.jsp").forward(request,
25      response);
26  }
27  protected void doPost(HttpServletRequest request, HttpServletResponse response)
28      throws ServletException, IOException {
29      doGet(request, response);
30  }
31  }
```

（2）forEachExam2.jsp 源代码

```jsp
1   <%@ page language="java" contentType="text/html; charset=UTF-8"
2    pageEncoding="UTF-8"%>
3   <%--引入JSTL核心标签库 --%>
4   <%@ taglib prefix="c" uri="http://java.sun.com/jsp/jstl/core"%>
5   <!DOCTYPE HTML>
6   <html>
7   <head>
8       <meta http-equiv="Content-Type" content="text/html; charset=UTF-8">
9       <title>forEach循环应用示例</title>
10  </head>
11  <body>
12      遍历List:Integer<br>
13      <table border="1"><tr>
14      <c:forEach items="${intList }" var="vInt" >
15      <td>${vInt }</td>
```

```
16      </c:forEach>
17      </tr></table>
18      遍历List:Auction<br>
19      <table border="1">
20      <tr><td>商品id</td><td>商品名称</td><td>商品价格</td></tr>
21      <c:forEach items="${aucList }" var="vAuction">
22      <tr><td>${vAuction.id }</td><td>${vAuction.title }</td><td>${vAuction.price }</td>
23      </tr>
24      </c:forEach>
25      </table>
26      遍历Set:Auction<br>
27      <table border="1">
28      <tr><td>商品id</td><td>商品名称</td><td>商品价格</td></tr>
29      <c:forEach items="${aucSet }" var="vAuction">
30      <tr><td>${vAuction.id }</td><td>${vAuction.title }</td><td>${vAuction.price }</td>
31      </tr>
32      </c:forEach>
33      </table>
34      遍历Map:String,Auction<br>
35      <table border="1">
36      <tr><td rowspan="2">Map的key</td><td colspan="3">Map的Value</td></tr>
37      <tr><td>商品id</td><td>商品名称</td><td>商品价格</td></tr>
38      <c:forEach items="${aucMap }" var="auc">
39      <tr><td>${auc.key}</td><td>${auc.value.id }</td><td>${auc.value.title }</td>
40      <td>${auc.value.price }</td></tr>
41      </c:forEach>
42      </table>
43  </body>
44  </html>
```

在<c:forEach>标签中，为了方便使用，提供了保存迭代信息的varStatus属性，该属性可以方便我们实现一些与行数相关的功能，例如，奇数行、偶数行差异，最后一行特殊处理，等等。varStatus属性的值用来指定一个对象存储这些迭代信息，该对象含有如表5.7所示的常见属性。

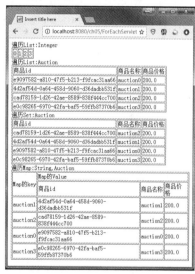

图5.17 forEach遍历集合效果

表5.7　　　　　　　　　　varStatus属性列表

属 性 名	类 型	说 明
index	int	当前循环的索引值
count	int	循环的次数
first	boolean	是否为第一个位置
last	boolean	是否为最后一个位置
current	Object	当前本次迭代的项（集合中）

下面来看一个 varStatus 的使用示例，首先创建 VarStatusServlet，在该 Servlet 中创建一个包含 4 个字符串的 List 对象，并将这个 List 对象存放到 request 作用域中，跳转至 forEachExam.jsp 页面，具体代码如下。

```
1   @WebServlet("/VarStatusServlet")
2   public class VarStatusServlet extends HttpServlet {
3       public void doGet(HttpServletRequest request, HttpServletResponse response)
4           throws ServletException, IOException {
5           List<String> strList = new ArrayList<String>();
6           response.setContentType("text/html;charset=utf-8");
7           for(int i=0;i<4;i++){
8               strList.add("第"+i+"行");
9           }
10          request.setAttribute("list", strList);
11      }
12      public void doPost(HttpServletRequest request, HttpServletResponse response)
13          throws ServletException, IOException {
14          doGet(request, response);
15      }
16  }
```

编写 forEachExam3.jsp，在该页面中对 request 中的 List 对象进行遍历，并将迭代信息存储至 "status" 对象中，在遍历结果中将 status 的信息输出到页面。在浏览器的地址栏中输入：http://localhost:8080/ch05/VarStatusServlet，页面效果如图 5.18 所示。

图 5.18 VarStatus 效果图

通过图 5.18 所示的结果可以看出，index 代表当前循环的索引值，下标从 0 开始，而 count 是循环的次数，所以从 1 开始计数。如果将<c:forEach>标签中的迭代步长改为 2，再来看一下结果，此时循环的索引变成 "0,2"，如图 5.19 所示。

图 5.19 修改迭代步长

4. URL 标签

<c:url>标签的作用是将一个 URL 地址格式化为一个字符串，并保存在一个变量中，它具有 URL 自动重写功能。其语法格式如下。

（1）指定一个 URL，可以选择把该 URL 存储在 JSP 不同的范围中。

```
<c:url
    value="value"
```

```
    [var="name"]
    [scope="page|request|session|application"]
    [context="context"]/>
```

（2）配合<c:param>标签给 URL 加上指定参数名及参数值，可以选择以 name 存储该 URL。

```
<c:url
    value="value"
    [var="name"]
    [scope="page|request|session|application"]
    [context="context"]>
    <c:param name="参数名" value="值">
</c:url>
```

value 指定的 URL 可以是当前工程的一个 URL 地址，也可以是其他 Web 工程的 URL，但如果是其他 Web 工程，这时需要使用 context 属性。也可以使用语法 2 的格式，添加需要传递的参数。URL 的属性值列表及含义如表 5.8 所示。

表 5.8　　　　　　　　　　　　　URL 标签的属性值列表

属 性 名	支 持 EL	属 性 类 型	属 性 描 述
value	YES	String	指定要构造的 URL
var	NO	String	指定将构造出的 URL 结果保存到 Web 域中的属性名称
scope	NO	String	指定将构造出的 URL 结果保存到哪个 Web 域中

编写 urlExam.jsp，使用 URL 标签生成一个动态的 URL，并把值存入 session 中，并配合<c:param>标签给 URL 加上指定参数及参数值，生成一个动态的 URL，然后存储到 paramUrl 变量中，具体代码如下。

```
1   <%@ page language="java" import="java.util.*" pageEncoding="UTF-8"%>
2   <%--引入 JSTL 核心标签库 --%>
3   <%@ taglib prefix="c" uri="http://java.sun.com/jsp/jstl/core"%>
4   <!DOCTYPE HTML>
5   <html>
6   <head>
7       <title>JSTL: -- URL 标签实例</title>
8   </head>
9
10  <body>
11      <c:out value="URL 标签使用"></c:out>
12      <h4>使用 URL 标签生成一个动态的 URL，并把值存入 session 中.</h4>
13      <hr/>
14      <c:url value="http://www.baidu.com" var="url" scope="session">
15      </c:url>
16      <a href="${url}">百度首页(不带参数)</a>
17      <hr/>
18      <h4>
19      配合&lt;c:param&gt;标签给 URL 加上指定参数及参数值，生成一个动态的 URL
20      然后存储到 paramUrl 变量中
21      </h4>
22      <c:url value="http://www.baidu.com" var="paramUrl">
23          <c:param name="userName" value="nobody"/>
24          <c:param name="pwd">123456</c:param>
25      </c:url>
```

```
26        <a href="${paramUrl}">百度首页(带参数)</a>
27    </body>
28 </html>
```

JSTL 标签应用于实际程序

可以看出，URL 标签一般与 HTML 中的<a>标签搭配使用，使用 URL 标签生成一个允许带有参数的 URL 地址的变量，作为<a>标签的 href 属性值，结果如图 5.20 所示。当把鼠标放到"百度首页（带参数）"超链接上时，可以看到生成的新 URL 为"https://www.baidu.com/?userName=nobody&pwd=123456"。

图 5.20　URL 标签使用效果

5.2.3　JSTL 格式化标签

JSTL 格式化标签可用来格式化并输出文本、日期、时间、数字。引用格式化标签库的语法如下。

```
<%@ taglib prefix="fmt" uri="http://java.sun.com/jsp/jstl/fmt" %>
```

例如，日期在 Java 中是一个非常复杂的内容，如日期的国际化、日期和时间之间的转换、日期的加减运算、日期的展示格式等都是非常复杂的问题，我们一般通过使用 JSTL 格式化标签将一些结果值转化成需要的格式进行输出。在 JSTL 库中常用的格式化标签如表 5.9 所示。

表 5.9　　　　　　　　　　　JSTL 格式化标签列表

标　　签	描　　述
<fmt:formatNumber>	使用指定的格式或精度格式化数字
<fmt:parseNumber>	解析一个代表着数字、货币或百分比的字符串
<fmt:formatDate>	使用指定的风格或模式格式化日期和时间
<fmt:parseDate>	解析一个代表着日期或时间的字符串
<fmt:bundle>	绑定资源
<fmt:setLocale>	指定地区
<fmt:setBundle>	绑定资源
<fmt:timeZone>	指定时区
<fmt:setTimeZone>	指定时区
<fmt:message>	显示资源配置文件信息
<fmt:requestEncoding>	设置 request 的字符编码

在格式化标签中较为常用的标签是日期和时间的格式化标签<fmt:formatDate>，本节以该标签为例介绍 JSTL 格式化标签的用法。<fmt:formatDate>标签用于设置格式化日期的各种不同方式。语法格式如下。

```
1  <fmt:formatDate
2    value="<string>"
3    type="<string>"
4    dateStyle="<string>"
5    timeStyle="<string>"
6    pattern="<string>"
7    timeZone="<string>"
8    var="<string>"
9    scope="<string>"/>
```

其中，value 属性是指要格式化的日期，type 属性是指格式化的样式，而 dateStyle 属性则是指具体样式，是比 type 更具体的描述，可以省略，其他属性值的含义详参考表 5.10。

表 5.10 <fmt:formatDate>标签属性详解

属 性	描 述	是否必要	默 认 值
value	要显示的日期	是	无
type	DATE、TIME 或 BOTH	否	date
dateStyle	FULL、LONG、MEDIUM、SHORT 或 DEFAULT	否	default
timeStyle	FULL、LONG、MEDIUM、SHORT 或 DEFAULT	否	default
pattern	自定义格式模式	否	无
timeZone	显示日期的时区	否	默认时区
var	存储格式化日期的变量名	否	显示在页面
scope	存储格式化日志变量的范围	否	页面

<fmt:formatDate>标签在对日期时间对象进行格式化时，可以自定义格式模式，具体的模式代码及含义如表 5.11 所示。

表 5.11 <fmt:formatDate>标签格式模式

代 码	描 述	实 例
y	不包含纪元的年份。如果不包含纪元的年份小于 10，则显示不具有前导零的年份	2002
M	月份数字，一位数的月份没有前导零	April & 04
d	月中的某一天，一位数的日期没有前导零	20
h	12 小时制的小时，一位数的小时数没有前导零	12
H	24 小时制的小时，一位数的小时数没有前导零	0
m	分钟，一位数的分钟数没有前导零	45
s	秒，一位数的秒数没有前导零	52
S	毫秒	970
E	周几	Tuesday
D	一年中的第几天	180
F	一个月中的第几个周几，如一个月中的第二个星期三	2
w	一年中的第几周	27
W	一个月中的第几周	2
a	a.m./p.m. 指示符	PM

下面来编写 dataFormat.jsp 文件，熟悉<fmt:formatDate>标签格式化日期时间的用法，具体代码如下。

```jsp
1   <%@ page language="java" contentType="text/html; charset=UTF-8"
2    pageEncoding="UTF-8"%>
3   <%@ taglib prefix="c" uri="http://java.sun.com/jsp/jstl/core"%>
4   <%--引入JSTL格式化标签库 --%>
5   <%@ taglib prefix="fmt" uri="http://java.sun.com/jsp/jstl/fmt"%>
6   <html>
7   <head>
8       <title>JSTL fmt:dateNumber 标签</title>
9   </head>
10  <body>
11      <h3>日期格式化:</h3>
12      <c:set var="now" value="<%=new java.util.Date()%>" />
13      <p>
14          日期格式化(1):
15          <fmt:formatDate type="time" value="${now}" />
16      </p>
17      <p>
18          日期格式化(2):
19          <fmt:formatDate type="date" value="${now}" />
20      </p>
21      <p>
22          日期格式化(3):
23          <fmt:formatDate type="both" value="${now}" />
24      </p>
25      <p>
26          日期格式化(4):
27          <fmt:formatDate type="both" dateStyle="short" timeStyle="short"
28              value="${now}" />
29      </p>
30      <p>
31          日期格式化(5):
32          <fmt:formatDate type="both" dateStyle="medium" timeStyle="medium"
33              value="${now}" />
34      </p>
35      <p>
36          日期格式化(6):
37          <fmt:formatDate type="both" dateStyle="long" timeStyle="long"
38              value="${now}" />
39      </p>
40      <p>
41          日期格式化(7):
42          <fmt:formatDate pattern="yyyy-MM-dd" value="${now}" />
43      </p>
44  </body>
45  </html>
```

在浏览器地址栏中输入"http://localhost:8080/ch05/dataFormat.jsp"，可以看到<fmt:formatDate>标签的不同的格式化结果，如图 5.21 所示。

第 5 章 EL 表达式与 JSTL 标签

JSTL 标签续

图 5.21 <fmt:formatDate>标签格式化结果

5.2.4 JSTL 函数

JSTL 包含一系列标准函数，如表 5.12 所示，其中大部分是通用的字符串处理函数。引用 JSTL 函数库的语法如下。

```
<%@ taglib prefix="fn"uri="http://java.sun.com/jsp/jstl/functions" %>
```

表 5.12　　　　　　　　　　　　　　　　JSTL 函数

函　　数	描　　述
fn:contains()	测试输入的字符串是否包含指定的子串
fn:containsIgnoreCase()	测试输入的字符串是否包含指定的子串，大小写不敏感
fn:endsWith()	测试输入的字符串是否以指定的后缀结尾
fn:escapeXml()	跳过可以作为 XML 标记的字符
fn:indexOf()	返回指定字符串在输入字符串中出现的位置
fn:join()	将数组中的元素合成一个字符串然后输出
fn:length()	返回字符串长度
fn:replace()	将输入字符串中指定的位置替换为指定的字符串然后返回
fn:split()	将字符串用指定的分隔符分隔然后组成一个子字符串数组并返回
fn:startsWith()	测试输入字符串是否以指定的前缀开始
fn:substring()	返回字符串的子集
fn:substringAfter()	返回字符串在指定子串之后的子集
fn:substringBefore()	返回字符串在指定子串之前的子集
fn:toLowerCase()	将字符串中的字母转为小写
fn:toUpperCase()	将字符串中的字母转为大写
fn:trim()	移除首位的空白符

下面以 fn:split()函数为例，来看一下 JSTL 标准函数的用法。fn:split()函数将一个字符串用指定的分隔符分裂为一个子串数组。fn:split()函数的语法如下。

```
${fn:split(<带分隔符的字符串>, <分隔符>)}
```

编写 fnSplit.jsp 文件，在该文件中引入 JSTL 的函数库，在该页面中定义字符串"string1"，值为"welcome to Java EE"，然后将"string1"以空格为分隔符进行切分后，使用"-"进行连接，再使用"-"为分隔符进行切分后，使用空格进行连接，具体代码如下。

```jsp
1   <%@ page language="java" contentType="text/html; charset=UTF-8"
2    pageEncoding="UTF-8"%>
3   <%@ taglib uri="http://java.sun.com/jsp/jstl/core" prefix="c"%>
4   <%--引入JSTL函数库 --%>
5   <%@ taglib uri="http://java.sun.com/jsp/jstl/functions" prefix="fn"%>
6   <html>
7   <head>
8       <title>使用 JSTL 函数</title>
9   </head>
10  <body>
11      <c:set var="string1" value="welcome to Java EE" />
12      <p>string1 字符串 : ${string1}</p>
13      <c:set var="string2" value="${fn:split(string1, ' ')}" />
14      <p>string2 字符串 : ${string2}</p>
15      <c:set var="string3" value="${fn:join(string2, '-')}" />
16      <p>string3 字符串 : ${string3}</p>
17      <c:set var="string4" value="${fn:split(string3, '-')}" />
18      <p>string4 字符串 : ${string4}</p>
19      <c:set var="string5" value="${fn:join(string4, ' ')}" />
20      <p>string5 字符串: ${string5}</p>
21  </body>
22  </html>
```

运行结果如图 5.22 所示，可以看到 JSTL 函数是在 EL 表达式内部进行调用的，fn:split()函数对字符串"string1"进行处理后，返回了一个字符串类型的数组 string2，"[Ljava.lang.String;@12231e35"，然后调用${fn:join(string2, '-')}函数对数组"string2"进行拼接操作，并使用"-"作为连接符，将得到的结果存储到"string3"中。

图 5.22 fn:split()函数使用示例

5.3 简易购物商城系统

本节将对第 4 章的案例进行改写，主要针对 JSP 页面上的显示部分，将使用 EL 和 JSTL 替换 JSP 页面中的 JSP 标签、JSP 表达式、JSP 脚本等内容，如图 5.23 所示。

图 5.23 简易购物商城首页效果

重定向应用于增、删、改程序

5.3.1 首页模板

首先对"页头"和"导航"的公用页面进行改写,具体代码如下。在文件中首先使用<%@ taglib uri="http://java.sun.com/jsp/jstl/core" prefix="c"%>引入 JSTL 核心标签库。

(1) top.jsp

```jsp
1  <%@ page language="java" pageEncoding="utf-8"%>
2  <%@ taglib prefix="c" uri="http://java.sun.com/jsp/jstl/core" %>
3  前端商城欢迎您,<c:out value="${user.username}" escapeXml="false" >
4  <a href="login.jsp">请登录</a></c:out>
```

(2) left.jspf

```jsp
1   <%@ page language="java" import="java.util.*" pageEncoding="utf-8"%>
2   <table>
3       <tr><td>
4       <a href="${pageContext.servletContext.contextPath}/web/GetPsersonalServlet">
5       个人中心</a></td>
6       </tr>
7       <tr><td>
8       <a href="${pageContext.servletContext.contextPath}/web/getAllAuction">
9       全部商品</a></td></tr>
10      <tr><td><a href="${pageContext.servletContext.contextPath}/web/CartListServlet">
11      我的购物车</a></td></tr>
12  </table>
```

在 top.jsp 和 left.jspf 中使用 EL 表达式与 JSTL 的<c:out>标签结合显示信息至页面,使用 ${pageContext.servletContext.contextPath}获取当前工程的上下文路径,与实际访问路径拼接,从上下文根目录查找目标资源,防止页面在跳转或者重定向过程中,相对路径的变更导致超链接 URL 错误问题。

5.3.2 个人中心

当用户已经完善过个人信息后,单击"个人中心"链接,页面跳转至如图 5.24 所示的页面,我们将原来使用的<jsp:useBean>和<jsp:getProperty>标签用 JSTL 替换。

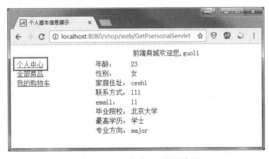

图 5.24 个人中心页面效果

创建 WebRoot/web/personal 文件夹,存放和个人信息相关的页面文件,在该文件夹下创建 personalInfo.jsp 文件,使用 EL 表达式来进行数据展示,其中<body></body>标签之间的代码如下。

```jsp
1  <body>
2  <table>
3      <tr><td colspan="2" align="right">
4          <jsp:include page="/common/web/top.jsp"/>
5      </td></tr>
6      <tr valign="top">
7      <td width="20%">
8          <%@include file="/common/web/left.jspf" %>
9      </td>
10      <td align="center">
11      <c:choose>
12          <c:when test="${empty personalInfo }">
13          您还没有完善信息, <a href="personalPage1.jsp">请完善信息</a>
14          </c:when>
15          <c:otherwise>
16              <table>
17                  <tr>
18                      <td>年龄：</td>
19                      <td>${personalInfo.age }</td>
20                  </tr>
21                  <tr>
22                      <td>性别：</td>
23                      <td>${personalInfo.gender }</td>
24                  </tr>
25                  <tr>
26                      <td>家庭住址：</td>
27                      <td>${personalInfo.address }</td>
28                  </tr>
29                  <tr>
30                      <td>联系方式：</td>
31                      <td>${personalInfo.tel }</td>
32                  </tr>
33                  <tr>
34                      <td>email：</td>
35                      <td>${personalInfo.email }</td>
36                  </tr>
37                  <tr>
38                      <td>毕业院校：</td>
39                      <td>${personalInfo.graduateSchool }</td>
40                  </tr>
41                  <tr>
42                      <td>最高学历：</td>
43                      <td>${personalInfo.highestEducation }</td>
44                  </tr>
45                  <tr>
46                      <td>专业方向：</td>
47                      <td>${personalInfo.major }</td>
48                  </tr>
49              </table>
50          </c:otherwise>
51      </c:choose>
52      </td>
```

```
53        </table>
54    </body>
```

其中，"<jsp:include page="/common/web/top.jsp"/>"是使用 JSP 标签引入头部页面，"<%@include file="/common/web/left.jspf" %>"是使用 JSP 指令引入左侧导航信息。在该页面中使用<c:choose>标签进行登录判定，如果该用户未登录，则显示"完善个人信息"的页面，否则将使用 EL 表达式，从 request 作用域中获取登录用户信息，并进行显示。

5.3.3 全部商品列表

当已登录用户单击"全部商品"链接时，系统会展示如图 5.25 所示的商品列表结果页，每个商品都有一个"加入购物车"的链接。

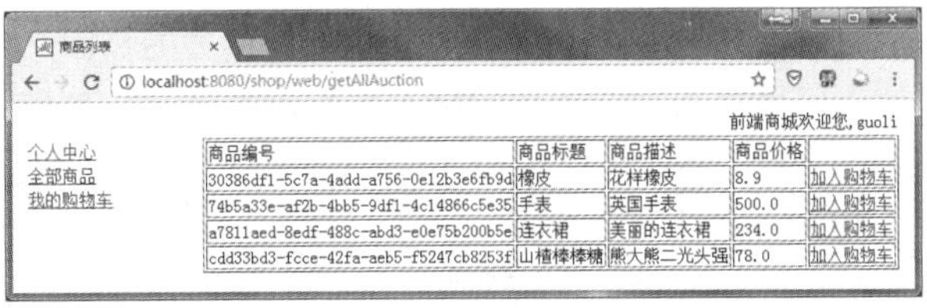

图 5.25 全部商品列表效果

创建 WebRoot/web/auction 文件夹，存放和商品相关的页面文件，在该文件夹下创建 auctionList.jsp 文件，用来显示系统中的所有商品列表，使用 EL 表达式来进行数据展示，页面核心代码如下。

```
1    <table border="1" >
2        <tr>
3            <td>商品编号</td>
4            <td>商品标题</td>
5            <td>商品描述</td>
6            <td>商品价格</td>
7            <td></td>
8        </tr>
9            <c:forEach items="${auctionList }" var="auction">
10               <tr>
11                   <td>${auction.id }</td>
12                   <td>${auction.title }</td>
13                   <td>${auction.description }</td>
14                   <td>${auction.price }</td>
15                   <td>
16     <a href="${pageContext.servletContext.contextPath}/web/
18         AddCartServlet?id=${auction.id }">加入购物车</a>
20               </tr>
21           </c:forEach>
22   </table>
```

在这里借助<c:forEach>标签将存放于 request 作用域中的 List<Auction>类型的商品列表数据，一条一条地循环显示在页面上，并在每一条商品信息后添加一个"加入购物车"的超链接，链接到"AddCartServlet"，并将当前商品的 id 作为参数传递给 AddCartServlet，让 AddCartServlet 将这个商品放入当前用户的购物车中。

5.3.4 购物车

当用户单击"我的购物车"链接，或者将某个商品加入购物车中时，都会显示如图 5.26 所示的"我的购物车"页面。

图 5.26 "我的购物车"页面

创建 WebRoot/web/shoppingCart 文件夹，存放和购物车相关的页面文件，在该文件夹下创建 myShoppingCartt.jsp 文件，用来显示当前用户购物车内的商品列表，页面核心代码如下。

```
1   <table border="1">
2       <tr>
3   <td colspan="7" align="center">我的购物车</td>
4       </tr>
5       <tr>
6           <td></td>
7           <td>商品编号</td>
8           <td>商品名称</td>
9           <td>商品数量</td>
10          <td>商品单价</td>
11          <td>商品总价</td>
12          <td>操作列表</td>
13      </tr>
14      <c:forEach items="${cartList}" var="cart">
15          <tr>
16              <td>
17  <input type="checkbox" name="slctedOrder" value="${cart.auctionDO.id}">
18              </td>
19              <td>${cart.auctionDO.id}</td>
20              <td>${cart.auctionDO.title}</td>
21              <td>${cart.number}</td>
22              <td>${cart.auctionDO.price}</td>
23              <td>${cart.totlePrice}</td>
24  <td><a href="${pageContext.servletContext.contextPath}
25          /web/RemoveCartServlet?id=${cart.auctionDO.
26          id}">删除此商品</a>
27              </td>
28          </tr>
29      </c:forEach>
30      <tr>
31  <td colspan="7" align="right"><a
32          href="${pageContext.servletContext.contextPath}/web/getAllAuction">
33              继续购物</a></td>
34          </tr>
```

5.4 小结

本章主要介绍了在 Web 开发中用于简化显示层编码的 EL 表达式和 JSTL，二者在开发中需要结合使用，但是并不代表 EL 表达式和 JSTL 要替换全部的 JSP 脚本。在特殊情况下，EL 表达式和 JSTL，以及 JSP 脚本三者是需要共存的。但是，如果能够使用 EL 表达式和 JSTL 替换 Java 源码，最好还是替换，这能让 Web 程序的可维护性变得更好。

习 题

1. http://localhost:8080/web/show.jsp?name=aaa，下列哪个选项可以正确取得请求参数值？(   )（选 1 项）
   - A. ${param.name}
   - B. ${name}
   - C. ${parameter.name}
   - D. ${param.get("name")}
2. JSTL 包含的各种标签可用于什么样的页面中？(   )（选 1 项）
   - A. HTML
   - B. JSP
   - C. XML
   - D. ASP
3. JSTL 核心标签库中，用来实现循环功能的标签是哪一项？(   )（选 1 项）
   - A. <c:if>
   - B. <c:for>
   - C. <c:while>
   - D. <c:forEach>
4. JSTL 中相当于<jsp:include>标准动作的标签是哪项？(   )（选 1 项）
   - A. <c:url>
   - B. <c:import>
   - C. <c:redirect>
   - D. <c:set>
5. 下列关于 EL 的说法正确的是哪项？(   )（选 2 项）
   - A. EL 可以访问所有的 JSP 隐含对象
   - B. EL 可以读取 JavaBean 的属性值
   - C. EL 可以修改 JavaBean 的属性值
   - D. EL 可以调用 JavaBean 的任何方法
6. 下列关于 EL 的语法使用正确的是哪项？(   )（选 2 项）
   - A. ${1+2==3?4:5}
   - B. ${param.name+paramValues[1]}
   - C. ${someMap[var].someArray[0]}
   - D. ${someArray["0"]}
7. 下列指令中，可以导入 JSTL 核心标签库的是哪项？(   )（选 1 项）
   - A. <%@taglib url="http://java.sun.com/jsp/jstl/core" prefix="c" %>
   - B. <%@taglib url="http://java.sun.com/jsp/jstl/core" prefix="core" %>
   - C. <%@taglib uri="http://java.sun.com/jsp/jstl/core" prefix="c" %>
   - D. <%@taglib uri="http://java.sun.com/jsp/jstl/core" prefix="core" %>
8. 下列代码的输出结果是哪项？(   )（选 1 项）

```
<%
int[]a=newint[]{1,2,3,4,5,6,7,8};
pageContext.setAttribute("a",a);
%>
```

```
<c:forEach items="${a}" var="i" begin="3" end="5" step="2">
${i}
</c:forEach>
```

  A. 12345678　　　　B. 35　　　　　C. 46　　　　　D. 456

9. 下列关于 JSTL 条件标签的说法正确的是哪项？（　　）(选 2 项)

  A. 单纯使用 if 标签可以表达 if...else 的语法结构

  B. when 标签必须在 choose 标签内使用

  C. otherwise 标签必须在 choose 标签内使用

  D. 以上说法都不正确

10. 以下哪个 EL 函数可用于删除字符串首尾两端的空格？（　　）(选 1 项)

  A. toLowerCase　　B. split　　　　C. trim　　　　D. indexOf

第6章
数据库整合开发

在一个 Java Web 应用中，Servlet 与 JSP 只是为用户提供了一层 Web 交互界面，而对整个应用而言，最为重要的部分则是后端的数据库。数据库是按照数据结构来组织、存储和管理数据并建立在计算机存储设备上的仓库。简单来说，数据库可视为电子化的文件柜，即存储电子文件的地方，用户可以对文件中的数据进行查询、增加、修改和删除等操作。本章将介绍如何使用数据库进行 Java Web 开发。

6.1 MySQL 简介

MySQL 常用命令

MySQL 是一个关系型数据库管理系统，它由瑞典 MySQL AB 公司开发，目前属于 Oracle 公司旗下的产品。MySQL 是最流行的关系型数据库管理系统之一，在 Web 应用方面，MySQL 是最好的关系数据库管理系统（Relational DataBase Management System，RDBMS）应用软件。

MySQL 所使用的 SQL 语言是用于访问数据库的最常用的标准化语言。MySQL 软件采用了双授权政策，分为社区版和商业版。由于 MySQL 体积小、速度快、总体拥有成本低，且开放源码，一般中小型网站的开发都会选择它作为网站数据库。

6.2 JDBC 概述

Java 数据库连接技术（Java DataBase Connectivity，JDBC）是 Java 访问数据库资源的标准，JDBC 标准定义了一组 Java API，允许用户写出 SQL 语句，然后交给数据库。

有了 JDBC，程序员就可以使用 Java 语言来编写完整的数据库方面的应用程序，也可以操作保存在多个数据库管理系统中的数据，而不必担心数据的存储格式。同时 Java 语言的与平台无关性，使其不必在不同的系统平台下编写不同的数据库应用程序。

如图 6.1 所示，如果没有 JDBC 或者 ODBC，开发人员必须使用一组不同的 API 来访问不同的数据库；而有了 JDBC 或者 ODBC，则只需要使用一组 API，再加上数据库厂商提供的数据库驱动程序就可以访问不同的数据库了，如图 6.2 所示。所以，利用 JDBC，我们就可以把同一个企业级 Java 应用移植到另一个数据库应用上。

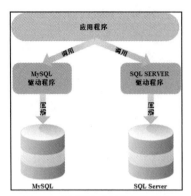

图 6.1　应用程序直接访问数据库

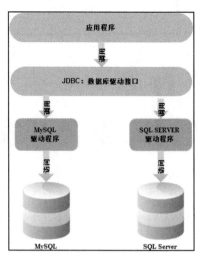

图 6.2　应用程序访问 JDBC

JDBC 主要包含两部分：面向 Java 程序员的 JDBC API 和面向数据库厂商的 JDBC Driver API。

1. 面向 Java 程序员的 JDBC API

它主要由一系列的接口定义所构成。

- java.sql.DriverManager：该接口定义了用来处理装载驱动的程序，并且为创建新的数据库连接提供支持。
- java.sql.Connection：该接口定义了实现对某一种指定数据库连接的功能。
- java.sql.Statement：该接口定义了在一个给定的连接中作为 SQL 语句执行声明的容器以实现对数据库的操作。它主要包含有如下两种子类型。
    - java.sql.PreparedStatement：该接口定义了用于执行带或不带 IN 参数的预编译 SQL 语句。
    - java.sql.CallableStatement：该接口定义了用于执行数据库的存储过程的调用。
- java.sql.ResultSet：该接口定义了执行数据库的操作后返回的结果集。

2. 面向数据库厂商的 JDBC Driver API

数据库厂商必须提供相应的驱动程序并实现 JDBC API 所要求的基本接口，对 DriverManager、Connection、Statement、ResultSet 进行具体实现，从而最终保证 Java 程序员通过 JDBC 实现对本数据库的操作。

GUI 数据库程序

6.2.1　创建数据库连接

在 Java 程序中要操作数据库，一般应该通过如下几步。

1. 下载数据库开发所需要的驱动包

用户可以从对应的数据库厂商的官网进行下载，例如，下载 MySQL 驱动包，如图 6.3 所示，选择"JDBC Driver for MySQL"进行下载。

下载的驱动包是一个压缩包，将包内的"mysql-connector-java-5.1.42-bin.jar"复制到"WebRoot\lib"文件夹下，如图 6.4 所示。

图 6.3　下载 MySQL 驱动包

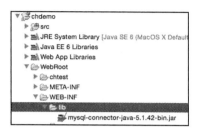

图 6.4　加载 MySQL 驱动包

2. 数据库管理工具

在开发中，我们一般会创建一个专用于创建数据库连接和释放数据库连接的工具类。建立与数据库的连接需要完成如下两个步骤。

（1）加载驱动类到内存

```
Class.forName("com.mysql.jdbc.Driver");
```

此处需要注意，"com.mysql.jdbc.Driver"是一个类型，该类在"mysql-connector-java-5.1.42-bin.jar"中定义和实现。所以需要首先将 MySQL 驱动 jar 包添加到工程中。

（2）创建与数据源的连接

```
Connection con=DriverManager.getConnection(
String  url,
String  username,
String  password);
```

其中，URL 的书写格式如下。

```
JDBC:子协议:子名称//主机名:端口/数据库名
```

例如，若要连接本地的 MySQL 服务器，账号是 root，密码是 root，数据库的名称是 shop，那么 URL 的值就是"jdbc:mysql://localhost:3306/shop"。而 username 和 password 的值则是要访问的数据库的用户名和密码。

另外，连接数据库主要是为了数据传输，这会涉及编码问题，如果当前工程的默认编码是"utf-8"，建议给数据库连接也进行编码设置，修改 URL 的值如下。

```
jdbc:mysql://localhost:3306/shop?useUnicode=true&characterEncoding=utf-8
```

在编码时，如需引用 Connection 包，注意此时系统中有两个 Connection，如图 6.5 所示。

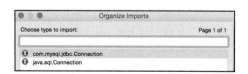

图 6.5　Connection 接口

此处引入的一定是与 MySQL 无关的 java.sql 包下的类，图 6.5 中就需要引用"java.sql.Connection"。这样才能保证在今后更换数据库的时候，我们的代码无须依赖 MySQL 数据库即可进行代码修正。下面来看数据库连接的代码如何实现，创建 DBUtil 类的具体代码如下。

```
1   public class DBUtil {
2       private static String username = "root";
```

```
3       private static String password = "password";
4       private static String url = "jdbc:mysql://localhost:3306/shop";
5       private static String driverName = "com.mysql.jdbc.Driver";
6       static{
7           try {
8               Class.forName(driverName);
9           } catch (Exception e) {
10              throw new ExceptionInInitializerError("初始化连接错误");
11          }
12      }
13      //获取一个数据库连接
14      public static Connection getConnection() throws SQLException{
15          return ds.getConnection();
16      }
```

6.2.2 SQL 的执行

在实际开发中，当需要访问数据库时，只需要调用以下方法。

```
Connection conn = DBUtil.getConnection();
```

就可以获得一个 java.sql.Connection 类型的数据库连接对象，通过这个连接对象，用户可以操作数据库，发送目标 SQL 给数据库，并接收响应结果。

在已建立数据库连接的基础上，向数据库发送要执行的 SQL 语句的接口是 Statement。Statement 用于执行静态的 SQL 语句。

（1）java.sql.Statement

java.sql.Statement 类型的对象，是通过 java.sql.Connection 对象获得的，其代码如下。

```
Statement st = conn.createStatement();
```

所获得的 Statement 对象 st，可以用来执行 SQL 语句，Statement 执行 SQL 语句的主要方法有如下两个。

```
int executeUpdate(String sql);
ResultSet executeQuery(String sql);
```

其中，executeUpdate(String sql)方法可用来执行数据库的更新操作。该方法的返回值类型为 int，代表影响的记录条数，即插入了几条数据，修改了几条数据，删除了几条数据等。而 executeQuery(String sql)方法可用来执行数据库的查询操作。该方法的返回值类型是 java.sql.ResultSet，该类型能够存储数据库返回的所有记录，并支持按条读取结果数据。

例如，现在有一张商品表，名字为 auction，该表的数据结构如表 6.1 所示，共包含商品 id、商品标题、商品简介和商品价格 4 个字段。

表 6.1   auction 表结构

字段名称	数据类型	是否是主键	允许为空	备注
id	varchar(50)	是	否	商品 id
title	varchar(255)	否	是	商品标题
discription	varchar(255)	否	是	商品简介
price	float	否	是	商品价格

若要插入一条商品信息到数据表 auction 中，在 cn.edu.zzti.dao.AuctionDAO 接口中添加商品的方法实现代码如下。

```
public void addAuction(AuctionDO auc)throws SQLException;
```

其中，形式参数 AuctionDO auc 是要插入的商品信息对象。编写实现方法，插入数据的语句是"insert into auction（列名表）values（值表）"，实际的 SQL 需要通过方法的形式参数 auc 拼接出来，创建包 cn.edu.zzti.dao.impl.mysql.jdbc，在该包内定义类 AuctionDAOImpl 实现接口 AuctionDAO，其中 addAuction(AuctionDO auc)方法实现代码如下。

```
1   public void addAuction(AuctionDO auc) throws SQLException {
2       Connection conn = DBUtil.getConnection();
3       Statement st = conn.createStatement();
4       String sql = "insert into auction (id,title,description,price)values('"+
5           auc.getId()+"','"+
6           auc.getTitle()+"','"+
7           auc.getDescription()+"'," +
8           auc.getPrice()+ ")";
9       int result = st.executeUpdate(sql);
10      if(result==1){
11          System.out.println("插入成功");
12      }else{
13          System.out.println("存在异常");
14      }
15  }
```

如果需要验证上述方法的正确性，则可以创建一个单元测试类，或者使用 main 方法进行测试，这里创建一个单元测试类。在当前工程上单击鼠标右键，增加一个源码文件，选择"Source Folder"选项，如图 6.6 所示。

创建源码包，用来存放所有单元测试代码，命名为"test"，如图 6.7 所示。

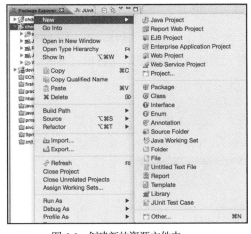

图 6.6　创建新的资源文件夹

图 6.7　"Source Folder"对话框

创建好的"test"源码包如图 6.8 所示，在该源码包下创建 package，名为"cn.edu.zzti.dao.impl.jdbc"，如图 6.9 所示，之后的单元测试代码都存放在该包下。

图 6.8　创建源码包 test

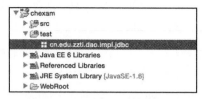
图 6.9　源码包 test 下创建包

使用鼠标右击 cn.edu.zzti.dao.impl.mysql.jdbc 包，选择"New"→"Other"命令打开向导选择对话框，选择"JUnit Test Case"选项，如图 6.10 所示。

单击"Next"按钮，打开单元测试类创建向导，如图 6.11 所示。

图 6.10　向导选择对话框

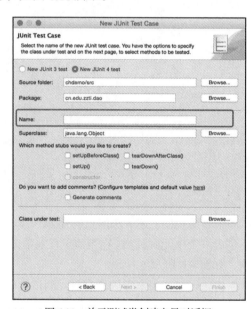
图 6.11　单元测试类创建向导对话框

在 Name 文本框中输入"AuctionDAOImplTest"，然后单击"Next"按钮，会显示如图 6.12 所示的界面，单击"OK"按钮，此时会显示创建好的单元测试类编辑页面，进行单元测试编辑即可。

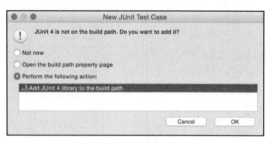
图 6.12　添加单元测试 jar 包

添加对应"addAuction"的单元测试方法，代码如下。

```
1    public class AuctionDAOImplTest {
2    private AuctionDAO auctionDAO = (AuctionDAO)
3        DAOFactory.getDAO("cn.edu.zzti.dao.impl.mysql.jdbc.AuctionDAOImpl");
4    @Test
```

```
5    public void testAddAuction(){
6        AuctionDO auc = new AuctionDO("第一个测试商品","商品的详情",88);
7        auc.setId(UUID.randomUUID().toString());
8        try {
9            auctionDAO.addAuction(auc);
10           assertTrue(true);
11       } catch (SQLException e) {
12           e.printStackTrace();
13           fail("添加商品失败");
14       }
15   }
16 }
```

"@Test"代表当前方式为测试方法。选中当前要测试的方法，单击鼠标右键，选择"Run As"→"JUnit Test"选项。如果显示结果是红色彩带，代表测试失败；如果显示结果是绿色彩带，则代表测试通过，测试方法运行正常，如图 6.13 和图 6.14 所示。

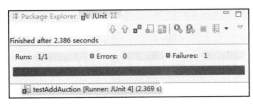

图 6.13　测试方法运行失败

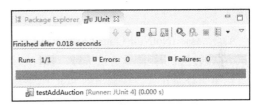

图 6.14　测试方法运行正确

（2）java.sql.PreparedStatement 接口

在 Statement 中可以看到，动态 SQL 的生成是通过字符串拼接而成的，但是字符串拼接会带来很多的安全隐患，其中最为常见的安全漏洞就是 SQL 注入。

下面以登录功能为例，在 cn.edu.zzti.dao 包下的 UserDAO 接口中定义登录判断方法，代码如下。

```
public UserDO findUser(String username, String password) throws SQLException;
```

使用 Statement 实现登录部分的操作接口来实现该方法，在包 cn.edu.zzti.dao.impl.mysql.jdbc 下创建类 UserDAOImpl，实现接口 cn.edu.zzti.dao.UserDAO，具体代码如下。

```
1  public UserDO findUser(String username, String password) throws SQLException {
2      String sql = "select * from user where username = '"+
3          username+
4          "' and password='"+
5          password+"'";
6      System.out.println("登录sql是: " + sql);
7      Connection conn = DBUtil.getConnection();
8      Statement st = conn.createStatement();
9      ResultSet rs = st.executeQuery(sql);
10     if(rs.next()){
11         UserDO user = new UserDO();
12         //将查询结果封装到user对象中，此处先不处理
13         return user;
14     }
15     return null;
16 }
```

在代码的第 6 行，我们将拼接后的 SQL 语句打印到控制台进行观察。在第 12 行处，需要将获得

的数据库查询结果进行封装，这里暂不实现这个功能。下面先来创建一个 cn.edu.zzti.dao.impl.mysql.jdbc.test.UserDAOImplTest 类，对方法 findUser 进行测试，具体代码如下。

```
1   public class UserDAOImplTest {
2       private UserDAO userDAO = (UserDAO)
3       DAOFactory.getDAO("cn.edu.zzti.dao.impl.mysql.jdbc.UserDAOImpl");
4       @Test
5       public void testFinUser(){
6           String username="test' or 1=1 #";
7           String password="";
8           try {
9               Assert.assertNull(userDAO.findUser(username, password));
10          } catch (SQLException e) {
11              e.printStackTrace();
12              fail("出现异常，执行失败");
13          }
14      }
15  }
```

Assert.assertNotNull(Object o)是 JUnit 的断言，该断言方法判断对象 o 是否为空，为空则当前测试方法通过，否则测试方法失败。执行结果显示，使用不存在的用户名和密码，调用登录方法执行结果为登录正常。在输出的 SQL 结果显示，最终执行的 SQL 如下。

```
select * from user where username='test' or 1=1 #' and password=''
```

在这个 SQL 中，"#"代表 MySQL 中的注释。该语句的本意是从数据库中获取全部的数据，因为"or 1=1"使得这个条件恒为真。

```
select * from user where username='test' or 1=1
```

放到 MySQL 数据库中进行查询，可以看到查询结果如图 6.15 所示。

图 6.15 SQL 查询结果

为了避免 SQL 注入的问题，JDBC 提供了一种 SQL 预编译的机制，即 PreparedStatement。首先用户提交的 SQL 中可以不指定具体的参数，对于可变值部分让用户使用"?"（即占位符）来代替。然后再对 SQL 中的占位符单独设置值，将两者提交给数据库引擎进行编译，此时数据库引擎仅仅编译带有占位符"?"的 SQL 语句，等到编译完成后，在执行 SQL 时，将参数带入编译结果，此时，参数就只会作为参数整体进行数据比较，而不会作为 SQL 语法的一部分。

PreparedStatement 对象的创建方式如下。

```
PreparedStatement ps = conn.prepareStatement(String sql);
```

而 SQL 也需要进行如下相应的改写。

```
String sql="select * from user where username = ? and password=?";
```

与之前的 SQL 对比可以发现，原来的形式参数部分被占位符"?"代替，那么就需要将形式参数与具体的"?"绑定。绑定操作可通过调用 setXXX 方法来完成,其中,XXX 是与该参数相对应的类型。例如,如果参数的数据类型是 long,则使用的方法就是 setLong。setXXX 方法的第一个参数是要设置的参数的序数位置,第二个参数是设置给该参数的值。例如,上述 SQL 将第一个参数设为形式参数 username,第二个参数设为形式参数 password,代码如下。

```
ps.setString(1,username);
ps.setString(2,password);
```

改写后的 findUser(String username,String password)方法代码如下:

```
1   public UserDO findUser(String username, String password)
2       throws SQLException {
3       Connection conn = DBUtil.getConnection();
4       String sql="select * from user where username = ? and password=?";
5       PreparedStatement ps = conn.prepareStatement(sql);
6       ps.setString(1, username);
7       ps.setString(2, password);
8       ResultSet rs = ps.executeQuery();
9       if(rs.next()){
10          UserDO user = new UserDO();
11          return user;
12      }
13      return null;
14  }
```

6.2.3 SQL 执行结果处理

无论是 Statement,还是 PreparedStatement,在执行 SQL 的时候,主要应用的执行方法是 executeQuery 和 executeUpdate,Statement 在执行 execute*方法时,需要以 SQL 为字符串参数进行传递,而 PreparedStatement 则不需要参数。调用规则总结如表 6.2 所示。

表6.2　　　　　　　　　　　　　SQL 执行结果

类 名	方 法 定 义	说 明
Statement	ResultSet executeQuery(String sql)	执行 select 等
Statement	int executeUpdate(String sql)	执行 insert、update、delete 等
PreparedStatement	ResultSet executeQuery()	执行 select 等
PreparedStatement	int executeUpdate(String sql)	执行 insert、update、delete 等

(1)更新结果处理

executeUpdate()和 executeUpdate(String sql)返回的 int 类型结果值,代表当前的 SQL 语句执行结束后,被更新的记录条数。用户在判断操作是否成功时,首先需要处理 SQL 执行时的异常,其次需要对执行结果进行分析。例如,影响记录条数是否大于 0,判断是否正常执行,或者返回影响的记录条数,给调用者一个真实的反馈。

(2)查询结果处理

executeQuery()和 executeQuery(String sql)返回 java.sql.ResultSet 类型结果值,ResultSet 是数据查询结果返回的对象,用于存储查询结果。结果集读取数据的方法主要是 getXXX(),如表 6.3 所示。getXXX()方法的参数可以用整型表示第几列,从 1 开始,还可以是字符串类型的列名。返回的是对应的 XXX 类型的值。如果对应列是空值,XXX 是引用类型,则返回空值,如果 XXX 是数字类型，如 Float 等，则返回 0，boolean 返回 false。

如果使用 getString()，不传递任何参数，可以返回所有列的值，不过返回的都是字符串类型的。

表 6.3　　　　　　　　　　　　　　　数据类型对应表

序　号	数据库类型	Java 类型	PreparedStatement 获取方法
1	int	int	getInt(String name|int index)
2	double	double	getDouble(String name|int index)
3	decimal	double	getDouble(String name|int index)
4	char	String	getString(String name|int index)
5	varchar	String	getString(String name|int index)
6	datetime	Date	getDate(String name|int index)
7	timestamp	Timestamp/Date	getDate(String name|int index)

改写 UserDO findUser(String username, String password)方法，增加对结果集的处理操作，具体代码如下。

```java
@Override
public UserDO findUser(String username, String password) throws SQLException {
    String sql = "select * from user where username = '"+
        username+
        "' and password='"+
        password+"'";
    System.out.println("登录sql是: " + sql);
    Connection conn = DBUtil.getConnection();
    Statement st = conn.createStatement();
    ResultSet rs = st.executeQuery(sql);
    if(rs.next()){
        UserDO user = new UserDO();
        //将查询结果封装到user对象中
        user.setUsername(rs.getString("username"));
        user.setPassword(rs.getString("password"));
        return user;
    }
    return null;
}
```

6.3　数据库连接池

创建数据库连接是一个十分耗时的操作，也容易让数据库产生安全隐患。因此，在程序初始化的时候，集中创建了多个数据库连接，并对它们进行集中管理，以供程序使用，这样就可以保证较快的数据库读/写速度，而且更加安全可靠。

数据库连接池是程序启动时建立的足够的数据库连接，并将这些连接组成一个连接池，由程序动态地对池中的连接进行申请、使用、释放。

数据库连接池的运行原理如图 6.16 所示，主要的操作步骤如下。

（1）程序初始化时创建连接池。

（2）使用时向连接池申请可用连接。

(3)使用完毕,将连接返还给连接池。
(4)程序退出时,断开所有连接,并释放资源。

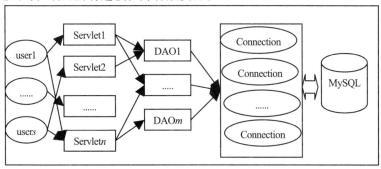

图 6.16 数据库连接池原理

6.3.1 DataSource

JDBC1.0原来是用DriverManager类来产生一个对数据源的连接。JDBC2.0用一种替代的方法,使用 java.sql.DataSource 实现,代码变得更小巧精致,也更容易控制。编写数据库连接池需实现Java.sql.DataSource 接口。DataSource 接口中定义了两个重载的 getConnection 方法:

```
Connection getConnection()
Connection getConnection(String username, String password)
```

开发数据库连接池实现 DataSource 接口时,在 DataSource 的实现类的构造方法中批量创建与数据库的连接,并把创建的连接加入存储 java.sql.Connection 对象的集合中。实现 getConnection 方法,让 getConnection 方法每次调用时,从存储 java.sql.Connection 对象的集合中取一个 Connection 返回给用户。

当用户使用完 Connection 后,调用 Connection.close()方法时,Connection 对象应保证将自己返回存储 java.sql.Connection 对象的集合中,而不要把 Connection 还给数据库。Connection 保证将自己返回到存储 java.sql.Connection 对象的集合中是此处编程的难点。

目前已经存在很多成熟的数据库连接池框架,供开发者使用,例如,Tomcat 的数据库连接池、C3P0、DBCP 等,下面介绍两个常用的数据库连接池框架的使用方式。

6.3.2 Tomcat 数据源

Tomcat 提供了数据源和连接池的实现,开发者直接使用即可。首先,数据源本身并不提供具体的数据库访问功能,只是作为连接对象的工厂,实际的数据访问操作仍然是由对应数据库的 JDBC 驱动来完成;其次,由于是使用 Tomcat 提供的数据源实现访问数据库,这里的 Tomcat 需要 JDBC 驱动,而不再是应用程序需要 JDBC 驱动,所以要先将对应数据库的 JDBC 驱动类库复制到 Tomcat 目录中的 lib 文件夹下,供 Tomcat 调用。

首先在 Tomcat 目录中的 "lib" 目录下放入数据库驱动 jar 包,在工程的 "META-INF" 目录下创建一个 "context.xml" 文件,如图 6.17 和图 6.18 所示。

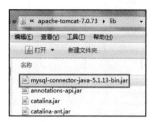

图 6.17 添加 MySQL 驱动包

图 6.18 工程添加配置文件

该配置文件内容如下。

```
1   <Context>
2     <Resource name="shop"
3       auth="Container"
4       type="javax.sql.DataSource"
5       username="root"
6       password="root"
7       driverClassName="com.mysql.jdbc.Driver"
8       url="jdbc:mysql://localhost:3306/shop"
9       initialSize="10"
10      maxActive="20"
11      maxIdle="4"/>
12  </Context>
```

这些属性的含义如表 6.4 所示。

表 6.4　　　　　　　　　　　　Tomcat 数据源配置文件属性解析

键　名	含　义
name	指定资源相对于 java:comp/env 上下文的 JNDI 名
auth	指定资源的管理者（默认 Container 即可）
type	指定资源所属的 Java 类的完整限定名（默认即可）
maxIdle	指定连接池中保留的空闲数据库连接的最大数目
maxWait	指定等待一个数据库连接成为可用状态的最大时间，单位毫秒
username	指定连接数据库的用户名
password	指定连接数据库的密码
driverClassName	指定 JDBC 驱动程序类名
url	指定连接数据库的 URL

这里<Resource>元素的 name 属性即为我们使用 JNDI 去检索的关键字，在本例中为"shop"。接下来采用与之前工程相同的方式，创建数据库工具类 cn.edu.zzti.util.tomcat.DBUtil 来简化对数据库的操作。

```
1   public class DBUtil{
2     private static DataSource ds = null;
```

```
3    static{
4      try{
5        Context initCtx = new InitialContext();
6        Context envCtx = (Context)initCtx.lookup("java:comp/env");
7        ds = (DataSource) envCtx.lookup("shop");
8        //根据<Resource>元素的name属性值到JNDI容器中检索连接池对象
9      }catch (Exception e) {
10       throw new ExceptionInInitializerError(e);
11     }
12   }
13   public static Connection getConnection() throws SQLException {
14     return ds.getConnection();  //利用数据源获取连接
15   }
16 }
```

6.3.3 DBCP

数据库连接池（DataBase Connection Pool，DBCP）是 Java 数据库连接池的一种，由 Apache 开发，通过数据库连接池可以让程序自动管理数据库连接的释放和断开。DBCP 是 Apache 上的一个 Java 连接池项目，也是 Tomcat 使用的连接池组件。单独使用 DBCP 需要准备 3 个包：

- commons-dbcp-版本.jar；
- commons-pool-版本.jar；
- commons-logging-版本.jar。

这些相关的 jar 文件可以在 Apache 的官网中下载，下载时请注意相关 jar 文件之间的版本，以及 jar 文件和 JDK 版本之间的兼容性。下载后将 3 个 jar 包复制到工程 "WEB-INF/lib" 文件夹下，如图 6.19 所示。

在工程的 "src" 源码包下添加 DBCP 的配置文件，如图 6.20 所示。创建一个文件夹 "resources"，在该文件夹下创建文件 "dbcoconfig.properteis"。

图 6.19　DBCP 依赖的 jar 包

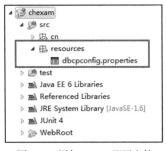

图 6.20　添加 DBCP 配置文件

DBCP 的配置文件的内容如下，其参数含义如表 6.5 所示。

```
1  driverClassName=com.mysql.jdbc.Driver
2  url=jdbc:mysql://localhost:3306/shop
3  username=root
4  password=root
5  connectionProperties=useUnicode\=true;characterEncoding\=utf8;serverTimezone\=UTC
```

表 6.5　　　　　　　　　　　　　DBCP 常见配置参数含义

参　数	描　述
username	传递给 JDBC 驱动的用于建立连接的用户名
password	传递给 JDBC 驱动的用于建立连接的密码
url	传递给 JDBC 驱动的用于建立连接的 URL
driverClassName	使用的 JDBC 驱动的完整有效的 Java 类名
connectionProperties	当建立新连接时被发送给 JDBC 驱动的连接参数

其中，DBCP 配置文件内容的格式必须是 [propertyName=propertyValue]，DBCP 中还含有很多其他的配置参数，类似于上一小节中的 Tomcat 数据源，这里就不一一赘述了。接下来创建数据库工具类 cn.edu.zzti.util.dbcp.DBUtil 来简化对数据库的操作。

```
1   public class DBUtil {
2   private static String username ;
3   private static String password;
4   private static String url ;
5   private static String driverName;
6   private static DataSource ds;//定义一个连接池对象
7   public static DataSource getDataSource() {
8       return ds;
9   }
10      static{
11      try {
12          Properties pro = new Properties();
13          pro.load(DBUtil.class.getClassLoader().
14              getResourceAsStream("resources/dbcpconfig.properties"));
15          ds = BasicDataSourceFactory.createDataSource(pro);//得到一个连接池对象
16      } catch (Exception e) {
17      throw new ExceptionInInitializerError("初始化连接错误，请检查配置文件");
18      }
19  }
20  public static Connection getConnection() throws SQLException{
21      return ds.getConnection();
22  }}
```

上述代码的第 12 行创建了一个 Properties 对象，通过该 Properties 对象访问 DBCP 的配置文件 "dbconfig.properteis"。在使用 Properties 文件加载配置文件时，如何确定配置文件所在位置，要注意 "src\resources\dbconfig.properteis" 文件在通过 MyEclipse 编译后，是在 "WebRoot\WEB-INF\classes\resources/dbconfig.properteis" 路径下。工程运行时，会被放到 Tomcat 的 Webapps 文件下。那么，在加载的时候，就需要使用 Class 的 ClassLoader 的 getResourceAsStream 方法读取，如上述代码的第 13 行所示。

上述代码的第 15 行，BasicDataSourceFactory 类是 DBCP 创建数据源对象的工厂类，该工厂类有一个静态方法 createDataSource(Properties pro)，可以通过该方法读取 Properties 对象指代的 DBCP 配置文件，创建一个对应的数据源。

6.4 DBUtils 框架简介

Commons DBUtils 是 Apache 组织提供的一个对 JDBC 进行简单封装的开源工具类库，使用它能够简化 JDBC 应用程序的开发，同时也不会影响程序的性能。DBUtils 是 Java 编程中的数据库操作实用工具，简单且实用。

对于数据表的读操作，DBUtils 可以把结果转换成 List、Array、Set 等 Java 集合，便于程序员进行操作；数据表的写操作也会变得很简单，只需编写 SQL 语句即可。同时，DBUtils 还可以使用数据源、JNDI、数据库连接池等技术来优化性能，重用已经构建好的数据库连接对象，而不必像 PHP、ASP 那样，需要费时费力地不断重复构建和析构这样的对象。

Commons DBUtils 的核心类有 3 个：org.apache.commons.dbutils.ResultSetHandler、org.apache.commons.dbutils.QueryRunner、org.apache.commons.dbutils.DBUtils。

在工程中需引入相关 jar 文件，commons-dbutils-版本.jar，该文件可以在官网下载，地址是"http://commons.apache.org/proper/commons-dbutils/download_dbutils.cgi"，如图 6.21 所示。下面对 3 个类分别进行介绍。

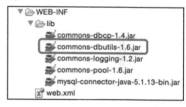

图 6.21 引入 DBUtils 依赖包

6.4.1 QueryRunner

QueryRunner 类简单化了 SQL 查询，它与 ResultSetHandler 组合在一起使用可以完成大部分的数据库操作，能够大大减少编码量。

（1）QueryRunner 类的构造方法

① 默认的构造方法 QueryRunner queryRunner = new QueryRunner();。

② 需要一个 javax.sql.DataSource 作为参数的构造方法。

```
QueryRunner qr = new QueryRunner(DBUtil.getDataSource())
```

（2）QueryRunner 类的主要方法

① public Object query(Connection conn,String sql,Object[] params, ResultSetHandler rsh) throws SQLException：执行一个查询操作，在这个查询中，对象数组中的每个元素值被用来作为查询语句的置换参数。该方法会自行处理 PreparedStatement 和 ResultSet 的创建和关闭流程。

② public Object query(String sql,Object[] params,ResultSetHandler rsh) throws SQLException：基本与第一种方法相同，唯一的不同在于它不将数据库连接提供给方法，并且它是从提供给构造方法的 DataSource 数据源或使用 setDataSource 方法设置的数据源。

③ public Object query(Connection conn,String sql,ResultSetHandler rsh) throws SQLException：执行一个不需要置换参数的查询操作。

④ public int update(Connection conn,String sql,Object[] params) throws SQLException：用来执行一个更新操作，如插入、更新或删除。

⑤ public int update(Connection conn,String sql) throws SQLException：用来执行一个不需要置换参数的更新操作。

6.4.2 ResultSetHandler

ResultSetHandler 接口用于处理 java.sql.ResultSet，将数据按要求转换为另一种形式。ResultSetHandler 接口提供了如下单独的处理 java.sql.ResultSet 的方法。

```
Object handle(java.sql.ResultSet rs)
```

（1）查询类操作方法介绍

ResultSetHandler 接口的实现类见表 6.6，下面对每个接口的实现类的具体使用方式进行介绍。

表 6.6　　　　　　　　　　ResultSetHandler 接口实现类说明

功　能	实　现　类
单行数据处理	ScalarHandler、ArrayHandler、MapHandler、BeanHandler
多行数据处理	BeanListHandler、ArrayListHandler、MapListHandler、 ColumnListHandler、KeyedHandler、BeanMapHandler
可供扩展的类	BaseResultSetHandler

① ArrayHandler：把结果集中的第一行数据转换成对象数组，示例代码如下。

```
1    public static void queryToArray(Connection conn) throws SQLException {
2        QueryRunner queryRunner = new QueryRunner();
3        String sql = "select * from auction";
4        Object[] rs = queryRunner.query(conn, sql, new ArrayHandler());
5        for (int i=0;i<rs.length;i++){
6            System.out.print("第一列："+rs[i]+"\t");
7        }
8        System.out.print("\n");
9    }
```

② ArrayListHandler：把结果集中的每一行数据都转换成一个对象数组，再存放到 List 中，示例代码如下。

```
1    public static void queryToArrayList(Connection conn) throws SQLException {
2        QueryRunner queryRunner = new QueryRunner();
3        String sql = "select * from auction";
4        List rs = queryRunner.query(conn, sql, new ArrayListHandler());
5        for(Object record : rs){
6            System.out.println(Arrays.toString((Object[])record));
7        }
8    }
```

③ BeanHandler<T>：把结果集中的第一行数据封装到一个对应的 JavaBean 实例中，示例代码如下。

```
1    public static void queryToBean(Connection conn) throws SQLException {
2        QueryRunner queryRunner = new QueryRunner();
3
4        AuctionDO auc = queryRunner.query(conn,
5            "select * from auction",
6            new BeanHandler< AuctionDO >( AuctionDO.class));
7        System.out.println(auc);
8    }
```

④ BeanListHandler<T>：把结果集中的每一行数据都封装到一个对应的 JavaBean 实例中，再存放到 List 中，示例代码如下。

```
1   public static void queryToBeanList(Connection conn) throws SQLException {
2       String sql = "select * from auction";
3       QueryRunner queryRunner = new QueryRunner();
4       List<AuctionDO> list = queryRunner.query(conn, sql,
5           new BeanListHandler<AuctionDO>(AuctionDO.class));
6       for (int i = 0; i < list.size(); i++) {
7           System.out.println(list.get(i));
8       }
9   }
```

⑤ MapHandler：把结果集中的第一行数据封装到一个 Map 中，key 是列名，value 就是对应的值，示例代码如下。

```
1   public static void queryToMap(Connection conn) throws SQLException {
2       String sql = "select * from auction";
3       QueryRunner queryRunner = new QueryRunner();
4       Map<String, Object> map = queryRunner.query(conn, sql, new MapHandler());
5       Set<Entry<String, Object>> set = map.entrySet();
6       for (Entry<String, Object> entry : set) {
7           System.out.println(entry.getKey() + ":" + entry.getValue());
8       }
9   }
```

⑥ MapListHandler：把结果集中的每一行数据都封装到一个 Map 中，然后再存放到 List，示例代码如下。

```
1   public static void queryToMapList(Connection conn) throws SQLException {
2       String sql = "select * from auction";
3       QueryRunner queryRunner = new QueryRunner();
4       ist<Map<String, Object>> list = queryRunner.query(conn,sql, new MapListHandler());
5       for (Map<String, Object> mapValue : list) {
6           Set<Entry<String, Object>> set1 = mapValue.entrySet();
7           for (Entry<String, Object> entry : set1) {
8               System.out.println(entry.getKey() + ":" + entry.getValue());
9           }
10      }
11  }
```

⑦ ColumnListHandler<T>：把结果集中的某一列的数据存放到 List 中，示例代码如下。

```
1   public static void queryToColList(Connection conn) throws SQLException{
2       QueryRunner queryRunner = new QueryRunner();
3       String sql = "select * from auction";//where id=1
4       List<Object> list = (List<Object>) queryRunner.query(conn, sql,
5           new ColumnListHandler("name"));
6       System.out.println(list);
7   }
```

⑧ KeyedHandler<K>：把结果集中的每一行数据都封装到一个 Map 中（List），再把这些 Map 存到一个 Map 里，其 key 为指定的列，示例代码如下。

```
1    public static void queryToKeyedHandler(Connection conn)  throws SQLException{
2        QueryRunner queryRunner = new QueryRunner();
3        String sql = "select * from users";
4        Map<Integer, Map<String, Object>> rs1 = queryRunner.query(conn,sql,
5           new KeyedHandler<Integer>(1));
6        System.out.println("KeyedHandler: " + rs1);
7        Map<Integer, Map<String, Object>> rs2 = queryRunner.query(conn,sql,
8           new KeyedHandler<Integer>("title"));
9        System.out.println("KeyedHandler: " + rs2);
10   }
```

⑨ BeanMapHandler<K, V>：用于获取所有结果集，将每行结果集转换为 JavaBean 作为 value，并指定某列为 key，封装到 HashMap 中。相当于对每行数据进行与 BeanHandler 相同的处理后，再指定列值为 Key 封装到 HashMap 中。

```
1    public static void queryToBeanMap(Connection conn) throws SQLException{
2        QueryRunner queryRunner = new QueryRunner();
3        String sql = "select * from auction";
4        Map<Integer, AuctionDO> rs = queryRunner.query(conn, sql,
5           new BeanMapHandler<Integer, AuctionDO>(AuctionDO.class,1));
6        System.out.println("BeanMapHandler: " + rs);
7    }
```

⑩ ScalarHandler<T>：获取结果集中第一行数据指定列的值，常用来进行单值查询，示例代码如下。

```
1    public static void queryToBeanMap(Connection conn) throws SQLException{
2        QueryRunner queryRunner = new QueryRunner();
3        String sql = "select * from auction";
4        int rs = runner.query(conn,sql, new ScalarHandler<Integer>());
5        System.out.println("ScalarHandler: " + rs);
6        String rs = runner.query(conn,sql, new ScalarHandler<String>(2));
7        // 或者 String rs = runner.query(conn,sql, new ScalarHandler<String>("userName"));
8        System.out.println("ScalarHandler: " + rs);
9    }
```

（2）更新类操作方法介绍

在执行 insert、delete、update 等更新数据库方法时，将调用 QueryRunner 的 update 方法，该方法返回影响的记录条数。下面看两个案例，需要注意：如果需要传递参数，在 update 方法中，多个参数可以用对象数组形式传递，如插入方法所示；也可以一个参数一个参数地传递，如删除方法所示。

```
1    public int insertUser(UserDO u, Connection conn) throws SQLException {
2        QueryRunner queryrunner = new QueryRunner();
3        String sql="insert into user values(?,?)";
4        Object[] params = new Object[]{u.getUsername(),u.getPassword()};
5        return queryrunner.update(conn,sql, params);
6    }
7    public int deleteUser(String id, Connection conn) throws SQLException {
8        QueryRunner queryrunner = new QueryRunner();
9        String sql="delete from user where username=?";
10       return queryrunner.update(conn,sql, id);
11   }
```

6.4.3 资源释放

DBUtils 框架提供了关闭连接、装载 JDBC 驱动程序等常规工作的工具类，里面的所有方法都是静态的。主要方法如下。

```
public static void close() throws SQLException
```

DBUtils 类提供了 3 个重载的关闭方法。这些方法检查所提供的参数是否为 NULL，如果不是，它们就关闭 Connection、Statement 和 ResultSet，如图 6.22 所示。

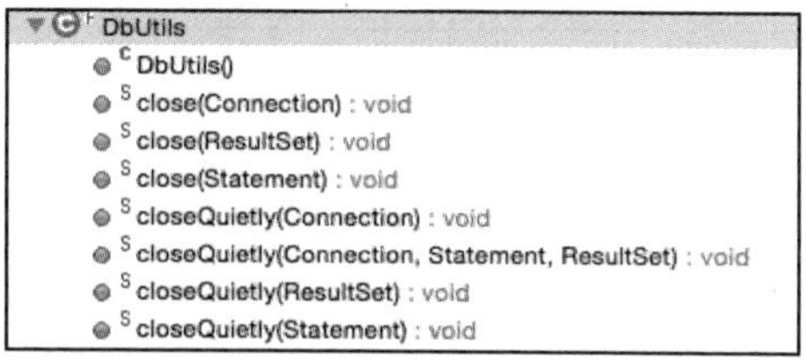

图 6.22 DBUtils 的关闭方法

public static void closeQuietly()：这一类方法不仅能在 Connection、Statement 和 ResultSet 为 NULL 情况下避免关闭，还能隐藏一些在程序中抛出的 SQLException。

public static void commitAndCloseQuietly(Connection conn)：用来提交连接，然后关闭连接，并且在关闭连接时不抛出 SQL 异常。

public static boolean loadDriver(java.lang.String driverClassName)：装载并注册 JDBC 驱动程序，如果成功就返回 true。使用该方法时，不需要捕捉这个异常 ClassNotFoundException。

如果在创建 QueryRunner 时指定了数据源，则 QueryRunner 在执行结束后，会自动关闭资源，所以在开发时，常用以下方式来执行 SQL。

```
1  public int insertUser(UserDO u) throws SQLException {
2      QueryRunner queryrunner = new QueryRunner(DBUtil.getDataSource());
3      String sql="insert into user values(?,?)";
4      Object[] params = new Object[]{u.getUsername(),u.getPassword()};
5      return queryrunner.update(sql, params);
6  }
```

6.5 简易购物商城

下面使用 DBCP 作为数据库连接池连接数据库，与 DBUtils 框架整合来改写简易购物商城的前台系统，将商品、用户、个人信息持久化存储到 MySQL 数据库中。

6.5.1 数据库设计

根据前面章节的需求分析，简易购物商城前台系统共设计数据库表三张，首先创建数据库 shop，然后在数据库 shop 中设计 auction、user 和 personalInfo 三张数据表，具体表结构如图 6.23~图 6.25 所示。

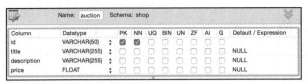

图 6.23 auction 商品表

图 6.24 user 用户表

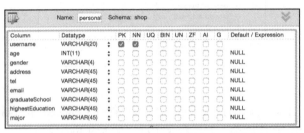

图 6.25 personal 个人信息表

6.5.2 DAO 接口实现

首先在工程中导入相关的 jar 包，并创建 cn.edu.zzti.dao 包中各个接口的具体实现类，放在 cn.edu.zzti.dao.impl.mysql 包下，如图 6.26 和图 6.27 所示。

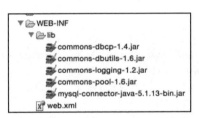

图 6.26 导入相关的 jar 包

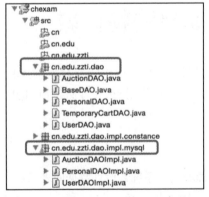

图 6.27 基于 DBUtils 的 DAO 实现

各个实现类的具体实现代码如下。

（1）AuctionDAOImpl

```java
1   public class AuctionDAOImpl implements AuctionDAO{
2     @Override
3     public AuctionDO getAuction(String id) throws SQLException {
4         QueryRunner queryrunner = new QueryRunner(DBUtil.getDataSource());
5         String sql="select * from auction where id = ?";
6         AuctionDO auctionDO = queryrunner.query(sql,
7                 new BeanHandler<AuctionDO>(AuctionDO.class), id);
8         return auctionDO;
9     }
10    @Override
11    public void addAuction(AuctionDO auc) throws SQLException {
12    QueryRunner queryrunner = new QueryRunner(DBUtil.getDataSource());
13        String sql="insert into auction values(?,?,?,?)";
14        Object[] params = new Object[]{UUID.randomUUID().toString(),
15            auc.getTitle(),auc.getDescription(),auc.getPrice()};
16    queryrunner.update(sql, params);
17    }
18    @Override
19    public List<AuctionDO> getAll() throws SQLException {
20        QueryRunner queryrunner = new QueryRunner(DBUtil.getDataSource());
21        String sql="select * from auction ";
22        List<AuctionDO> list = queryrunner.query(sql,
23                new BeanListHandler<AuctionDO>(AuctionDO.class));
24        return list;
25    }
26    @Override
27    public void deleteAuction(String id) throws SQLException {
28    QueryRunner queryrunner = new QueryRunner(DBUtil.getDataSource());
29        String sql="delete from auction where id=?";
30        queryrunner.update(sql, id);
31    }
32    @Override
33    public void updateAuction(AuctionDO auc) throws SQLException {
34    QueryRunner queryrunner = new QueryRunner(DBUtil.getDataSource());
35        String sql="update auction set title=?,description=?,price=? where id=?";
36        Object[] params = new Object[]{auc.getTitle(),
37            auc.getDescription(),auc.getPrice(),auc.getId()};
38        queryrunner.update(sql, params);
39    }
40  }
```

（2）PersonalDAOImpl

```java
1   public class PersonalDAOImpl implements PersonalDAO{
2     @Override
3     public PersonalInfoDO getPersonalInfo(String username) throws SQLException {
4         QueryRunner queryrunner = new QueryRunner(DBUtil.getDataSource());
5         String sql="select * from personalInfo where username = ?";
6         PersonalInfoDO p = queryrunner.query(sql,
7             new BeanHandler<PersonalInfoDO>(PersonalInfoDO.class), username);
8         return p;
```

```
9   }
10  @Override
11  public void setPersonalInfo(String username, PersonalInfoDO p) throws SQLException
12  {
13  QueryRunner queryrunner = new QueryRunner(DBUtil.getDataSource());
14      String sql="insert into personalInfo values(?,?,?,?,?,?,?,?,?,?)";
15      Object[] params = new Object[]{
16              username,
17              p.getAge(),
18              p.getGender(),
19              p.getAddress(),
20              p.getTel(),
21              p.getEmail(),
22              p.getGraduateSchool(),
23              p.getHighestEducation(),
24              p.getMajor(),
25              p.getRealName()
26      };
27      queryrunner.update(sql, params);
28  }
29  }
```

（3）UserDAOImpl

```
1   public class UserDAOImpl implements UserDAO {
2   public List<UserDO> getAll() throws SQLException {
3       QueryRunner queryrunner = new QueryRunner(DBUtil.getDataSource());
4       String sql="select * from user ";
5       List<UserDO> list = queryrunner.query(sql,
6               new BeanListHandler<UserDO>(UserDO.class));
7       return list;
8   }
9   public UserDO findUser(String username, String password) throws SQLException {
10      QueryRunner queryrunner = new QueryRunner(DBUtil.getDataSource());
11      String sql="select * from user where username = ? and password=?";
12      Object[] params = new Object[]{username,password};
13      UserDO userDO = queryrunner.query(sql,
14              new BeanHandler<UserDO>(UserDO.class), params);
15      return userDO;
16  }
17  public int insertUser(UserDO u) throws SQLException {
18  QueryRunner queryrunner = new QueryRunner(DBUtil.getDataSource());
19      String sql="insert into user values(?,?)";
20      Object[] params = new Object[]{u.getUsername(),u.getPassword()};
21      return queryrunner.update(sql, params);
22  }
23  public int deleteUser(String id) throws SQLException {
24  QueryRunner queryrunner = new QueryRunner(DBUtil.getDataSource());
25      String sql="delete from user where username=?";
26      return queryrunner.update(sql, id);
27  }
28  }
```

6.6 小结

本章首先介绍了 JDBC 的基本概念，演示了在 Java 程序中使用 JDBC 连接数据库，并执行 SQL 语句，以及处理查询结果的方法。然后介绍了数据库开发中的 SQL 注入漏洞，以及使用 PreparedStatement 的解决方案。在实际开发中，如何使用数据库连接池优化性能，也是人们的关注重点。本章接着介绍了 Tomcat 的数据源和 DBCP 数据源的使用方式。最后介绍了 DBUtils 框架，它能让数据库开发代码变得更加简洁、易维护。

习 题

1. JDBC 提供了 3 种接口来实现 SQL 语句的发送执行，其中执行简单且不带参数的 SQL 语句是哪一项？（　　）（选 1 项）
   A. Statement
   B. PrepareStatement
   C. CallbleStatement
   D. Execute

2. 在面向程序开发人员的 JDBCAPI 中，负责处理驱动的调入并且对产生的新的数据库连接提供支持的接口是哪一项？（　　）（选 1 项）
   A. java.sql.DriverManager
   B. java.sql.Connection
   C. java.sql.Statement
   D. java.sql.ResultSet

3. Staterment 类提供了 3 种执行方法，用来执行更新操作的是哪一项？（　　）（选 1 项）
   A. executeQuery()
   B. executeUpdate()
   C. execute()
   D. query()

4. 接口 Statement 中定义的 execute 方法的返回类型是（　　），代表的含义是（　　），executeQuery 方法返回的类型是（　　），executeUpdate 返回的类型是（　　），代表的含义是（　　）。
   A. ResultSet
   B. int
   C. boolean
   D. 受影响的记录数量
   E. 有无 ResultSet 返回

5. Staterment 类提供了 3 种执行方法，用于执行查询操作的是哪一项？（　　）（选 1 项）
   A. executeQuery()
   B. executeUpdate()
   C. execute()
   D. query()

第 7 章 过滤器与监听器

在 Java Web 开发中除了要用到 Servlet，还要用到过滤器（Filter）和监听器（Listener）。过滤器主要用于过滤和处理进出 Web 应用中的请求对象与响应对象。监听器主要用于监听和处理作用域对象在生命周期中发生的事件。过滤器与监听器都是 Java Web 开发中经常用到的技术。本章将介绍 Java Web 中过滤器与监听器的概念及其应用。

7.1 过滤器

过滤器是 Servlet 技术中最实用的技术，Web 开发人员通过 Filter 技术，对 Web 服务器管理的所有 Web 资源，如 JSP、Servlet、静态图片文件或静态 HTML 文件等进行拦截，从而实现一些特殊的功能，例如，实现 URL 级别的权限访问控制、过滤敏感词汇、压缩响应信息等高级功能。

7.1.1 过滤器简介

Filter 能够在 Servlet 之外对 request 对象和 response 对象进行处理。当客户端浏览器向 Web 服务器发送请求时，这些请求会被 Filter 拦截。Filter 可以获得客户端发送来的请求的详细信息，并可以决定对这个请求做出什么样的响应。

过滤器在 Java EE 中使用 "javax.servlet.Filter" 来代表。实现自定义的 Filter 需要完成以下几个操作。

（1）实现 javax.servlet.Filter 接口，并实现 init、doFilter、destroy 这 3 个抽象方法。下面对这 3 个方法进行简单的介绍。

① init：该方法仅在 Web 程序加载的时候调用，即启动 Tomcat 服务器时被调用。该方法一般负责加载过滤器的一些配置参数，方法定义如下。

```
public void init(FilterConfig filterConfig)
```

与编写 Servlet 程序相同，javax.servlet.Filter 对象的创建和销毁由 Web 容器负责。Web 应用程序启动时，Web 服务器将创建 javax.servlet.Filter 的实例对象，并调用其 init 方法，读取 web.xml 配置，完成对象的初始化功能，从而为后续的用户请求作好拦截的准备工作。

注意，javax.servlet.Filter 对象只会创建一次，init 方法也只会执行一次。并且在配置 javax.servlet.Filter 对象时，可以使用为 javax.servlet.Filter 对象配置的初始化参数，当 Web 容器实例化该 Filter 对象时，调用其 init 方法，便会把封装了 javax.servlet.Filter 对象初始化参数的 FilterConfig 对象传递进来。因此在编写 javax.servlet.Filter 时，通过 FilterConfig 对象的相关方法，可获得对应的 Filter 的配置参数。Filter 的常见函数如表 7.1 所示。

表7.1 Filter 常见函数

函 数	描 述
String getFilterName();	得到 Filter 的名称
String getInitParameter(String name);	返回在部署描述中指定名称的初始化参数的值。如果不存在，则返回 null
Enumeration getInitParameterNames();	返回过滤器的所有初始化参数的名字的枚举集合
ServletContext getServletContext();	返回 Servlet 上下文对象的引用

② destroy：destroy 方法在 Web 程序关闭的时候调用。该方法的定义如下。

```
public void destroy()
```

Filter 对象创建后会驻留在内存中，当 Web 应用移除或服务器停止时才销毁。该方法在 Filter 的生命周期中仅执行一次。在 destroy 方法中，可以释放过滤器使用的资源。

③ doFilter：每次客户端请求都会调用一次。Filter 的所有工作基本都集中在该方法中进行，该方法的定义如下。

```
public void doFilter(ServletRequest request, ServletResponse response, FilterChain chain)
```

上述方法完成实际的过滤操作。当客户请求访问与过滤器相关联的 URL 的时候，Servlet 过滤器将先执行 doFilter 方法。FilterChain 参数用于访问后续过滤器。

（2）实现在 web.xml 中的配置。下面介绍 web.xml 文件 Filter 的配置标签。

① <filter>标签。

<filter>标签是定义 Filter 对象标签的根元素。该标签包含<filter-name>、<filter-class>、<init-param>3 个子元素。其中，<filter-name>用于为过滤器指定一个名字，该元素的内容不能为空。<filter-class>元素用于指定过滤器的完整的限定类名。<init-param>元素用于为过滤器指定初始化参数，它的子元素<param-name>指定参数的名字，<param-value>指定参数的值。在过滤器中，可以使用 FilterConfig 接口对象来访问初始化参数。

② <filter-mapping>标签

<filter-mapping>标签用于设置一个 Filter 所负责拦截的资源。一个 Filter 拦截的资源可通过两种方式来指定，Servlet 名称和资源访问的请求路径。<filter-mapping>标签包含<filter-name>、<url-pattern>、<servlet-name>和<dispatcher>4 个子元素。其中，<filter-name>用于设置 filter 的注册名称，该值必须是在<filter>元素中声明过的过滤器的名字。<url-pattern>用于设置 filter 所拦截的请求路径。<servlet-name>用于指定过滤器所拦截的 Servlet 名称。<dispatcher>元素比较复杂，它用于指定过滤器所拦截的资源被 Servlet 容器调用的方式，可以是 REQUEST、INCLUDE、FORWARD 和 ERROR 之一，默认 REQUEST。这 4 个值的含义如表 7.2 所示。

表7.2 <dispatcher>元素值说明

资源调用方式	说 明
REQUEST	当用户直接访问页面时，Web 容器将会调用过滤器。如果目标资源是通过 RequestDispatcher 的 include()或 forward()方法访问，那么该过滤器就不会被调用
INCLUDE	如果目标资源是通过 RequestDispatcher 的 include()方法访问时，那么该过滤器将被调用；除此之外，该过滤器不会被调用

续表

资源调用方式	说 明
FORWARD	如果目标资源是通过 RequestDispatcher 的 forward()方法访问时，那么该过滤器将被调用；除此之外，该过滤器不会被调用
ERROR	如果目标资源是通过声明式异常处理机制调用时，那么该过滤器将被调用；除此之外，过滤器不会被调用

在一个 Web 应用中，可以定义多个 Filter 对象，这些 Filter 组合起来称之为一个 Filter 链。Web 服务器根据 Filter 在 web.xml 文件中的注册顺序，决定先调用哪个 Filter，当第一个 Filter 的 doFilter 方法被调用时，Web 服务器会创建一个代表 Filter 链的 FilterChain 对象传递给该方法。在 doFilter 方法中，开发人员如果调用了 FilterChain 对象的 doFilter 方法，则 Web 服务器会检查 FilterChain 对象中是否还有 Filter 对象。如果有，则调用第 2 个 Filter 对象；如果没有，则调用目标资源。

Filter 过滤器

7.1.2 过滤器的应用

运行第 6 章中的简易购物商城前台系统，在没有登录的前提下，直接访问路径"http://localhost:8080/shop/web/CartListServlet"，可以发现，此时可以直接访问购物车，而其他用户权限下的路径都可以访问，这样是极其不安全的。我们可以通过过滤器来拦截用户发送的请求，判断当前请求所在会话是否已经完成了登录操作。如果登录则直接放行，继续执行；否则页面跳转至登录页面，具体实现代码如下。

（1）登录过滤器类的实现

在工程中创建包 cn.edu.zzti.filter，在该包下创建登录过滤器类"LoginFilter"，具体代码如下。

Filter 过滤器（续）

```
1   public class LoginFilter implements Filter {
2       private String[] pathList;
3       public void destroy() {}
4       public void doFilter(ServletRequest request,
5   ServletResponse response,FilterChain chain) throws IOException,ServletException {
6           HttpServletRequest hreq = (HttpServletRequest)request;
7           HttpServletResponse hresp = (HttpServletResponse)response;
8           String requestPath = hreq.getServletPath();
9           HttpSession session = hreq.getSession();
10          System.out.println(requestPath);
11          if(containsPath(requestPath)){
12              chain.doFilter(request, response);
13          }else if(session.getAttribute("user")==null){
14              if (requestPath.indexOf("web")>-1){
15                  hresp.sendRedirect(hreq.getContextPath()+
16                  PathConstence.JSP_WEB_BASE+"/login.jsp");
17              }else{
18                  hresp.sendRedirect(hreq.getContextPath()+
19                  PathConstence.JSP_MANAGE_BASE+
20                  "/login.jsp");
21              }
```

```
22          }else{
23              chain.doFilter(request, response);
24          }
25      }
26      public void init(FilterConfig fConfig) throws ServletException {
27          //获取要放行的路径列表
28          String values = fConfig.getInitParameter("paths");
29          pathList = values.split(",");
30      }
31      public  boolean containsPath(String path){
32          for(String p:pathList){
33              if(p.equals(path)){
34                  return true;
35              }
36          }
37          return false;
38      }
39  }
```

（2）配置过滤器

打开当前工程中的 web.xml 文件，增加以下内容。

```
1   <filter>
2     <display-name>LoginFilter</display-name>
3     <filter-name>LoginFilter</filter-name>
4     <filter-class>cn.edu.zzti.filter.LoginFilter</filter-class>
5     <init-param>
6       <param-name>paths</param-name>
7       <param-value>/
8   jsp/web/login.jsp,/jsp/manage/login.jsp,/manage/login.jsp, /manage/LoginServlet,/
    web/registe.jsp,/web/login.jsp, /web/LoginServlet,/web/RegisteServlet,/
9   web/getAllAuction,/web/auctionList.jsp
10      </param-value>
11    </init-param>
12  </filter>
13  <filter-mapping>
14    <filter-name>LoginFilter</filter-name>
15    <url-pattern>/*</url-pattern>
16  </filter-mapping>
```

其中，web.xml 中设置了过滤器的初始化参数 paths，该参数值代表了不被拦截的路径，因为不被拦截的路径有多个，所以这里使用 "," 进行分割。在 LoginFilter 类的 init(FilterConfig fConfig) 方法中，使用 getInitParameter("paths") 方法获得配置的不被拦截路径，并存储到 LoginFilter 的成员变量 pathList 中。

在 doFilter 方法中，首先获取当前请求的路径，存放在 requestPath 字符串中；然后判断 requestPath 是否存在于 pathList 中。如果当前请求没有在 pathList 中，且用户未登录，则直接跳转至登录界面。否则，chain.doFilter(request, response);执行下一步操作，即访问请求资源。

Filter 过滤器应用于实际程序

7.2 监听器

Servlet 监听器是 Servlet 规范中定义的一种特殊类,用于监听 ServletContext、HttpSession 和 ServletRequest 等域对象的创建与销毁事件,以及这些域对象中属性发生修改的事件。

7.2.1 监听器简介

在进行作用域对象(如 request、session、application)中有相关值的设置、修改、替换的操作时,都会触发事件。这个过程就是监听。在 Java EE 中,使用监听器来实现上述过程。监听器就是实现了特定监听器接口的 Java 对象。监听器需要继承与要监听事件相关的 listener 接口,并覆盖该 listener 接口中相应的事件处理方法,在对应的方法中处理对应的事件,从而实现监听。

监听器监听的主要内容是创建、销毁、属性改变事件。通过监听,可以在事件发生前、发生后进行一些处理,如可用来统计在线人数和在线用户,统计网站访问量、系统启动时初始化信息等。

所以,Servlet 规范针对的是 ServletContext、HttpSession、ServletRequest3 个作用域对象上的操作,下面分别对 3 个作用域对象的监听方式进行说明。

(1)监听 ServletContext 域对象的创建和销毁

ServletContextListener 接口用于监听 ServletContext 对象的创建和销毁事件。实现了 ServletContextListener 接口的类都可以对 ServletContext 对象的创建和销毁进行监听。当 ServletContext 对象被创建时,激发了 contextInitialized (ServletContextEvent sce)方法。当 ServletContext 对象被销毁时,激发了 contextDestroyed(ServletContextEvent sce)方法。

例如,编写一个 MyServletContextListener 类,实现 ServletContextListener 接口,监听 ServletContext 对象的创建和销毁。

① 创建监听器类

```
1   public class MyServletContextListener implements ServletContextListener {
2       @Override
3       public void contextInitialized(ServletContextEvent sce) {
4           System.out.println("ServletContext 对象创建");
5       }
6       @Override
7       public void contextDestroyed(ServletContextEvent sce) {
8           System.out.println("ServletContext 对象销毁");
9       }
10  }
```

② 配置文件

```
1   <!-- 注册针对 ServletContext 对象进行监听的监听器 -->
2   <listener>
3       <description>ServletContextListener 监听器</description>
4       <!--实现了 ServletContextListener 接口的监听器类 -->
5       <listener-class>cn.edu.zzti.listener.MyServletContextListener</listener-class>
6   </listener>
```

经过这两个步骤，我们就完成了监听器的编写和注册。Web 服务器在启动时，就会自动把在 web.xml 中配置的监听器注册到 ServletContext 对象上，这样开发好的 MyServletContextListener 监听器就可以对 ServletContext 对象进行监听了。

（2）监听 HttpSession 域对象的创建和销毁

HttpSessionListener 接口用于监听 HttpSession 对象的创建和销毁。创建一个 Session 时，激发 sessionCreated (HttpSessionEvent se) 方法；销毁一个 Session 时，激发 sessionDestroyed (HttpSessionEvent se) 方法。

例如，编写一个 MyHttpSessionListener 类，实现 HttpSessionListener 接口，监听 HttpSession 对象的创建和销毁。

① 创建监听器类

```
1   public class MyHttpSessionListener implements HttpSessionListener {
2       @Override
3       public void sessionCreated(HttpSessionEvent se) {
4           System.out.println( se.getSession() + "创建了! ");
5       }
6       @Override
7       public void sessionDestroyed(HttpSessionEvent se) {
8           System.out.println("session 销毁了！！");
9       }
10  }
```

② 配置文件

```
1   <!--注册针对 HttpSession 对象进行监听的监听器 -->
2   <listener>
3       <description>HttpSessionListener 监听器</description>
4       <listener-class>cn.edu.zzti.listener.MyHttpSessionListener</listener-class>
5   </listener>
6   <!-- 配置 HttpSession 对象的销毁时机 -->
7   <session-config>
8       <!--配置 HttpSession 对象的 1 分钟之后销毁 -->
9       <session-timeout>1</session-timeout>
10  </session-config>
```

当请求某个 JSP 时，HttpSession 对象就会创建，此时就可以在 HttpSessionListener 观察到 HttpSession 对象的创建过程了。

（3）监听 ServletRequest 域对象的创建和销毁

ServletRequestListener 接口用于监听 ServletRequest 对象的创建和销毁。Request 对象被创建时，监听器的 requestInitialized(ServletRequestEvent sre)方法将会被调用；Request 对象被销毁时，监听器的 requestDestroyed(ServletRequestEvent sre)方法将会被调用。

例如，编写一个 MyServletRequestListener 类，实现 ServletRequestListener 接口，监听 ServletRequest 对象的创建和销毁。

① 创建监听器类

```
1   public class MyServletRequestListener implements ServletRequestListener {
2       @Override
3       public void requestDestroyed(ServletRequestEvent sre) {
4           System.out.println(sre.getServletRequest() + "销毁了！！");
```

```
5    }
6    @Override
7    public void requestInitialized(ServletRequestEvent sre) {
8       System.out.println(sre.getServletRequest() + "创建了！");
9    }
10 }
```

② 配置文件

```
1  <!--注册针对ServletRequest对象进行监听的监听器-->
2   <listener>
3     <description>ServletRequestListener 监听器</description>
4     <listener-class>cn.edu.zzti.listener.MyServletRequestListener</listener-class>
5   </listener>
```

7.2.2 监听器的应用

在Java Web应用开发中，有时需要统计当前在线的用户数，此时就可以使用监听器技术来实现这个功能。创建监听器类的代码如下。

（1）创建监听器

```
1  public class OnLineCountListener implements HttpSessionListener {
2     @Override
3     public void sessionCreated(HttpSessionEvent se) {
4        ServletContext context = se.getSession().getServletContext();
5        Integer onLineCount = (Integer) context.getAttribute("onLineCount");
6        if(onLineCount==null){
7           context.setAttribute("onLineCount", 1);
8        }else{
9           onLineCount++;
10          context.setAttribute("onLineCount", onLineCount);
11       }
12    }
13    @Override
14    public void sessionDestroyed(HttpSessionEvent se) {
15       ServletContext context = se.getSession().getServletContext();
16       Integer onLineCount = (Integer) context.getAttribute("onLineCount");
17       if(onLineCount==null){
18          context.setAttribute("onLineCount", 1);
19       }else{
20          onLineCount--;
21          context.setAttribute("onLineCount", onLineCount);
22       }
23    }
24 }
```

（2）配置监听器

```
1  <!-- 注册监听器 -->
2   <listener>
3  <description>在线人数监听器</description>
4  <!--实现了ServletContextListener接口的监听器类 -->
5   <listener-class>cn.edu.zzti.listener.OnLineCountListener
    </listener-class>
6   </listener>
```

Listener 监听器

7.3 小结

本章主要介绍了 Java Web 开发中的过滤器与监听器技术。Servlet 过滤器可以被指定和特定的 URL 关联，只有当客户请求访问该 URL 时，才会触发过滤器。Servlet 过滤器可以检查和修改 ServletRequest 和 ServletResponse 对象。Servlet 过滤器可以被串联在一起，形成管道效应，协同修改请求和响应对象。而 Servlet 监听器主要用于监听一些重要事件的发生，监听器对象可以在事情发生前和发生后做一些必要的处理。

习 题

1. 编写一个 Filter，需要（　　）。（选 1 项）
   A. 继承 Filter 类　　　　　　　　B. 实现 Filter 接口
   C. 继承 HttpFilter 类　　　　　　D. 实现 HttpFilter 接口
2. 在编写过滤器时，需要完成的方法是（　　）。（选 1 项）
   A. doFilter()　　　　　　　　　　B. doChain()
   C. doPost()　　　　　　　　　　　D. doDelete()
3. public classSecurityFilter——{...}如果想要让该类成为一个过滤器，应选择哪一项？（　　）（选 1 项）
   A. implements HttpFilter　　　　B. extends Filter
   C. extends HttpFilter　　　　　　D. implements Filter
4. 在 J2EE 中，使用 Servlet 过滤器，需要在 web.xml 中配置哪些元素？（　　）（选 2 项）
   A. <filter>　　　　　　　　　　　B. <filter-mapping>
   C. <servlet-filter>　　　　　　　D. <filter-config>
5. 过滤器使用哪个选项才能继续传递到下一个过滤器？（　　）（选 1 项）
   A. request.getRequestDispatcher().forward(request,response);
   B. doFilter()
   C. doPut()
   D. doChain()

第 8 章
JSP 和 JavaBean 应用开发
——留言本 1.0

本章将创建一个简单的网络留言本。要求用户首先要进行注册，注册成功后登录留言本方可添加或删除留言；管理员可删除所有的留言；没有进行登录的用户则不能进入留言页面。本章实例是留言本的第一个版本，后续章节会对该项目进行多次重构和迭代，包括功能、性能、架构和界面等方面的改进。本章将使用 JSP 和 JavaBean，也就是 Model 1 设计模式来创建一个网络留言本应用。

8.1 系统功能

本系统需要实现的功能如下：
（1）实现用户的注册和登录；
（2）实现留言的添加和删除；
（3）实现管理员对所有留言的删除；
（4）实现对未登录用户的拦截功能。

留言本应用的架构采用 Model 1 模式，即使用 JSP 和 JavaBean 进行应用开发，应用的架构如图 8.1 所示。

本章的留言本应用主要实现了用户的注册与登录、留言的添加与删除功能，如图 8.2 所示。

部署与运行效果

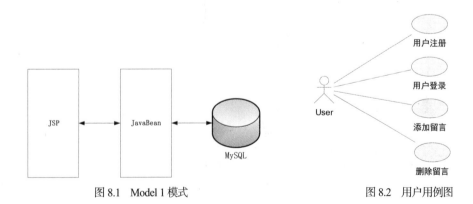

图 8.1 Model 1 模式   图 8.2 用户用例图

8.2 数据库分析及设计

本系统需要用到数据库来存储用户信息和留言数据，所以在系统开发之前，首先要进行数据库的设计。

8.2.1 数据库分析

本应用需要分别存储用户信息和留言数据，因此选择 MySQL 数据库来实现数据的存储。

（1）用户表（user）

用户表中的字段如表 8.1 所示。

表 8.1　　　　　　　　　　　　　　用户表

字 段	描 述	字 段	描 述
id	用户编号	birthday	生日
login_name	登录名	qq	QQ 号码
password	密码	msn	MSN 号码
email	邮箱	come_from	来自
nickname	昵称	signature	个性签名
sex	性别		

该表用于存储应用的用户信息。例如，email 字段用于存储用户的邮件地址，将来可用其实现找回密码功能；而 signature 字段用于实现个性签名功能，其内容将会附于用户留言内容之后。

（2）留言表（article）

留言表中的字段如表 8.2 所示。

表 8.2　　　　　　　　　　　　　　留言表

字 段	描 述	字 段	描 述
id	留言编号	post_time	留言时间
content	留言内容	ip_add	用户 IP
author_id	用户编号		

该表用于存储应用的留言信息。例如，post_time 和 ip_add 字段可用于记录留言的时间和用户的 IP 地址。

user 表和 article 表的关键字 id 均为 auto_increment 自增长，所以执行插入操作时，无须提供 id 字段值。user 表的主键 id 在 article 表中为外键 author_id，两个表以此建立关系。

8.2.2 创建数据库和数据表

在 MySQL 中创建数据库和数据表的步骤如下。

（1）登录进入 MySQL 控制台后，输入"create database guestbook1;"语句并按"Enter"键，如图 8.3 所示，即可创建一个"guestbook1"数据库。

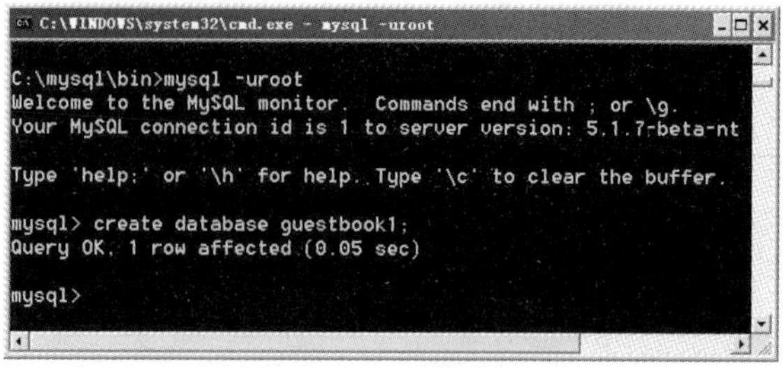

图 8.3 MySQL 控制台

（2）输入"use guestbook1;"语句，并按"Enter"键进入"guestbook1"数据库；再输入创建用户表"user"的 SQL 语句，并按"Enter"键以创建用户表"user"。创建用户表"user"的 SQL 语句如下。

```
1   create table user (
2       id int primary key auto_increment,
3       login_name varchar(20) not null,
4       password varchar(20) not null,
5       email varchar(20) not null,
6       nickname varchar(20) not null,
7       sex varchar(10) default 'SECRECY',
8       birthday date,
9       qq varchar(10),
10      msn varchar(20),
11      come_from varchar(30),
12      signature varchar(100)
13  );
```

（3）输入创建留言表"article"的 SQL 语句，并按"Enter"键以创建留言表"article"。创建留言表"article"的 SQL 语句如下。

```
1   create table article (
2       id int primary key auto_increment,
3       content varchar(1000) not null,
4       author_id int not null,
5       post_time datetime not null,
6       ip_addr varchar(15) not null
7   );
```

数据库设计与项目结构

我们可以直接使用"记事本"程序打开"随书范例源码"的"ch08\guestbook1\sql\crebas.sql"文件，然后将该文件中的所有代码复制到 MySQL 控制台，再按"Enter"键即可完成数据库和数据表的创建。

8.3 系统设计

前面分析了简单网络留言本需要实现的 4 个功能。本节将采用 JSP 和 JavaBean，也就是 Model 1 设计模式实现该应用功能。同时采用 DAO 设计模式实现数据库相关的存取操作。

8.3.1 目录和包结构

在进行程序设计和开发之前，首先需要设计目录和包的结构。良好的结构会使代码逻辑清楚且易于维护。本应用的目录结构如图 8.4 所示。

由图 8.4 中可知该项目的名称是 guestbook1，src 目录下共有 4 个包，分别说明如下。

（1）dao 包：存放 UserDao 接口和 ArticleDao 接口的源代码文件。

（2）dao.impl 包：存放 UserDao 接口和 ArticleDao 接口的 MySQL 实现的源代码文件。

（3）entity 包：存放 Article 和 User 实体类的源代码文件。其中 Sex.java 是实现性别属性的枚举类源代码文件。

（4）util 包：存放创建和关闭数据库连接的辅助类的源代码文件。

另外，sql 目录下是创建该应用的数据库和数据表的 SQL 源代码文件。guestbook1 项目根目录下的页面 login.jsp、register.jsp 和 show.jsp 分别完成用户的登录、注册及留言的添加和删除功能。

图 8.4　项目目录结构

8.3.2　实体类 User

实体类 User 实现了用户对象的定义，其代码如下。

```
1   public class User implements Serializable {
2   //基本信息
3   private int id;
4   private String loginName;          //登录名
5   private String password;           //密码
6   private String email;              //email 地址
7   //个人信息
8   private String nickname;           //昵称
9   private Sex sex = Sex.SECRECY;     //性别，默认为保密
10  private Date birthday;             //生日
11  private String qq;
12  private String msn;
13  private String comeFrom;           //来自哪里
14  private String signature;          //签名
15  public User() {
16  }
17  @Override
18  public String toString()
19  {
20      return new StringBuffer().append("[User: ")
21      .append("id=").append(id)
22      .append(",loginName=").append(loginName)
23      .append(",nickname=").append(nickname)
24      .append("]")
25      .toString();
26  }
27  }
```

上述代码中的性别属性 Sex 是枚举类型，我们将在下一节介绍。因为篇幅限制，略去了所用属性的取值和设置方法。

8.3.3 枚举类 Sex

枚举类 Sex 实现了用户对象中性别属性的类型定义，其代码如下。

```
1   public enum Sex {
2       SECRECY("保密"),
3       MALE("男"),
4       FEMALE("女");
5       private final String label;
6       private Sex(String label)    //枚举的构造方法，它只能是private或默认的
7       {
8           this.label = label;
9       }
10      /** 显示的名称 */
11      public String getLabel() {
12          return this.label;
13      }
14      /** 所代表的值 */
15      public String getValue() {
16          return this.name();
17      }
18  }
```

枚举类型是传统 public static final 常量类型的替代者，其有助于确保给变量指定合法的、期望的值，可以使代码更易于维护。该枚举类中定义了 3 个枚举值 SECRECY、MALE 和 FEMALE，即性别属性的取值只能是三者之一。

8.3.4 实体类 Article

实体类 Article 实现了留言对象的定义，其代码如下。因为篇幅限制，略去了所用属性的取值和设置方法。

```
1   public class Article {
2   private int id;
3   private String content;   //内容
4   private User author;      //作者
5   private Date postTime;    //发表时间
6   private String ipAddr;    //发表文章时所用的IP地址
7   private List attachments = new ArrayList(0);
8   public Article() {
9   }
10      @Override
11      public String toString() {
12          return new StringBuffer().append("[Article: ")
13              .append("id=").append(id)
14              .append(",author=").append( author == null ? null :
                  author.getLoginName())
15              .append(",content=").append(content)
16              .append("]")
17              .toString();
18      }
19  }
```

实体类设计

第 4 行代码定义了留言对象的作者，是 User 对象类型，这与数据库关系模型仅存储用户表的 id 字段不同，使用对象类型更适合于对象模型。

8.3.5 辅助类 DBUtil

辅助类 DBUtil 依靠静态方法实现了对数据库连接的建立和关闭的管理，其代码如下。

```
1   public class DBUtil
2   {
3       //静态初始化，保证驱动程序加载只会执行一次
4       static {
5           try {
6               Class.forName("com.mysql.jdbc.Driver");
7           } catch (ClassNotFoundException e) {
8               e.printStackTrace();
9           }
10      }
11      //建立连接
12      public static Connection getConnection() throws SQLException {
13          return DriverManager.getConnection("jdbc:mysql://localhost:3306/guestbook",
    "root","");
14      }
15      //针对增、删、改的关闭方法
16      public static void close(Statement stmt, Connection conn)
17              throws SQLException {
18          stmt.close();
19          conn.close();
20      }
21      //针对查询的关闭方法
22      public static void close(ResultSet rs, Statement stmt, Connection conn)
23              throws SQLException {
24          rs.close();
25          close(stmt, conn);
26      }
27  }
```

8.3.6 数据访问接口 UserDao

数据访问接口 UserDao 定义了针对 User 实体类的持久化操作，其代码如下。

```
1   public interface UserDao {
2       public User findByLoginNameAndPassword(String loginName, String password);
3       public void insert(User user);
4       public User findById(int id);
5       public User findByLoginName(String loginName);
6   }
```

8.3.7 数据访问类 UserDao4MySqlImpl——登录与注册功能

数据访问类 UserDao4MySqlImpl 是 UserDao 接口针对 MySQL 数据库的实现类，登录功能所需调用的方法代码如下。

```
1   public User findByLoginNameAndPassword(String loginName, String password) {
```

```
2       User user = null;
3       try {
4         Connection conn = DBUtil.getConnection();
5         PreparedStatement pstmt = conn
6         .prepareStatement("select * from user where login_name = ? and password = ? ");
7         pstmt.setString(1, loginName);
8         pstmt.setString(2, password);
9         ResultSet rs = pstmt.executeQuery();
10        if (rs.next()) {
11          user = new User();
12          user.setId(rs.getInt("id"));
13          user.setLoginName(rs.getString("login_name"));
14          user.setPassword(rs.getString("password"));
15          user.setEmail(rs.getString("email"));
16          user.setNickname(rs.getString("nickname"));
17          user.setSex((Sex) Enum.valueOf(Sex.class, rs.getString("sex")));
18          //实现字符串类型到枚举类型的转换
19          user.setBirthday(rs.getDate("birthday"));
20          user.setQq(rs.getString("qq"));
21          user.setMsn(rs.getString("msn"));
22          user.setComeFrom(rs.getString("come_from"));
23          user.setSignature(rs.getString("signature"));
24        }
25        DBUtil.close(pstmt, conn);
26      }
27      catch (SQLException e) {
28        e.printStackTrace();
29      }
30      return user;
31    }
```

第5~9行代码为参数化的 SQL 语句，可避免 SQL 注入攻击。

注册功能所需调用的方法代码如下。

```
1    public void insert(User user) {
2      try {
3        Connection conn = DBUtil.getConnection();
4        PreparedStatement pstmt = conn.prepareStatement
5        ("insert into user (login_name,password,email,nickname,sex,birthday,qq,msn,come_from, signature)
6        values(?,?,?,?,?,?,?,?,?,?)");
7        int index = 1;
8        pstmt.setString(index++, user.getLoginName());
9        pstmt.setString(index++, user.getPassword());
10       pstmt.setString(index++, user.getEmail());
11       pstmt.setString(index++, user.getNickname());
12       pstmt.setString(index++, user.getSex().getValue());
13       pstmt.setDate(index++, new java.sql.Date(user.getBirthday().getTime()));
14       pstmt.setString(index++, user.getQq());
15       pstmt.setString(index++, user.getMsn());
16       pstmt.setString(index++, user.getComeFrom());
17       pstmt.setString(index++, user.getSignature());
18       pstmt.executeUpdate();
```

```
19        DBUtil.close(pstmt, conn);
20      }
21      catch (SQLException e) {
22        e.printStackTrace();
23      }
24    }
```

第 12 行代码实现了枚举类型到字符串类型的转换。第 13 行代码实现了 java.util.Date 类型到 java.sql.Date 类型的转换，因为 PreparedStatement 类的 setDate()方法接收的参数是 java.sql.Date 类型。

数据访问层设计

8.3.8　数据访问接口 ArticleDao

数据访问接口 ArticleDao 定义了针对实体类 Article 的持久化操作，其代码如下。

```
1   public interface ArticleDao{
2     public void insert(Article article);
3     public void delete(int id);
4     public void update(Article article);
5     public Article findById(int id);
6     public List<Article> findAll();
7   }
```

8.3.9　数据访问类 ArticleDao4MySqlImpl——添加与删除功能

数据访问类 ArticleDao4MySqlImpl 是 ArticleDao 接口针对 MySQL 数据库的实现类，添加留言功能所要调用的方法代码如下。

```
1   public void insert(Article article) {
2     try {
3       Connection conn = DBUtil.getConnection();
4       PreparedStatement pstmt = conn.prepareStatement("insert into article(content,
          author_id, post_time,ip_addr) values(?,?,?,?)");
5       int index = 1;
6       pstmt.setString(index++, article.getContent());
7       pstmt.setInt(index++, article.getAuthor().getId());
8       pstmt.setTimestamp(index++, new Timestamp(article.getPostTime().getTime()));
9       pstmt.setString(index++, article.getIpAddr());
10        pstmt.executeUpdate();
11        DBUtil.close(pstmt, conn);
12    }
13    catch (SQLException e) {
14      e.printStackTrace();
15    }
16  }
```

第 7 行代码中的 article.getAuthor().getId()实现了对象模型到关系模型的转换。第 8 行代码实现了 java.util.Date 类型到 java.sql.Timestamp 类型的转换，java.sql.Timestamp 类型可以处理日期/时间类型数据的存取。

删除留言功能所需调用的方法代码如下。

```
1   public void delete(int id) {
2     try {
```

```
3        Connection conn = DBUtil.getConnection();
4        PreparedStatement pstmt = conn.prepareStatement("delete from article where id=?");
5        pstmt.setInt(1, id);
6        pstmt.executeUpdate();
7        DBUtil.close(pstmt, conn);
8    } catch (SQLException e) {
9        e.printStackTrace();
10   }
11 }
```

列出所有留言功能所需调用的方法代码如下。

```
1  public List<Article> findAll() {
2    List<Article> list = new ArrayList<Article>();
3    try {
4        Connection conn = DBUtil.getConnection();
5        PreparedStatement pstmt = conn.prepareStatement("select * from article");
6        ResultSet rs = pstmt.executeQuery();
7        while (rs.next()) {
8            Article article = new Article();
9            int index = 1;
10           article.setId(rs.getInt(index++));
11           article.setContent(rs.getString(index++));
12           article.setAuthor(new UserDao4MySqlImpl().findById(rs.getInt(index++)));
13           article.setPostTime(rs.getTimestamp(index++));
14           article.setIpAddr(rs.getString(index++));
15           list.add(article);
16       }
17       DBUtil.close(pstmt, conn);
18   } catch (SQLException e) {
19       e.printStackTrace();
20   }
21   return list;
22 }
```

第 12 行代码中的 new UserDao4MySqlImpl().findById(rs.getInt(index++))) 实现了关系模型到对象模型的转换。第 13 行代码实现了 java.sql.Timestamp 类型到 java.util.Date 类型的转换。

8.3.10 登录页面 login.jsp

登录页面 login.jsp 的 Java 代码片段如下。

```
1  <%@ page language="java" pageEncoding="gbk" %>
2  <%@ page import="entity.*" %>
3  <%@ page import="dao.*" %>
4  <%@ page import="dao.impl.*" %>
5  <%
6    String message = "";
7    request.setCharacterEncoding("gbk");
8    String method = request.getParameter("method");
9    if("login".equals(method)){       //实现登录验证功能
10       String loginName = request.getParameter("loginName");
11       String password = request.getParameter("password");
12       UserDao userDao = new UserDao4MySqlImpl();
```

```
13       User user = userDao.findByLoginNameAndPassword(loginName,password);
14       if(user!=null){
15          session.setAttribute("user",user);
16          request.getRequestDispatcher("show.jsp").forward(request,response);
17       }else{
18          message = "用户名或密码错误！";
19       }
20    }
21  %>
```

8.3.11　注册页面 register.jsp

注册页面 register.jsp 中实现注册功能的 Java 代码片段如下。

```
1   <%
2     String message = "";
3     request.setCharacterEncoding("gbk");
4     String method = request.getParameter("method");
5     if("register".equals(method)){
6       String loginName = request.getParameter("loginName");
7       UserDao userDao = new UserDao4MySqlImpl();
8       if(userDao.findByLoginName(loginName)!=null){
9          message = "该用户名已存在！";
10      }else{
11         User user = new User();
12         user.setLoginName(request.getParameter("loginName"));
13         user.setPassword(request.getParameter("password"));
14         user.setEmail(request.getParameter("email"));
15         user.setNickname(request.getParameter("nickname"));
16         user.setSex((Sex)Enum.valueOf(Sex.class, request.getParameter("sex")));
17         user.setBirthday(java.sql.Date.valueOf(request.getParameter("birthday")));
18         user.setQq(request.getParameter("qq"));
19         user.setMsn(request.getParameter("msn"));
20         user.setComeFrom(request.getParameter("comFrom"));
21         user.setSignature(request.getParameter("signature"));
22         userDao.insert(user);
23         message = "注册成功！";
24      }
25    }
26  %>
```

第 8~9 行首先判断该用户名是否存在，若用户名不存在就执行注册操作。第 17 行实现了字符串类型到日期类型的转换。

8.3.12　留言页面 show.jsp

留言页面 show.jsp 中的 Java 代码片段如下。

```
1   <%
2     request.setCharacterEncoding("gbk");
3     ArticleDao articleDao = new ArticleDao4MySqlImpl();
4     String method = request.getParameter("method");
5     //利用session防止未登录用户直接跳转至该页面
```

```
6      User user = (User)session.getAttribute("user");
7      if(user==null){
8        response.sendRedirect("login.jsp");
9        return;
10     }
11     //实现留言的添加功能
12     if("add".equals(method)){
13       Article article = new Article();
14       article.setContent(request.getParameter("content"));
15       article.setAuthor(user);
16       article.setPostTime(new Date());
17       article.setIpAddr(request.getRemoteAddr());
18       articleDao.insert(article);
19     }
20     //实现留言的删除功能
21     if("delete".equals(method)){
22       int articleId = Integer.parseInt(request.getParameter("articleid"));
23       articleDao.delete(articleId);
24     }
25     //实现注销操作
26     if("logout".equals(method)){
27       session.invalidate();
28       response.sendRedirect("login.jsp");
29       return;
30     }
31
32     List<Article> list = articleDao.findAll();  //为列出所有留言做准备
33   %>
```

列出所有留言的 JSP 页面代码如下。

```
1    <%
2      for(Article article : list){
3    %>
4    <table border="1" cellspacing="0" width="80%">
5      <tbody>
6        <tr>
7          <td width="10%">
8            <div><%= article.getAuthor().getNickname() %></div>
9            <div><img src="defaultAvatar.gif"/></div>
10           <div>性别: <%= article.getAuthor().getSex().getLabel() %><br>
11               QQ: <%= article.getAuthor().getQq() %><br>
12           </div>
13         </td>
14         <td>
15           <div>
16             发表于<%= new SimpleDateFormat("yy年MM月dd日 HH:mm:ss")
17                 .format(article.getPostTime()) %>
18             <%
```

```
19                  if("admin".equals(user.getLoginName())|| article.getAuthor().
                          getLoginName()
20                          .equals(user.getLoginName())){
21              %>
22                  <a href="show.jsp?method=delete&articleid=<%= article.getId()%>">删除
                    </a>
23              <% } %>
24          </div>
25          <!-- 显示文章内容 -->
26          <div><%= article.getContent() %></div>
27              <!-- 显示作者签名 -->
28              <div><%= article.getAuthor().getSignature() %></div>
29          </td>
30      </tr>
31  </tbody>
32  </table>
33  <% } %>
```

界面层设计

上述代码通过遍历列表以循环方式列出了所有的留言。第16行用SimpleDateFromat类实现了日期的格式化显示。第18~23行代码判断只有用户名为admin管理员或留言的作者才会删除链接。

8.4 系统运行

为了给读者一个直观印象，接下来看看系统的运行界面。因为本章着重讲解留言本应用的架构设计和基本功能实现，因此未对页面进行美化和输入参数验证。

（1）进入系统后，用户首先看到的是登录页面，如图8.5所示，若用户没有登录名和密码，则可单击"注册"按钮进入注册页面。

（2）进入注册页面后，用户可填写个人基本信息和详细信息，并进行提交，如图8.6所示。

图8.5 登录页面

图8.6 注册页面

（3）然后用户可返回登录界面，输入登录名和密码后即可进入留言页面进行留言的添加和删除，普通用户只能删除自己的留言。操作完成后可单击"注销"退出留言本，如图8.7所示。

（4）若用户以用户名为"admin"的管理员身份登录，则可对所有用户的留言进行删除，如图8.8所示。

图 8.7　用户留言页面　　　　　图 8.8　管理员登录页面

8.5　开发过程中的常见问题及其解决方法

采用 JSP 和 JavaBean 也就是 Model 1 设计模式开发应用，虽然使系统架构变得更简单，但由于 JSP 页面中包含大量的 Java 程序片段，所以 JSP 页面的编写与调试就有较大的困难。DAO 实现类在实现对象模型和关系模型转换时，因对象属性的类型与数据表字段类型的不一致，也会引起开发过程中的一些问题。

8.5.1　在同一 JSP 页面区分多种操作的问题

下面以 8.3.10 节描述的登录页面 login.jsp 为例进行讲解。该页面同时需要区分两种操作：第一种操作是登录页面的显示，即给用户提供登录的界面；第二种操作是对用户提交的登录名和密码进行验证，登录名与密码同时正确才可进入留言页面 show.jsp。若对这两种操作不加以区分，那么每次显示该页面都会访问数据库进行验证处理，这显然不是我们所期望的。

为了解决这一问题，可以在页面的 form 标签体中加入一个隐含参数<input type="hidden"name="method"value="login">，当调用 request.getParameter("method")时，若执行提交操作，返回的内容为字符串 login；而进入该页面时，返回的内容为 null，如此设置判断语句，即可在同一 JSP 页面区分多种操作。register.jsp 页面和 show.jsp 页面也使用了同样的方法解决问题。

8.5.2　DAO 层中的类型转换问题

DAO 层通常用数据库实现对象的持久化，但因对象属性的类型与数据表字段类型的不一致，也会引起开发过程中的一些问题。以日期类型为例，Java 对象中的日期类型通常是 java.util.Date 类，而 PreparedStatement 类的 setDate 方法接收的参数类型是 java.sql.Date，因此可用以下的方法解决问题。

```
pstmt.setDate(index++, new java.sql.Date(user.getBirthday().getTime()))
```

PreparedStatement 类的 setDate 方法是以日期的方式存储数据，如果数据库某字段需要以日期+时间方式存储数据，就需要使用 java.sql.Timestam 类，方法如下。

```
pstmt.setTimestamp(index++, new Timestamp(article.getPostTime().getTime()))
```

8.6 小结

本章首先讲解了留言本应用的数据库创建，然后采用 Model 1 模式实现用户的注册与登录、留言的添加与删除功能。通过本章内容的学习，要求读者能够创建数据库和数据表；掌握 Model 1 设计模式进行应用开发；并学会设计 DAO 层代码，设计注册与登录代码，设计留言的添加与删除代码。

习 题

1. 简述 Model 1 设计模式的优缺点。
2. 简述枚举类型的应用场合及其优点。
3. 简述 java.util.Date 与 java.sql.Date 类的不同点。

第 9 章
JSP、Servlet 和 JavaBean 应用开发
——留言本 2.0

本章将在第 8 章留言本程序的基础上进行功能的扩展和架构的重构。在功能上，本例会加入用户资料的修改功能、留言的查询与修改功能；在架构上，本例采用 MVC 设计模式，使用 EL 与 JSTL 以减少 JSP 页面中的 Java 代码片段；此外，本例还采用连接池、工厂设计模式、单例模式与过滤器以提高系统的性能和可维护性。

9.1 系统功能

本系统需要实现的目标有以下几点：
（1）实现用户资料的修改；
（2）实现留言的查询与修改；
（3）使用连接池管理数据库连接；
（4）使用 MVC 及其他设计模式对系统重构。

本章采用 MVC 设计模式对上章的应用进行重构，重构移除了 JSP 页面中的 Java 代码片段，使得 JSP 页面更为简洁，方便用户对代码进行调试与维护。重构后的架构如图 9.1 所示，其具体工作原理可参考前面讲解 JSP 的章节。

部署与运行效果

依照迭代开发的原则，本章在第 8 章功能的基础上增加了用户资料的修改、留言的查询与修改功能，如图 9.2 所示。

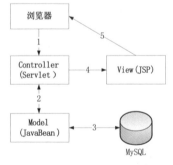

图 9.1 MVC 设计模式

图 9.2 用户用例图

9.2 系统设计

因为没有引入新的实体类和属性,所以本章直接采用第 8 章的数据库和数据表。第 8 章留言本程序的 JSP 页面中存在着大量的 Java 程序片段,这就增加了程序调试的难度,降低了系统的可维护性。本章采用 MVC 设计模式重构该应用,同时采用 EL 和 JSTL 以完全移除 JSP 页面中的 Java 程序片段。

9.2.1 目录和包结构

因为用 MVC 设计模式对系统进行了重构,同时也扩展了新的功能。所以本章应用的目录结构如图 9.3 所示。

由图 9.3 可知该项目的名称是 guestbook2,src 目录下共有 6 个包。除了上一章介绍过的 dao、dao.impl、entity 和 util 包,还引入了 servlet 包和 filter 包。

(1)在 util 包中新增了创建 DAO 对象的工厂类源代码文件 DaoFactory.java 及其配置属性文件 beans-config.properties。

(2)servlet 包下是操作 User 对象和 Article 对象的 MVC 控制器源代码文件。

(3)filter 包下是认证用户和设置字符编码的过滤器源代码文件。

另外,META-INF 目录下增加了配置连接池的文件 context.xml,guestbook2 根目录下增加了 update_user.jsp 和 update_article.jsp,分别完成用户和留言的修改功能。dao.impl 包中的文件和其他 JSP 页面文件也有相应的修改,我们将会在下面的内容中详细介绍。

图 9.3 项目目录结构

9.2.2 连接池的配置与编程

使用连接池管理数据库连接会减少创建数据库连接的时间开销。本章将会用到 Tomcat 中提供的 DBCP 连接池技术。首先在 "WebRoot" 目录的 "META-INF" 子目录下新建一个文件名为 "context.xml" 的 XML 文件,然后在文件中加入如下内容。

```
1   <?xml version="1.0" encoding="UTF-8"?>
2   <Context>
3     <Resource
4       name="jdbc/guestbook"
5       type="javax.sql.DataSource"
6       driverClassName="com.mysql.jdbc.Driver"
7       url="jdbc:mysql://localhost:3306/guestbook1"
8       username="root"
9       password=""
10      maxIdle="3"
11      maxActive="10"
12      maxWait="5000"/>
13  </Context>
```

创建完 context.xml 文件后，务必把 MySQL 数据库的驱动类库复制到 Tomcat 根目录下的 lib 目录中，否则 Tomcat 在启动时会报错。

接下来，修改 util.DBUtil 类中创建数据库连接的 getConnection()方法，使用 context.xml 文件中第 4 行 name 属性定义的数据源对象名称，获得一个数据源对象，并从连接池取出一个数据库连接。修改后的 getConnection()方法代码如下。

```java
1   public static Connection getConnection(){
2     Connection conn = null;
3     try {
4       Context ctx = new InitialContext();          //获得 JNDI 上下文对象
5       DataSource ds=(DataSource)ctx.lookup("java:comp/env/jdbc/guestbook");
                                                     //获得数据源对象
6       conn = ds.getConnection();                   //从连接池中取出一个数据库连接
7     } catch (Exception e) {
8       e.printStackTrace();
9       throw new RuntimeException(e);
10    }
11    return conn;
12  }
```

9.2.3　工厂类 DaoFactory——工厂设计模式与单例设计模式

下面在第 8 章的项目中引入了 DAO 层，其目的是让业务层不依赖于具体的持久化技术，但是在创建 DAO 的实现类时，仍然采用了如下的硬编码方式。

```java
ArticleDao articleDao = new ArticleDao4MySqlImpl();
```

如果需要选用其他数据库的 DAO 实现类时，就必须对该段代码重新编辑和编译，这就降低了系统的可维护性。因此，本章引入实现了工厂设计模式的 DaoFactory 类解决该问题。首先需要一个属性文件 beans-config.properties，其内容如下。

```
userDao=dao.impl.UserDao4MySqlImpl
articleDao=dao.impl.ArticleDao4MySqlImpl
```

DaoFactory 类的代码如下。

```java
1   public class DaoFactory {
2     private UserDao userDao;
3     private ArticleDao articleDao;
4     private static DaoFactory instance = new DaoFactory();
5     private DaoFactory() {
6       Properties props = new Properties();
7       InputStream in = DaoFactory.class.getResourceAsStream("beans-config.properties");
8       try {
9         props.load(in);
10        in.close();
11      } catch (IOException e) {
12        e.printStackTrace();
13      }
14      String userDaoImpl = props.getProperty("userDao");
15      String articleDaoImpl = props.getProperty("articleDao");
```

```
16        try {
17           userDao = (UserDao) Class.forName(userDaoImpl).newInstance();
18           articleDao = (ArticleDao) Class.forName(articleDaoImpl)
19              .newInstance();
20        } catch (Exception e) {
21           e.printStackTrace();
22        }
23     }
24     public static DaoFactory getInstance() {
25        return instance;
26     }
27     public UserDao createUserDao() {
28        return userDao;
29     }
30     public ArticleDao createArticleDao() {
31        return articleDao;
32     }
33  }
```

第 6～13 行代码将属性文件中的属性加载到了属性集 props 中。第 14～15 行代码根据属性名 "userDao" 和 "articleDao" 读取到的属性值是 "dao.impl.UserDao4MySqlImpl" 和 "dao.impl.ArticleDao4MySqlImpl"。

第 17～18 行代码会根据相应的属性值创建出具体的 UserDao4MySqlImpl 对象和 ArticleDao4MySqlImpl 对象。当我们需要 UserDAO 的实现类时，只需调用第 27 行中定义的方法 createUserDao()，其具体的调用代码如下。

```
UserDao userDao = DaoFactory.getInstance().createUserDao();
```

当我们需要 ArticleDAO 的实现类时，只需调用第 30 行中定义的方法 createArticleDao()，其具体的调用代码如下。

```
ArticleDao articleDao = DaoFactory.getInstance().createArticleDao();
```

以上调用代码不涉及任何具体的 DAO 实现类的名称，这样就实现了业务层与持久层的完全解耦。例如，当系统需要改用 ORACLE 数据库时，对业务层的代码不需要做任何修改，而只需要扩展并实现 ORACLE 的 DAO 具体实现类，并将属性文件 beans-config.properties 改为如下内容即可。

```
userDao=dao.impl.UserDao4OracleImpl
articleDao=dao.impl.ArticleDao4OracleImpl
```

Servle 层与工厂设计模式

另外，由第 4 行和第 24～26 行代码可以看出，DaoFactory 还使用了单例设计模式。也就是说，不管有多少个用户使用 DaoFactory 工厂，系统中始终只有一个 DaoFactory 对象，那么系统中也就只用一个 UserDao 对象和 ArticleDao 对象，减少了系统的内存开销。

9.2.4 数据访问类 UserDao4MySqlImpl——修改功能

本章添加了对 User 用户对象的修改功能，所以需要在数据访问类 UserDao4MySqlImpl 中增加修改方法，其代码如下。

```
1  public void update(User user) {
```

```
2   try {
3       Connection conn = DBUtil.getConnection();
4       PreparedStatement pstmt = conn.
5        prepareStatement("update user set
6         login_name=?,password=?,email=?,nickname=?,sex=?,
7         birthday=?,qq=?,msn=?,come_from=?,signature=? where id=?");
8       int index = 1;
9       pstmt.setString(index++, user.getLoginName());
10      pstmt.setString(index++, user.getPassword());
11      pstmt.setString(index++, user.getEmail());
12      pstmt.setString(index++, user.getNickname());
13      pstmt.setString(index++, user.getSex().getValue());
14      pstmt.setDate(index++, new java.sql.Date(user.getBirthday().getTime()));
15      pstmt.setString(index++, user.getQq());
16      pstmt.setString(index++, user.getMsn());
17      pstmt.setString(index++, user.getComeFrom());
18      pstmt.setString(index++, user.getSignature());
19      pstmt.setInt(index++, user.getId());
20      pstmt.executeUpdate();
21      DBUtil.close(pstmt, conn);
22  } catch (SQLException e) {
23      e.printStackTrace();
24      throw new RuntimeException();
25  }
26 }
```

9.2.5 数据访问类 ArticleDao4MySqlImpl——查询与修改功能

本章添加了对 Article 留言对象的查询功能，该功能是根据留言内容进行查询的。我们没有增加新的方法，而是将数据访问类 ArticleDao4MySqlImpl 中原有的 findAll()方法重构成了 findAll(String keyword)方法，其代码如下。

```
1  public List<Article> findAll(String keyword) {
2   List<Article> list = new ArrayList<Article>();
3   try {
4      Connection conn = DBUtil.getConnection();
5      String sql = "select * from article ";
6      if(keyword!=null && !"".equals(keyword))
7          sql = sql +"where content like '%"+keyword+"%'";
8      PreparedStatement pstmt = conn.prepareStatement(sql);
9      ResultSet rs = pstmt.executeQuery();
10     while (rs.next()) {
11         Article article = new Article();
12         int index = 1;
13         article.setId(rs.getInt(index++));
14         article.setContent(rs.getString(index++));
15         article.setAuthor(new UserDao4MySqlImpl().findById(rs.getInt(index++)));
16         article.setPostTime(rs.getTimestamp(index++));
17         article.setIpAddr(rs.getString(index++));
18         list.add(article);
19     }
20     DBUtil.close(pstmt, conn);
```

```
21      } catch (SQLException e) {
22          e.printStackTrace();
23          throw new RuntimeException();
24      }
25      return list;
26  }
```

第 5 行到第 7 行为新增的构造 SQL 语句的代码，当 keyword 参数值为 null 或为空时，该方法将会返回所有留言对象；否则，该方法将会返回留言内容中包含有 keyword 参数值的所有留言对象。

为了实现修改功能，首先需要提供 findById(int id)方法，根据留言对象的 id 查询出该留言对象的其他属性以便修改，其代码如下。

```
1   public Article findById(int id) {
2       Article article = null;
3       try {
4           Connection conn = DBUtil.getConnection();
5           PreparedStatement pstmt = conn.prepareStatement
    ("select * from article where id = ? ");
6           pstmt.setInt(1, id);
7           ResultSet rs = pstmt.executeQuery();
8           if (rs.next()) {
9               article = new Article();
10              int index = 1;
11              article.setId(rs.getInt(index++));
12              article.setContent(rs.getString(index++));
13              article.setAuthor(new UserDao4MySqlImpl().findById(rs.getInt(index++)));
14              article.setPostTime(rs.getTimestamp(index++));
15              article.setIpAddr(rs.getString(index++));
16          }
17          DBUtil.close(pstmt, conn);
18      } catch (SQLException e) {
19          e.printStackTrace();
20          throw new RuntimeException();
21      }
22      return article;
23  }
```

修改留言功能所需调用的方法代码如下。

```
1   public void update(Article article) {
2       try {
3           Connection conn = DBUtil.getConnection();
4           reparedStatement pstmt =
5               conn.prepareStatement("update article set content=?, author_id =?, " +
6                   "post_time=?, ip_addr=? where id=?");
7           int index = 1;
8           pstmt.setString(index++, article.getContent());
9           pstmt.setInt(index++, article.getAuthor().getId());
10          pstmt.setTimestamp(index++, new Timestamp(article.getPostTime().
11              getTime()));
12          pstmt.setString(index++, article.getIpAddr());
13          pstmt.setInt(index++, article.getId());
```

```
14        pstmt.executeUpdate();
15        DBUtil.close(pstmt, conn);
16    } catch (SQLException e) {
17        e.printStackTrace();
18        throw new RuntimeException();
19    }
20 }
```

9.2.6 MVC 控制器类 UserServlet

第 8 章留言本程序的 JSP 页面中存在着大量的 Java 程序片段，增加了程序调试的难度，降低了系统的可维护性。因此，本章采用 MVC 设计模式对架构进行重构，这就需要引入 Servlet 类，将原来 JSP 页面中组装表单参数的代码、调用数据访问层的代码和实现页面转发的代码全部移到 Servlet 类中。

针对 User 用户对象，创建 MVC 控制器类 UserServlet，并将原来 login.jsp 页面和 register.jsp 页面中的 Java 代码片段转移到 UserServlet 类中，同时还添加了修改用户对象的功能，其代码如下。

```
1  public class UserServlet extends HttpServlet {
2    private static final long serialVersionUID = 1L;
3    UserDao userDao = DaoFactory.getInstance().createUserDao();
4    //用工厂类 DaoFactory 创建接口 UserDao 的具体实现类
5    public void doGet(HttpServletRequest request, HttpServletResponse response)
6        throws ServletException, IOException {
7        doPost(request, response);
8    }
9    public void doPost(HttpServletRequest request, HttpServletResponse response)
10       throws ServletException, IOException {
11       String message = "";
12       String path = "/error.jsp";
13       boolean isRedirect = false;
14       String method = request.getParameter("method");
15       //以下代码实现了登录验证功能
16       if ("login".equals(method)) {
17         String loginName = request.getParameter("loginName");
18         String password = request.getParameter("password");
19         User user = userDao.findByLoginNameAndPassword(loginName, password);
20         if (user != null) {
21            request.getSession().setAttribute("user", user);
22            path = "/article?method=findall";
23         } else {
24            message = "用户名或密码错误! ";
25            path = "/login.jsp?message=" + message;
26         }
27       }
28       //以下代码实现了用户注册功能
29       if ("register".equals(method)) {
30         String loginName = request.getParameter("loginName");
31         if (userDao.findByLoginName(loginName) != null) {
32            message = "该用户名已存在! ";
33            path = "/register.jsp?message=" + message;
34         } else {
```

```
35            User user = new User();
36            user.setLoginName(request.getParameter("loginName"));
37            user.setPassword(request.getParameter("password"));
38            user.setEmail(request.getParameter("email"));
39            user.setNickname(request.getParameter("nickname"));
40            user.setSex((Sex) Enum.valueOf(Sex.class, request
41                .getParameter("sex")));
42            user.setBirthday(java.sql.Date.valueOf(request
43                .getParameter("birthday")));
44            user.setQq(request.getParameter("qq"));
45          user.setMsn(request.getParameter("msn"));
46            user.setComeFrom(request.getParameter("comeFrom"));
47            user.setSignature(request.getParameter("signature"));
48            userDao.insert(user);
49            message = "注册成功，请登录！";
50            path = "/login.jsp?message="+ URLEncoder.encode(message, "GBK");
51            isRedirect = true;
52        }
53      }
54      //以下代码实现了转至修改页面和修改用户功能
55      if ("toupdate".equals(method)) {
56        path = "/update_user.jsp";
57      }
58      if ("update".equals(method)) {
59        User user = new User();
60        user.setId(Integer.parseInt(request.getParameter("id")));
61        user.setLoginName(request.getParameter("loginName"));
62        user.setPassword(request.getParameter("password"));
63        user.setEmail(request.getParameter("email"));
64        user.setNickname(request.getParameter("nickname"));
65        user.setSex((Sex) Enum.valueOf(Sex.class, request
66            .getParameter("sex")));
67        user.setBirthday(java.sql.Date.valueOf(request
68            .getParameter("birthday")));
69        user.setQq(request.getParameter("qq"));
70        user.setMsn(request.getParameter("msn"));
71        user.setComeFrom(request.getParameter("comeFrom"));
72        user.setSignature(request.getParameter("signature"));
73        userDao.update(user);
74        message = "修改成功，请重新登录！";
75        path = "/login.jsp?message=" + URLEncoder.encode(message, "GBK");
76        isRedirect = true;
77      }
78      if (isRedirect) {
79        response.sendRedirect(request.getContextPath() + path);
80      } else {
82        request.getRequestDispatcher(path).forward(request, response);
83      }
84    }
85  }
```

第 12 行定义的变量 path 表示操作完成后的结果页面的路径。第 13 行定义的变量 isRedirect

表示操作完成后，是执行转发还是执行重定向。为了防止重复提交，完成增、删、改操作后应执行重定向，而重复提交对查询操作并无不当影响，因此查询操作完成后可执行转发。第 78～82 行的代码会根据 path 变量和 isRedirect 变量的具体值完成相应的操作。

9.2.7　MVC 控制器类 ArticleServlet

针对 Article 留言对象，我们创建了 MVC 控制器类 ArticleServlet，并将原来 show.jsp 页面中的 Java 代码片段移到 ArticleServlet 类中，同时还添加了查询和修改留言对象的功能，其代码如下。

```
1   public class ArticleServlet extends HttpServlet {
2       private static final long serialVersionUID = 1L;
3       private ArticleDao articleDao = DaoFactory.getInstance().createArticleDao();
        //用工厂类 DaoFactory 创建接口 ArticleDao 的具体实现类
4       public void doGet(HttpServletRequest request, HttpServletResponse response)
5           throws ServletException, IOException {
6           doPost(request, response);
7       }
8       public void doPost(HttpServletRequest request, HttpServletResponse response)
9           throws ServletException, IOException {
10          String path = "/error.jsp";
11          boolean isRedirect = false;
12          String keyword = request.getParameter("keyword");
13          keyword = (keyword==null?"":keyword);
14          String method = request.getParameter("method");
15          //以下代码实现了留言添加功能
16          if("add".equals(method)){
17           Article article = new Article();
18           article.setContent(request.getParameter("content"));
19           article.setAuthor((User)request.getSession().getAttribute("user"));
20           article.setPostTime(new Date());
21           article.setIpAddr(request.getRemoteAddr());
22           articleDao.insert(article);
23           path = "/article?method=findall";
24           isRedirect = true;
25          }
26          //以下代码实现了留言删除功能
27          if("delete".equals(method)){
28           int articleId = Integer.parseInt(request.getParameter("articleid"));
29           articleDao.delete(articleId);
30           path = "/article?method=findall&keyword="+URLEncoder.encode(keyword,"GBK");
31           isRedirect = true;
32          }
33          //以下代码实现了转至修改页面和修改留言功能
34          if("toupdate".equals(method)){
35            int articleId = Integer.parseInt(request.getParameter("articleid"));
36            Article article = articleDao.findById(articleId);
37            request.getSession().setAttribute("article", article);
38            path = "/update_article.jsp";
39          }
40          if("update".equals(method)){
```

```
41        Article article = (Article)request.getSession().getAttribute("article");
42        article.setContent(request.getParameter("content"));
43        articleDao.update(article);
44        path = "/article?method=findall";
45        isRedirect = true;
46    }
47    //以下代码实现了留言查询功能
48    if("findall".equals(method)){
49        List<Article> list = articleDao.findAll(keyword);
50        request.setAttribute("list", list);
51        path = "/show.jsp?keyword="+keyword;
52    }
53    //以下代码实现了退出注销功能
54    if("logout".equals(method)){
55        request.getSession().invalidate();
56        path = "/login.jsp";
57        isRedirect = true;
58    }
59    if (isRedirect){
60        response.sendRedirect(request.getContextPath() + path);
61    } else {
62        request.getRequestDispatcher(path).forward(request, response);
63    }
64  }
65 }
```

当重定向的路径中有中文参数时，需要用 java.net.URLEncoder 类的 encode 方法对其进行编码转换以避免出现乱码，第 30 行代码即对 keyword 变量进行了处理。

9.2.8　过滤器类 CharsetEncodingFilter

在 Servlet 或 JSP 代码中，在获取用户提交的表单参数之前，都需要执行如下代码。

```
request.setCharacterEncoding("GBK");
```

该代码设置了请求正文的字符编码，以避免获取请求参数时出现乱码。为了避免在每个 Servlet 或 JSP 代码中都加入该行代码，定义了过滤器类 CharsetEncodingFilter，其代码如下。

```
1  public class CharsetEncodingFilter implements Filter {
2    private String encoding = "GBK";
3    public void doFilter(ServletRequest servletRequest, ServletResponse servletResponse,
4      FilterChain filterChain) throws IOException, ServletException {
5      servletRequest.setCharacterEncoding(this.encoding);
6      servletResponse.setCharacterEncoding(this.encoding);
7      filterChain.doFilter(servletRequest, servletResponse);
8    }
9    public void init(FilterConfig filterConfig) throws ServletException {
10     this.encoding = filterConfig.getInitParameter("encoding");
11   }
12   public void destroy() {}
13 }
```

第 5~6 行代码设置了请求和响应正文的字符编码。第 10 行代码从 web.xml 配置文件中读取初始化参数 encoding，以取得具体的编码名称，即用户可修改 web.xml 文件以动态调整编码格式。
该过滤器在 web.xml 文件中的配置代码如下。

```xml
1   <filter>
2     <filter-name>CharsetEncodingFilter</filter-name>
3     <filter-class>filter.CharsetEncodingFilter</filter-class>
4     <init-param>
5       <param-name>encoding</param-name>
6       <param-value>GBK</param-value>
7     </init-param>
8   </filter>
9   <filter-mapping>
10    <filter-name>CharsetEncodingFilter</filter-name>
11    <url-pattern>/*</url-pattern>
12  </filter-mapping>
```

第 4~7 行代码对 encoding 参数进行了设置，其设定的值为"GBK"。

9.2.9 过滤器类 AuthFilter

在 Servlet 或 JSP 代码中，为了防止未登录用户直接跳转至该 Servlet 或 JSP，都需要执行与下面类似的代码。

```
1   User user = (User)session.getAttribute("user");
2   if(user==null){
3     response.sendRedirect("login.jsp");
4     return;
5   }
```

为了避免在每个 Servlet 或 JSP 代码中都加入该段代码，我们定义了过滤器类 AuthFilter，其代码如下。

```java
1   public class AuthFilter implements Filter {
2   public void doFilter(ServletRequest servletRequest, ServletResponse servletResponse,
3       FilterChain filterChain) throws IOException, ServletException {
4     HttpServletRequest request = (HttpServletRequest)servletRequest;
5     HttpServletResponse response = (HttpServletResponse)servletResponse;
6     String re questURI = req uest. getRequestURI();
7     String targetURI = requestURI.substring(requestURI.indexOf("/", 1),
        requestURI.length());
8     HttpSession session = request.getSession(false);
9     Set<String> set = new HashSet<String>(Arrays.asList(new String[]
10      {"/login.jsp","/register. jsp", "/user"}));
11    if (!set.contains(targetURI)) {
12      if (session == null || session.getAttribute("user") == null) {
13        //重定向到登录页面
14        response.sendRedirect(request.getContextPath() + "/login.jsp");
15        return;
16      }
17    }
18    //继续执行
19    filterChain.doFilter(request, response);
20  }
```

```
21    public void init(FilterConfig filterConfig) throws ServletException {}
22    public void destroy() {}
23  }
```

第 6~7 行代码获取了 URI 中的 JSP 文件名或 Servlet 映射路径，第 8~19 行代码保证除 HashSet 中指定的"/login.jsp""/register.jsp""/user"等几个 JSP 文件和 Servelt 映射路径外，对任何 Servelt 或 JSP 的访问都必须经过验证。

9.2.10 留言页面 show.jsp

由于本章采用了 MVC 设计模式，所以原来 JSP 页面中组装表单参数的代码、调用数据访问层的代码和实现页面转发的代码全部移到 Servlet 控制器类中，JSP 页面的编写和调试就简化了许多。同时我们在 JSP 页面中使用了 EL 和 JSTL，这样就使得 JSP 文件中不再包含任何 Java 代码片段。重构后的 show.jsp 页面的代码如下。

```
1   <%@ page language="java" pageEncoding="gbk"%>
2   <%@ taglib prefix="c" uri="http://java.sun.com/jsp/jstl/core" %>
3   <%@ taglib prefix="fmt" uri="http://java.sun.com/jsp/jstl/fmt" %>
4   <html><head><title>留言本</title></head>
5     <body>
6     <center>
7     <form action="article" method="post">
8       <input type="text" name="keyword" value=${param.keyword}>
9       <input type="hidden" name="method" value="findall">
10      <input type="submit" value="查询">
11    </form>
12    </center>
13    <br>
14    <%@ include file="header.jspf" %>
15    <c:forEach var="article" items="${list}" >
16      <table border="1" cellspacing="0" width="80%">
17      <tbody>
18        <tr><td width="10%">
19          <div>${article.author.nickname}</div>
20          <div><img src="defaultAvatar.gif"/></div>
21          <div>性别: ${article.author.sex.label}<br>
22            QQ: ${article.author.qq} <br>
23          </div></td>
24        <td><div>
25          <span>发表于<fmt:formatDate value="${article.postTime}"
26            pattern="yy年mm月dd日 HH:mm:ss"/></span>
27      <c:iftest="${user.loginName=='admin'||user.loginName==article.author.loginName}">
28      <a href="article?method=delete&articleid=${article.id}&keyword=${param.keyword}">
29        删除</a>
30        <a href="article?method=toupdate&articleid=${article.id}">修改</a>
31      </c:if>
32      </div>
33        <!-- 显示文章内容 -->
34        ${article.content}
35        <!-- 显示作者签名 -->
36          <div>${article.author.signature}</div>
```

```
37            </td></tr></tbody></table>
38        </c:forEach>
39        <!-- 发表主题表单 -->
40        <form name="articleForm" method="post" action="article" >
41          <input type="hidden" name="method" value="add">
42          <table>
43          <tr><td>内容</td>
44            <td><textarea name="content" cols="40" rows="10"></textarea></td>
45          </tr>
46          <tr><td align="center" colspan="2"><input type="submit" value="提交"></td></tr>
47         </table></form>
48       </body>
49     </html>
```

第 2~3 行代码引入了 JSTL 的 core 标签库和 I18N 标签库，第 25~26 行代码使用了 JSTL 的 I18N 标签库格式的留言时间，第 15~38 行代码使用了 <c:forEach> 标签循环输出 list 集合中的所有留言对象。第 27~31 行代码使用 <c:if> 标签保证只对管理员和留言作者显示删除和修改链接。

比较本章 show.jsp 与第 8 章 show.jsp 的页面代码，可以发现当使用了 MVC 设计模式和 EL 与 JSTL 后，JSP 页面文件的编写得到了极大简化，减少了表示层与业务层的耦合程度，提高了系统的可扩展性和可维护性。

9.2.11 修改留言页面 update_article.jsp

为了实现修改留言的功能，本章引入了 update_article.jsp 页面，其核心内容（即 form 表单）的代码如下。

```
1     <form method="post" action="article">
2       <input type="hidden" name="method" value="update">
3       <center>
4       <table>
5         <tr>
6           <td>作者</td>
7           <td>${article.author.nickname}</td>
8         </tr>
9         <tr>
10          <td>时间</td>
11          <td>${article.postTime}</td>
12        </tr>
13        <tr>
14          <td>IP 地址</td>
15          <td>${article.ipAddr}</td>
16        </tr>
17        <tr>
18          <td>内容</td>
19     <td><textarea name="content" cols="40" rows="10">${article.content}</textarea></td>
20        </tr>
21        <tr>
22          <td align="center" colspan="2">
23            <input type="submit" value="提交">
24     <input type="submit" value="返回"
25       onClick="window.self.location='article?method=findall'">
```

```
26      </td>
27     </tr>
28    </table>
29   </center>
30  </form>
```

9.2.12 修改用户页面 update_user.jsp

为了实现修改用户的功能，本章还引入了 update_user.jsp 页面，其核心内容（即 form 表单）的代码如下。

```
1   <form method="post" action="user">
2    <input type="hidden" name="method" value="update">
3    <input type="hidden" name="id" value="${user.id}">
4    <table>
5     <tr><td colspan="3">基本信息(必填)</td></tr>
6     <tr>
7      <td>登录名</td>
8      <td>
9       <input type="text" name="loginName"
10   value="${user.loginName}" readonly style="BACKGROUND-COLOR:gray;"></td>
11      <td><font color="red">*</font></td>
12     </tr>
13     <tr>
14      <td>密码</td>
15      <td><input type="password" name="password" value="${user.password}"></td>
16      <td><font color="red">*</font></td>
17     </tr>
18     <tr>
19      <td>确认密码</td>
20      <td><input type="password" name="password2" value="${user.password}"></td>
21      <td><font color="red">*</font></td>
22     </tr>
23     <tr>
24      <td>电子邮件</td>
25      <td><input type="text" name="email" value="${user.email}"></td>
26      <td><font color="red">*</font></td>
27     </tr>
28     <tr>
29      <td>昵称</td>
30      <td><input type="text" name="nickname"
31         value="${user.nickname}" readonly style="BACKGROUND-COLOR:gray;"></td>
32      <td><font color="red">*</font></td>
33     </tr>
34    </table>
35    <table>
36     <tr>
37      <td colspan="3">详细信息(选填)</td>
38     </tr>
39     <tr>
40      <td>性别</td>
41      <td>
```

```
42          <input type="radio" name="sex"
43              value="SECRECY" ${user.sex.value == "SECRECY" ? "checked" : ""}>保密
44          <input type="radio" name="sex"
45              value="MALE" ${user.sex.value == "MALE" ? "checked" : ""}>男
46          <input type="radio" name="sex"
47              value="FEMALE" ${user.sex.value == "FEMALE" ? "checked" : ""}>女
48        </td>
49         <td> </td>
50      </tr>
51      <tr>
52         <td>生日</td>
53         <td><input type="text" name="birthday" value="${user.birthday}"></td>
54         <td> </td>
55      </tr>
56      <tr>
57         <td>QQ号码</td>
58         <td><input type="text" name="qq" value="${user.qq}"></td>
59         <td> </td>
60      </tr>
61      <tr>
62         <td>MSN</td>
63         <td><input type="text" name="msn" value="${user.msn}"></td>
64         <td> </td>
65      </tr>
66      <tr>
67         <td>来自</td>
68         <td><input type="text" name="comeFrom" value="${user.comeFrom}"></td>
69         <td> </td>
70      </tr>
71      <tr>
72         <td>个性签名</td>
73         <td><textarea name="signature">${user.signature}</textarea></td>
74         <td>最大长度为255个字符</td>
75      </tr>
76      <tr>
77         <td align="center" colspan="3">
78           <input type="submit" value="提交" />
79           <input type="reset"  value="重填" />
80         </td>
81      </tr>
82    </table>
83 </form>
```

当修改用户信息时,本留言系统不允许修改登录名(loginName)和昵称(nickname),所以第10行和第31行将文本框设为灰色只读。第40~48行代码根据user对象的性别属性sex的值,决定哪一个单选按钮被选中。

界面层设计

9.3 系统运行

本章增加了用户资料的修改功能、留言的查询与修改功能，下面给出了系统的运行界面进行直观展示。

（1）登录并进入系统后，用户会看到留言页面，如图 9.4 所示，若用户需要修改个人资料，则可单击"个人资料"链接进入个人资料修改页面。

（2）进入个人资料修改页面后，除了登录名与密码，用户还可修改个人基本信息和详细信息，修改完毕单击"提交"按钮，如图 9.5 所示。

图9.4 留言页面

图9.5 个人资料修改页面

（3）系统会自动跳转至登录界面，让用户重新进行登录。

（4）在留言页面中，用户在文本框中输入关键字并单击"查询"按钮，可以查询留言内容，如图 9.6 所示。

（5）在留言页面中，用户单击"修改"链接，可以进入修改页面以修改留言内容，如图 9.7 所示。

图9.6 查询留言内容

图9.7 修改留言页面

（6）用户修改完留言内容后，可以单击"提交"按钮，重新回到留言页面。

9.4 开发过程中的常见问题及其解决方法

在采用 MVC 设计模式开发应用时，因为需要同时处理 JSP 页面和 Servelt 类，所以程序的架构比 Model 1 设计模式复杂，初学者也容易遇到较多的问题。在处理 JSP 页面和 Servelt 类的开发过程中，最常见的问题是乱码问题和路径问题。

9.4.1 乱码问题

解决开发过程中乱码问题的核心思路是，整个应用统一使用相同的字符集和编码方法，GBK 和 UTF-8 是开发中文应用最常用的字符集和编码方法，本节就以 GBK 为例讲解常见的乱码问题及其解决方法。

（1）JSP 页面显示乱码。

如果 JSP 页面显示中文内容时出现乱码，可以在 JSP 页面开始处加入 JSP 指令<%@ pageEncoding="GBK" %>解决该问题。

（2）request.getParameter()方法接收参数时出现乱码。

若客户端页面是以 post 方式提交数据，则可在使用 request.getParameter()方法前，调用 request.setCharacterEncoding("GBK")设定请求正文使用 GBK 编码解决该问题。若客户端页面是以 get 方式提交数据，为了解决该问题，可在 Tomcat 的 conf 目录下的 server.xml 配置文件中 port 属性值为 8080 的<Connector>标签中，加入属性 URIEncoding="GBK"，加入后内容如下。

```
<Connector port="8080" maxHttpHeaderSize="8192"
    maxThreads="150" minSpareThreads="25" maxSpareThreads="75"
    enableLookups="false" redirectPort="8443" acceptCount="100"
    connectionTimeout="20000" disableUploadTimeout="true" URIEncoding="GBK"/>
```

9.4.2 路径问题

路径问题主要是指 URI 路径使用不当而显示 404 错误页面的问题。

（1）JSP 页面中的路径问题。

以本章 login.jsp 页面为例，其表单标签的正确写法应为<form method="post" action="user">，其 action 属性指定将该表单提交到路径：http://localhost:8080/guestbook2/user。如果误将 action 属性写为 action="\user"就会将表单提交到路径：http://localhost:8080/user。所以更加周全的写法如下。

```
<form method="post" action="${pageContext.request.contextPath}/user">
```

（2）web.xml 配置文件中的路径问题。

以本章 UserServlet 类为例，其在 web.xml 中的<url-pattern>标签的正确设置应为 <url-pattern>/user</url-pattern>，若将/user 中的反斜杠漏掉，而写为<url-pattern>user</url-pattern>，就会使得 Tomcat 在启动该应用时发生异常，以致该应用无法正常启动。

9.5 小结

本章首先讲解了连接池的配置与编程，然后使用 MVC 设计模式，即 JSP、Servlet 和 JavaBean 重构了应用，在第 8 章留言本的基础上实现了用户资料的修改、留言的查询与修改功能。通过本章内容的学习，要求读者掌握连接池的设置与编程，掌握工厂设计模式与单例设计模式，并且能够采用 MVC 设计模式进行应用开发。

习 题

1. 相对于 Model 1 模式，简述 MVC 模式的特点。
2. 在 Java Web 开发中，常见的中文乱码问题有哪些，该如何解决？
3. 在何种场合可采用工厂设计模式，该模式为系统设计带来什么优点？
4. 在何种场合可采用单例模式，该模式为系统设计带来什么优点？
5. 在 JSP 页面和 web.xml 中指定 URL 路径时，什么情况下应该以"\"开头？为什么？

第 10 章 Java Web 常用组件应用开发——留言本 3.0

本章将在第 9 章留言本程序的基础上，利用常用开源组件实现功能的进一步扩展。主要增加的功能有：利用邮件找回密码功能、可视化在线编辑留言功能、图片上传与管理功能、登录的验证码检验功能和留言的分页查询功能。

10.1 系统功能

本系统需要实现的目标有以下几点：
（1）利用 Apache Commons Email 组件实现邮件找回密码功能；
（2）利用 CKEditor 组件实现可视化在线编辑留言功能；
（3）利用 Apache Commons FileUpload 组件实现图片的上传与管理；
（4）实现登录的验证码检验；
（5）实现留言的分页查询。
本章基于 MVC 设计模式讲解常用组件的应用开发，增加的主要功能如图 10.1 所示。

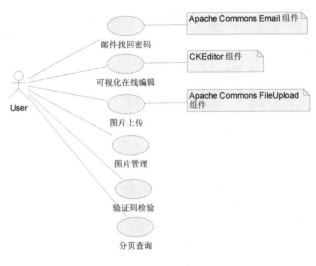

图 10.1 用户用例图

10.2 系统设计

虽然留言本应用程序的规模较小，但若要做到实际应用，仍然需要做很多的工作。本章基于第 9 章所建立的 MVC 设计模式和 DAO 设计模式的架构，利用常用开源组件实现系统目标中的功能。

10.2.1 目录和包结构

在引入开源组件扩展了新的功能之后，本章应用的目录和包结构如图 10.2 所示。

由图 10.2 可知该项目的名称是 guestbook3，src 目录下没有增加新包，在 servlet 包下增加了 EmailServlet、ImageServlet 和 UploadServlet 类，分别实现了邮件发送、验证码生成和图片上传功能。在 util 包下增加了 Pagination 类，该类实现了与分页有关的业务逻辑。

在 WebRoot 目录下增加了 ckeditor.jspf、getpassword.html 和 page.jspf 页面文件，分别实现了可视化编辑器组件、找回密码页面和分页逻辑的显示与控制。

在 WebRoot 目录下增加了 avatars 目录、temp 目录和 ckeditor 目录。avatars 目录用于存放用户上传的头像文件，temp 目录用于存放上传时产生的临时文件，ckeditor 目录用于存放 ckeditor 组件的相关文件。

图 10.2 项目目录结构

10.2.2 添加 Apache Commons Email 组件

Apache Commons Email 组件由 Apache 开源软件组织提供，用户无须另行安装 E-mail 服务器即可用其实现邮件的发送与接收，也可实现带附件的邮件的发送。用户可从网上下载该组件，解压后即可得到 commons-email-1.2.jar 包。

该组件依赖于 mail.jar 包和 activation.jar 包，用户将 commons-email-1.2.jar、mail.jar 和 activation.jar 这 3 个包文件复制到 WEB-INF/lib 目录之下即可。

本书"随书范例源码"的"\ch10\\guestbook3\WebRoot\WEB-INF\lib"目录下包含了本章所有用到的 jar 包，用户无须下载，可直接使用这些 jar 包。

10.2.3 利用邮件找回密码功能

我们在 servlet 包下定义了 EmailServlet 类，该类利用 Apache Commons Email 组件实现了找回密码功能，也就是根据用户由 getPassword.html 页面提交的 loginName 用户名参数，将用户密码发送到其注册时提供的邮箱之中。EmailServlet 类的代码如下。

```java
1   public class EmailServlet extends HttpServlet {
2     private static final long serialVersionUID = 1L;
3     UserDao userDao = DaoFactory.getInstance().createUserDao();
4     public void doGet(HttpServletRequest request, HttpServletResponse response)
5       throws ServletException, IOException {
6       doPost(request, response);
7     }
8     public void doPost(HttpServletRequest request, HttpServletResponse response)
9       throws ServletException, IOException {
10      String message = "";
11      User user = userDao.findByLoginName(request.getParameter("loginName"));
12      if (user != null) {      //根据执行结果决定提示信息
13        if (sendEmail(user))
14          message = "密码已发至您的邮箱! ";
15        else
16          message = "发送邮件错误! ";
17      } else {
18        message = "用户名不存在! ";
19      }
20      response.sendRedirect(request.getContextPath() + "/login.jsp?message="+
21          URLEncoder.encode(message, "GBK"));
22    }
23    private boolean sendEmail(User user) {
24      boolean result = true;
25      SimpleEmail email = new SimpleEmail();
26      //通过Gmail Server 发送邮件
27      email.setHostName("smtp.gmail.com");                    // 设置smtp 服务器
28      email.setSSL(Boolean.TRUE);                             // 设置是否使用SSL
29      email.setSslSmtpPort("465");                            // 设置SSL 端口
30      email.setAuthentication("username", "password");        // 设置smtp 服务器的用户名和密码
31      try {
32        String emailStr = user.getEmail();
33        email.setCharset("GBK");                              // 设定内容的语言集
34        email.addTo(emailStr,emailStr.substring(0,emailStr.indexOf("@")));//设定收件人
35        email.setFrom("username@gmail.com");                  // 设定发件人
36        email.setSubject("密码");                              // 设定主题
37        email.setMsg("您的密码是" + user.getPassword());       // 设定邮件内容
38        email.send();                                         // 发送邮件
39      } catch (EmailException e) {
40        e.printStackTrace();
41        result = false;
42      }
43      return result;
44    }
45  }
```

sendEmail(User user)方法使用 SimpleEmail 类,实现了根据 user 对象的 email 属性发送密码的功能。因为 Gmail 服务器使用了 SSL 协议,所以

邮件找回密码功能

第 28～29 行的代码设置了 SSL 协议相关的属性。读者的邮件服务器若不采用该协议，则可删除这两行代码。

10.2.4 添加 CKEditor 组件

可视化编辑组件 CKEditor 是著名 KCKeditor 组件的 3.0 版，是 FCKeditor 的一个完全重写版本。基于该组件，在网页上可以实现类似于微软 Word 的在线编辑功能。下载该组件，解压后得到 ckeditor 目录，用户直接将该目录复制到 WebRoot 目录之下即可。在使用 CKEditor 组件之前，首先需要对其进行适当的设置，设置文件是 ckeditor 目录下的 config.js。本章项目对其所做的设置如下。

```
1   CKEDITOR.editorConfig = function( config )
2   {
3     config.width = 450;              //显示宽度
4     config.skin='office2003';        //界面风格
5     config.font_names = '宋体/宋体;黑体/黑体;楷体/楷体_GB2312;隶书/隶书;'+ config.font_names ;
6     config.toolbar =[
7       ['NewPage','RemoveFormat'],
8       ['Bold','Italic','Underline'],
9       ['JustifyLeft','JustifyCenter','JustifyRight'],
10      ['Link','Unlink'],
11      ['Image','Smiley','SpecialChar','Table'],
12      ['Font','FontSize'],
13      ['TextColor','BGColor']
14    ];
15  };
```

第 5 行代码设置了可供用户选择的字体范围，CKEditor 组件默认的字体范围不包含中文字体。第 6～14 行代码设置了所需的工具栏，CKEditor 组件默认显示的工具栏的数量太多，所以要进行适当的删减。

CKEditor 组件

10.2.5 可视化在线编辑留言功能

为了在 JSP 页面中实现可视化在线编辑留言功能，本项目首先创建了一个 ckeditor.jspf 文件，其页面代码如下。

```
1   <script type="text/javascript" src="ckeditor/ckeditor.js"></script>
2   <script type="text/javascript">
3     window.onload = function(){
4       CKEDITOR.replace('content');
5     };
6   </script>
```

第 1 行引入了 CKEditor 组件中关键的 JavaScript 文件 ckeditor.js，位于 ckeditor 目录之下。第 2～5 行在页面的 onload 事件中添加代码以替换 JSP 页面中 name 属性为 content 的文本域组件。

项目中的 show.jsp 页面和 update_article.jsp 页面包含了 name 属性为 content 的文本域组件，分别用于实现留言的添加和修改功能。在这两个页面中，只需添加如下的 include 指令就可以将原来的文本域替换为所见即所得的 CKEditor 编辑器。

```
<%@ include file="ckeditor.jspf" %>
```

使用 CKEditor 组件之后，添加留言和显示留言的界面效果如图 10.3 所示。

图 10.3　添加 CKEditor 组件的显示效果

10.2.6　添加 Apache Commons FileUpload 组件

Apache Commons FileUpload 组件由 Apache 开源软件组织提供，主要用于实现一个或多个文件的上传功能。

从网上下载该组件，解压后得到 commons-fileupload-1.2.1 包。其依赖于 Apache 的 Commons IO 组件，下载该组件，解压后得到 commons-io-1.4.jar 包。然后将 commons-fileupload-1.2.1.jar 和 commons-io-1.4.jar 两个包文件复制到 WEB-INF/lib 目录之下即可。

10.2.7　图片上传与显示页面 update_user.jsp

本章在原有的 update_user.jsp 页面中加入了图片上传表单和图片显示代码，新添加的代码如下。

```
1  <form method="post" action="upload" enctype="multipart/form-data">
2    <table>
3      <tr><td colspan="2">头像图片</td></tr>
4      <tr><td>目前使用的图片</td>
5        <c:set var="avatarFile" value="avatars/${user.id}.gif"/>
6        <%
7          if(!new
8              java.io.File(application.getRealPath("/")+
9              pageContext.getAttribute("avatarFile")). exists()){
10             pageContext.setAttribute("avatarFile", "avatars/defaultAvatar.gif");
11         }
12        %>
13      <td><img src="${avatarFile}?random="+<%=Math.random()%> width="120"
14          height="120"><td>
15    </tr>
16    <tr><td><input type="file" name="avatar"></td>
17      <td>最大像素 120 * 120,<br>大小不能超过 204800 字节.</td></tr>
18    <tr><td colspan="2"><input type="submit" value="上传" /></td></tr>
19    </table>
20  </form>
```

第 1 行的 form 标签中设置了属性 enctype="multipart/form-data"，这是上传表单中必须设置的属性，表示该表单为复杂的包含多个子部分的复合表单。第 16 行中的<input type="file" name="avatar">标签给用户提供了选择上传文件的窗口。

用户上传的头像文件都保存于 avatars 目录之下，文件的全名为"用户的 id 值.gif"的形式。例如，某用户的 id 属性的值为 7，那么该用户的头像文件名是 7.gif。第 5 行代码在 avatarFile 变量中设置了当前用户的头像文件名。第 7~11 行代码判断该文件是否存在，若不存在，则 avatarFile 变量设置为默认头像文件名 avatars/defaultAvatar.gif。第 13 行代码在需显示的图像文件名后加入了参数?random="+<%=Math.random()%>，避免浏览器对图片进行缓存。

10.2.8 图片上传功能

本章在 servlet 包下定义了 UploadServlet 类，该类利用 Apache Commons FileUpload 组件实现了图片上传及存储功能，也就是根据用户由 update_user.jsp 页面提交的图片文件，将其按用户的 id 重命名后存储在 avatars 目录下。UploadServlet 类的代码如下：

```java
1  public class UploadServlet extends HttpServlet {
2      private static final long serialVersionUID = 1L;
3      private String uploadFilePath;          // 存放上传文件的目录
4      private String tempUploadFilePath;      // 存放临时文件的目录
5      public void init(ServletConfig config) throws ServletException {
6          super.init(config);
7          uploadFilePath = config.getInitParameter("uploadFilePath");
8          tempUploadFilePath = config.getInitParameter("tempUploadFilePath");
9          uploadFilePath = getServletContext().getRealPath(uploadFilePath);
10         tempUploadFilePath = getServletContext().getRealPath(tempUploadFilePath);
11     }
12     public void doPost(HttpServletRequest request, HttpServletResponse response)
13         throws ServletException, IOException {
14         try {
15             // 创建一个基于硬盘的FileItem工厂
16             DiskFileItemFactory factory = new DiskFileItemFactory();
17             // 设置向硬盘写数据时所用的缓冲区的大小，此处为4KB
18             factory.setSizeThreshold(4 * 1024);
19             // 设置临时目录
20             factory.setRepository(new File(tempUploadFilePath));
21             // 创建一个文件上传处理器
22             ServletFileUpload upload = new ServletFileUpload(factory);
23             // 设置允许上传的文件的最大尺寸，此处为200KB
24             upload.setSizeMax(200 * 1024);
25             List<FileItem> items = upload.parseRequest(request);
26             for(FileItem item: items){
27                 if (!item.isFormField()) {
28                     processUploadedFile(item,request);    // 处理上传文件
29                 }
30             }
31         } catch (Exception e) {
32             throw new ServletException(e);
33         }
34         response.sendRedirect(request.getContextPath() +"/update_user.jsp");
35     }
36     private void processUploadedFile(FileItem item, HttpServletRequest request)
```

```
37          throws Exception {
38       String filename = ((User)request.getSession().getAttribute("user")).
           getId()+".gif";
39       long fileSize = item.getSize();              //获取文件尺寸
40       if (filename.equals("") && fileSize == 0)    //若文件为空，则不做处理
41         return;
42       File uploadedFile = new File(uploadFilePath + "/" + filename);  //设置本地存储路径
43       item.write(uploadedFile);                    //将上传文件存入本地
44     }
45  }
```

第 25 行 ServletFileUpload 类的 parseRequest()方法，用于获取 request 对象中所有的表单参数和上传文件构成的集合 items。第 27 行代码判断参数是普通表单参数还是上传文件，然后分别进行不同的处理。需要注意的是，如果 form 标签中设置了 enctpe 属性，该表单提交后就不能再调用 request.getParameter()方法获取相应参数值。

第 7～10 行代码根据 web.xml 中的配置参数设定上传路径和临时路径，从 web.xml 配置文件中读取初始化参数 uploadFilePath 和 tempUploadFilePath，用户可修改 web.xml 文件以动态调整存储路径。该 Servlet 类在 web.xml 文件中的配置代码如下。

```
1   <servlet>
2    <servlet-name>Upload</servlet-name>
3    <servlet-class>servlet.UploadServlet</servlet-class>
4    <init-param>
5     <param-name>uploadFilePath</param-name>
6     <param-value>avatars</param-value>
7    </init-param>
8    <init-param>
9     <param-name>tempUploadFilePath</param-name>
10    <param-value>temp</param-value>
11   </init-param>
12  </servlet>
13  <servlet-mapping>
14   <servlet-name>Upload</servlet-name>
15   <url-pattern>/upload</url-pattern>
16  </servlet-mapping>
```

文件上传组件

10.2.9 验证码检验功能

为了避免黑客对网站密码的暴力破解和大量"灌水"，网站需要对关键操作提供验证码检验功能，本章对登录页面实现了验证码检验，首先需要在 login.jsp 页面中加入的代码如下。

```
1   <tr>
2    <td>验证码</td>
3    <td><input type="text" name="verifyCode"></td>
4    <td><img src="image"></td>
5   </tr>
```

第 4 行 img 标签的 src 属性的值为 image，它是一个 Servlet 的映射路径，该 Servlet 即为下面要创建的 ImageServlet，其输出流为图片格式，图片内容为 4 个随机数字构成的验证码。用户在第 3 行的 verifyCode 文本框中输入该验证码，服务器则会检验该验证码是否与图片中的验证码一致。

本章在 servlet 包下定义了 ImageServlet 类，该类动态生成由 4 个随机数字组成的小图片。ImageServlet 类的代码如下。

```java
public class ImageServlet extends HttpServlet {
    private static final long serialVersionUID = 1L;
    public void doGet(HttpServletRequest request, HttpServletResponse response)
        throws ServletException, IOException {
        doPost(request, response);
    }
    public void doPost(HttpServletRequest request, HttpServletResponse response)
        throws ServletException, IOException {
        response.setContentType("image/jpeg");        //设置输出流为图片格式
        // 设置页面不缓存
        response.setHeader("Pragma", "No-cache");
        response.setHeader("Cache-Control", "no-cache");
        response.setDateHeader("Expires", 0);
        // 在内存中创建图像
        int width = 60, height = 20;
        BufferedImage image=new BufferedImage(width,height,BufferedImage.TYPE_INT_RGB);
        // 获取图形对象
        Graphics g = image.getGraphics();
        g.setColor(getRandColor(200, 250));
        // 画边框
        g.fillRect(0, 0, width, height);
        Random random = new Random();
        g.setColor(getRandColor(160, 200));
        // 随机产生155条干扰线，使图像中的验证码不易被OCR程序探测到
        for (int i = 0; i < 155; i++) {
            int x = random.nextInt(width);
            int y = random.nextInt(height);
            int xl = random.nextInt(12);
            int yl = random.nextInt(12);
            g.drawLine(x, y, x + xl, y + yl);
        }
        g.setFont(new Font("Times New Roman", Font.PLAIN, 18));// 设定验证码字体
        //产生4位数字的验证码
        String sRand = "";
        for (int i = 0; i < 4; i++) {
            String rand = String.valueOf(random.nextInt(10));
            sRand += rand;
            g.setColor(new Color(20 + random.nextInt(110), 20 + random
                .nextInt(110), 20 + random.nextInt(110)));
            g.drawString(rand, 13 * i + 6, 16);              // 将验证码显示到图像中
        }
        request.getSession().setAttribute("verifyCode", sRand);//将验证码存入session
        g.dispose();    // 关闭对象，释放内存，刷新到图形对象
        ImageIO.write(image, "JPEG", response.getOutputStream());
        // 把内存的图片编码输出到页面，参数依次为：图片对象，格式(png,jpg)，输出流
    }
    private Color getRandColor(int fc, int bc) {              // 给定范围获得随机颜色
        Random random = new Random();
        if (fc > 255)
```

```
50          fc = 255;
51       if (bc > 255)
52          bc = 255;
53       int r = fc + random.nextInt(bc - fc);
54       int g = fc + random.nextInt(bc - fc);
55       int b = fc + random.nextInt(bc - fc);
56       return new Color(r, g, b);
57    }
```

第 34～41 行代码产生了 4 位随机数字构成的验证码，如果读者需要包含数字以外的其他字符，可对该段代码进行适当修改。第 42 行代码将 4 位随机数值以名称 verifyCode 存入了 session 之中，用户在 login.jsp 页面提交验证码后，在 userServlet 类中即可将用户提交的参数值与 session 中的预存值进行比较，以完成验证码的检验。

在 servlet 包下原有的 UserServlet 类中，需要增加检验用户验证码的功能。其代码如下。

```
1   if ("login".equals(method)) {
2     String verifyCode = request.getParameter("verifyCode");
3     if (request.getSession().getAttribute("verifyCode").equals(verifyCode)) {
4       String loginName = request.getParameter("loginName");
5       String password = request.getParameter("password");
6       User user = userDao.findByLoginNameAndPassword(loginName, password);
7       if (user != null) {
8          request.getSession().setAttribute("user", user);
9          path = "/article?method=findall";
10      } else {
11         message = "用户名或密码错误！";
12         path = "/login.jsp?message=" + message;
13      }
14    } else {
15      message = "验证码错误！";
16      path = "/login.jsp?message=" + message;
17    }
18  }
```

验证码功能

第 2 行用于获取用户提交的验证码参数 verifyCode，第 3 行将验证码参数与由 ImageServlet 预先存在 session 中的验证值进行比较，若相同则继续比较用户名和密码，否则就回到注册页面。

10.2.10 分页查询功能

在开发 Web 项目时，如果查询结果的数量较大，就不可能将其全部显示在一个页面中，此时就需用到分页技术。本章在程序中实现了分页查询功能，首先在 util 包下定义 Pagination 类，其代码如下。

```
1   public class Pagination {
2     private int totalRecords;       //总记录数
3     private int rowPerPage;         //每页显示行数
4     private int totalPage;          //总页数
5     private int currentPage;        //当前页号
6     private int startRow;           //当前页的开始行号
7     public Pagination() {
8       totalRecords = 0;
```

```java
9        rowPerPage = 10;
10       totalPage = 1;
11       currentPage = 1;
12       startRow = 1;
13   }
14   public int getFirstPageNo() {         //转到首页
15       return 1;
16   }
17   public int getLastPageNo() {          //转到尾页
18       return totalPage;
19   }
20   public int getPreviousPageNo() {      //转到上一页
21       if (currentPage <= 1){
22           return 1;
23       }
24       return currentPage - 1;
25   }
26   public int getNextPageNo() {          //转到下一页
27       if (currentPage >= totalPage) {
28           return totalPage;
29       }
30       return currentPage + 1;
31   }
32   public boolean isFirstPage() {        //是否为首页
33       return currentPage == 1;
34   }
35   public boolean isLastPage() {         //是否为尾页
36       return currentPage == totalPage;
37   }
38   //设置总的记录数
39   public void setTotalRecords(int totalRecords) {
40       if(totalRecords==0)
41           return;
42       this.totalRecords = totalRecords;
43       totalPage = (totalRecords + rowPerPage - 1) / rowPerPage;
44       if (currentPage <1)
45           currentPage =1;
46       else if (currentPage > totalPage)
47           currentPage = totalPage;
48       startRow = (currentPage - 1) * rowPerPage + 1;
49   }
50   public int getTotalRecords() {
51       return totalRecords;
52   }
53   public int getTotalPage() {
54       return totalPage;
55   }
56   public int getStartRow() {
57       return startRow;
58   }
59   public void setRowPerPage(int rowPerPage) {
60       this.rowPerPage = rowPerPage;
```

```
61      }
62      public int getRowPerPage() {
63          return rowPerPage;
64      }
65      public void setCurrentPage(int currentPage) {
66          this.currentPage = currentPage;
67      }
68      public int getCurrentPage() {
69          return currentPage;
70      }
71  }
```

第 39~49 行代码是该类的核心代码,每次查询时,若总记录数改变,就会做出一系列的调整。第 43 行代码根据总记录数调整了总页数,第 44~47 行代码调整了当前页号,第 48 行代码则调整了当前页的开始行号。

接下来在原有 ArticleServlet 类中涉及查询的部分,增加分页功能后的代码如下。

```
1   if ("findall".equals(method)) {
2     Pagination page = new Pagination();
3     page.setRowPerPage(Integer.parseInt(getInitParameter("rowPerPage")));
4     page.setCurrentPage(currentPage);
5     List<Article> list = articleDao.findAll(keyword, page);
6     request.setAttribute("list", list);
7     request.setAttribute("page", page);
8     path = "/show.jsp?keyword=" + keyword;
9   }
```

第 2 行创建了一个新的 Pagination 类的对象 page,第 3 行根据 web.xml 中的初始参数设置了每页行数,第 4 行则根据用户提交的参数 currentPage 设置了当前页号,第 5 行将 page 对象作为参数传入了 ArticleDAO 类的查询方法中,该方法返回当前页中需显示的留言对象所构成的集合。第 6 行和第 7 行则分别把查询的结果集合和 page 对象存入 request 中,以便前端页面提取显示。

为了实现分页查询,本章也对 ArticleDao4MySqlImpl 类中的 findAll() 方法进行了重构,重构后的代码如下。

```
1   public List<Article> findAll(String keyword, Pagination page) {
2     Connection conn = null;
3     PreparedStatement pstmt = null;
4     ResultSet rs = null;
5     List<Article> list = new ArrayList<Article>();
6     try {
7       conn = DBUtil.getConnection();
8       page.setTotalRecords(getTotalRecords(conn, keyword));    //设置查询结果的总记录数
9       String sql = "select * from article ";
10      if (keyword != null && !"".equals(keyword)) {
11        sql = sql + "where content like '%" + keyword + "%'";
12      }
13      sql =sql + "order by post_time limit " +(page.getStartRow()-1)+"," + page.
          getRowPerPage();
14      pstmt = conn.prepareStatement(sql);
15      rs = pstmt.executeQuery();
16      while (rs.next()) {
```

```
17      Article article = new Article();
18      int index = 1;
19      article.setId(rs.getInt(index++));
20      article.setContent(rs.getString(index++));
21      article.setAuthor(new UserDao4MySqlImpl().findById(rs.getInt(index++)));
22      article.setPostTime(rs.getTimestamp(index++));
23      article.setIpAddr(rs.getString(index++));
24      list.add(article);
25      }
26    } catch (SQLException e) {
27      e.printStackTrace();
28      throw new RuntimeException();
29    } finally {
30      DBUtil.close(pstmt, conn);
31    }
32    return list;
33  }
34  //返回查询结果的总记录数
35  private int getTotalRecords(Connection conn, String keyword)
36      throws SQLException {
37    String sql = "select count(id) from article ";
38    if (keyword != null && !"".equals(keyword)) {
39      sql = sql + "where content like '%" + keyword + "%'";
40    }
41    sql = sql +" order by post_time ";
42    PreparedStatement pstmt = null;
43    ResultSet rs = null;
44    int count = 0;
45    try {
46      pstmt = conn.prepareStatement(sql);
47      rs = pstmt.executeQuery();
48      rs.next();
49      count = rs.getInt(1);
50    } finally {
51      rs.close();
52      pstmt.close();
53    }
54    return count;
55  }
```

第 9～13 行代码是根据查询关键字 keyword 和 page 对象构造 SQL 语句。

在 findAll()方法中，只有第 8、13 行是新加入的代码，第 8 行用于设置当前查询中 page 对象的总记录数。第 13 行则利用 MySQL 的 limit 语法构造 SQL 语句，即返回由 page.getStartRow() – 1 行开始的 page.getRowPerPage()条记录。

第 35～55 行代码为本章新增方法 getTotalRecords(Connection conn, String keyword)，其被 findAll()方法直接调用以获取当前查询结果的总记录数，参数 conn 是由 findAll()方法传入的连接对象，表示其和 findAll()方法共用一个连接，参数 keyword 是查询所依据的关键字。

10.2.11 分页查询页面 page.jspf

要实现分页功能，还需要提供分页界面，本章中的 page.jspf 就实现了该项功能。其分页界面效果如图 10.4 所示。

图 10.4 分页界面

其页面代码如下。

```
1   <%@ page language="java" pageEncoding="gbk" %>
2   <script type="text/javascript">
3     function gotoPage(pageNo){
4       window.location="article?method=findall&keyword=${param.keyword}&
          currentPage ="+pageNo;
5     }
6   </script>
7   每页${page.rowPerPage}行 共${page.totalRecords}行 
8   第${page.currentPage}/${page.totalPage}页 
9       <input type="button"value="首页"onClick="gotoPage(${page.firstPageNo})"
        ${page.firstPage? "disabled":""}>
10      <input type="button"value="上页"onClick="gotoPage(${page.previousPageNo})"
        ${page.firstPage? "disabled":""}>
11      <input type="button"value="下页"onClick="gotoPage(${page.nextPageNo})"
        ${page.lastPage? "disabled":""}>
12      <input type="button"value="尾页"onClick="gotoPage(${page.lastPageNo})"
        ${page.lastPage? "disabled":""}>
13  转到第
14  <select id="toPageNo" onChange="gotoPage(this.value)">
15    <c:forEach var="i" begin="1" end="${page.totalPage}">
16      <option value="${i}" ${page.currentPage == i?"selected":""}>${i}</option>
17    </c:forEach>
18  </select>
19  页
```

第 2~6 行代码定义了 JavaScript 方法 gotoPage(pageNo)，其可根据页号 pageNo 实现翻页功能。第 9 行的首页标签和第 10 行的上页标签末尾都加入了 EL 代码${page.firstPage?"disabled":""}，当位于第一页时则两个标签自动变灰。第 11 行的下页标签和第 12 行的尾页标签末尾都加入了 EL 代码${page.lastPage?"disabled":""}，当位于最后一页时则两个标签自动变灰。第 13~19 行代码实现了选择页号的组合框，第 16 行代码中的 EL 代码${page.currentPage == i?"selected":""}保证组合框能随时显示当前页号。

分页功能

10.3 系统运行

下面通过系统的运行界面来查看新增功能的效果。

（1）进入登录界面时，在登录页面有一个"找回密码"按钮，用户单击该按钮即可进入找回密码的页面，如图 10.5 所示。

（2）进入找回密码页面后，用户只要在"用户名"文本框中输入用户的登录名并单击"提交"按钮，即可将用户的密码发送到用户注册时提供的电子邮箱中，如图 10.6 所示。

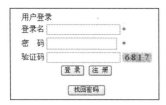
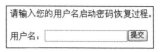

图 10.5　带验证码的登录页面　　　　图 10.6　找回密码页面

（3）读者可以看到在登录页面中还增加了验证码校验功能，只有用户输入了正确的验证码后，用户才会进入留言页面，这样就能避免非法用户对网站进行暴力密码破解。

（4）登录进入留言页面后，在留言页面下方有一个可视化的留言编辑器，其用法与微软公司的 Word 基本相同，可实现留言的可视化编辑及插入图片等功能，如图 10.7 所示。

（5）留言后的效果如图 10.8 所示。在该页面下方可以看到，该留言页面同时也实现了常用的分页查询功能。

（6）单击"个人资料"链接，进入个人资料页面后，用户可上传修改自己的默认头像，上传后即可看到新传的用户图片，如图 10.9 所示。

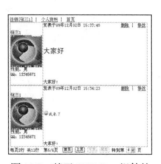
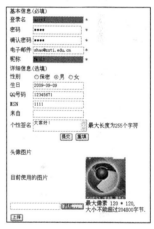

图 10.7　基于 CKEditor 组件的　　　图 10.8　基于 CKEditor 组件的
　　　　　留言页面　　　　　　　　　　　　　留言效果

图 10.9　上传用户头像界面

10.4　开发过程的常见问题及其解决方法

本章主要讲解了 Java Web 项目中的常用组件及常用功能的应用开发，虽然这些功能比较简单，但是在实际的编写、调试和部署中仍然会出现不少问题，下面来介绍一些常见问题及其解决方法。

10.4.1　缓存问题

浏览器通常会把访问过的网页和图片存放在缓存中，下次访问时就无须访问服务器而可以直接从缓存中取出，这样就提高了访问速度。但是，Web 项目中某些功能的实现要求其页面和图片不能被缓存，因此就需要一些方法禁止浏览器缓存，下面介绍两种禁止缓存的方法。

（1）在 JSP 或 Servlet 中调用 HttpServletResponse 类的设置 HTTP 响应头部的方法来禁止当前页面被缓存，具体调用的方法代码如下。

```
response.setHeader("Pragma", "No-cache");       //HTTP1.0
response.setHeader("Cache-Control", "no-cache"); //HTTP1.1
response.setDateHeader("Expires", 0);
```

（2）上面的方法只能禁止页面被缓存，当 URL 指向的是一个小图片时，即使采用上面的方法也无效。因此通常在需显示的图像文件名后加入参数?random="+<%=Math.random()%> 或者?timestampt=" + new Date().getTime()，这样每次访问的 URL 都是一个全新的连接，就可以避免浏览器对图片进行缓存。例如，update_user.jsp 页面中显示用户当前头像图片的标签代码如下。

```
<img src="${avatarFile}?random="+<%=Math.random()%> width="120"height="120">
```

10.4.2 SQL 语句的拼装问题

在使用 JDBC 访问数据库时，若相应功能的查询或者增、删、改操作比较复杂，这时所需执行的 SQL 语句也会比较复杂。那么，在具体拼装 SQL 语句时，就容易出现错误。例如，ArticleDao4MySqlImpl 类中实现分页查询功能的 SQL 语句拼装代码如下。

```
1    String sql = "select * from article ";
2    if (keyword != null && !"".equals(keyword)) {
3      sql = sql + "where content like '%" + keyword + "%'";
4    }
5      sql =sql + "order by post_time limit" + (page.getStartRow()-1)+ ","+ page.
6        getRowPerPage();
```

上述代码中第 2～4 行代码判断用户是否提供了 keyword 参数，即是否需要执行有条件的查询。第 5 行则保证按留言时间排序的同时，只返回由第 page.getStartRow() – 1 行开始的 page.getRowPerPage()条记录。因为 MySQL 中的行号从 0 开始，所以 page.getStartRow()方法需要执行 "减 1" 操作。

拼装 SQL 语句常犯的错误有以下几种。

（1）关键字间没有留空格，造成关键字连在一起。如第 1 行的 article 和 where 间若没有空格就会是 "select * from articlewhere content like..."。

（2）使用字符串参数时没有使用单引号。如当 keyword=123 时，第 3 行正确的生成结果应是 "where content like '%123%'"，而不是 "where content like %123%"。

（3）语句顺序错误。如第 2 行到第 4 行的代码块和第 6 行代码的顺序是不能颠倒的，否则运行时会报数据库错误。

10.5 小结

在 Java Web 应用开发中，很多功能都需要借助第三方组件实现。本章使用 Java Web 的常用组件，在第 9 章留言本的基础上实现邮件找回密码、可视化在线编辑、图片上传与管理、验证码和分页等功能。在讲解实现留言本新增功能的基础上，使读者掌握利用邮件找回密码、可视化在线编辑留言、图片上传与管理、登录的验证码检验、分页查询等 Web 开发中常见功能的编程实现。

习 题

1. 除了本章提到的 Java Web 组件，另列出 3 种以上 Java Web 开发中常见的其他组件。
2. 简述浏览器缓存的原理及其优缺点。
3. 在 Java Web 开发中都有哪些方法可避免浏览器缓存。
4. 除了本章提到的常见 SQL 语句错误，另外总结 3 种以上 Java 开发中常见的 SQL 语句错误。

第 11 章
Struts2、Spring 和 Hibernate 框架整合开发——留言本 4.0

本章将在第 10 章留言本程序的基础上，利用 Struts2、Spring 和 Hibernate 对系统进行重构。首先利用 Hibernate 与 Spring 整合实现 DAO 层；然后利用 Struts2 实现控制层；最后完成 Struts2 与 Spring 的整合，由 Spring 创建 Action 实例，同时还将实现 Sex 枚举类型在 Hibernate 和 Struts2 中的转换，以及 Struts2 的文件上传和输入校验等功能。通过将本章与第 10 章的实现方案进行比较，可以发现在使用框架之后，不但显著减少了项目中的编码量，项目还具有了更高的可维护性和可扩展性。

11.1 系统功能

本章在项目中逐步引入 Struts2、Spring 和 Hibernate 框架，并基于这些框架进一步完善项目的功能。

11.1.1 系统目标

本系统需要实现的目标有以下几点：
（1）利用 Hibernate 与 Spring 整合实现 DAO 层；
（2）利用 Struts2 实现控制层；
（3）利用 Struts2 与 Spring 整合实现 Action 实例的 Spring 管理；
（4）实现 Sex 枚举类型在 Hibernate 和 Struts2 中的转换；
（5）实现 Struts2 的文件上传和输入校验。

11.1.2 功能概览

本章着重于实现 Struts2、Spring 和 Hibernate 的整合，整合后的架构如图 11.1 所示。依照迭代开发原则，在项目 guestbook4.0 中实现了 Hibernate 与 Spring 的整合，在项目 guestbook4.1 中整合了 Struts2，在 guestbook4.2 中实现了 Struts2 与 Spring 的整合。在功能上用 Struts2 简化了文件上传功能，实现了注册和登录页面的校验功能。

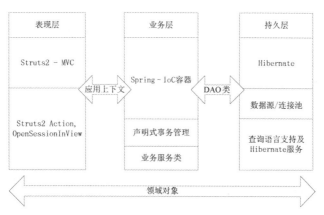

图 11.1 基于 SSH 框架的系统架构

11.2 系统设计

Struts2、Spring 和 Hibernate 的整合其实就是 Struts2 和 Spring 的整合及 Hibernate 和 Spring 的整合。因此，本章按照自底向上的顺序，首先实现 Hibernate 和 Spring 整合的 guestbook4.0 版的留言本，然后实现 Struts2 替代 Servlet 控制层的 guestbook4.1 版的留言本，最后实现 Struts2 和 Spring 整合的 guestbook4.2 版的留言本。

11.2.1　Hibernate 和 Spring 的整合——guestbook4.0

在完成 Hibernate 和 Spring 的整合以重构留言本的 DAO 层之后，guestbook4.0 版项目的目录和包结构如图 11.2 所示。

由图 11.2 可知该项目的名称是 guestbook4，首先使用 HibernateTemplate 重新实现了 dao.Impl 包下的 ArticleDao4MySqlImpl 类和 UserDao4MySqlImpl 类。在 entity 包下增加了 Hibernate 映射文件 Article.hbm.xml、User.hbm.xml 和 type-def.hbm.xml。在 entity 包下增加了自定义的 Hibernate 数据类型 EnumType。在 src 目录下增加了 Spring 配置文件 applicationContext-beans.xml、applicationContext-common.xml 及 Hibernate 配置文件 hibernate.cfg.xml。

因为使用 Hibernate 实现 DAO 层，所以 util 包下的 DBUtil 类可以删除。因为使用了 Spring 的 IoC 容器管理 DAO 实例的创建，所以 util 包下的 DaoFactory 类和其配置文件 beans-config.properties 也可以删除。

图 11.2　整合了 Hibernate 和 Spring 的项目目录结构

11.2.2　Hibernate 配置文件 hibernate.cfg.xml

配置数据库连接的 hibernate.cfg.xml 文件内容如下。因为没有引入新的实体类和属性，所以本章采用第 9 章的数据库和数据表。

```xml
1  <hibernate-configuration>
2  <session-factory>
3     <property name="show_sql">true</property>
4     <property name="myeclipse.connection.profile">Mysql</property>
5     <property name="connection.url">jdbc:mysql://localhost:3306/guestbook1 </property>
6     <property name="connection.username">root</property>
7     <property name="connection.password"></property>
8     <property name="connection.driver_class">com.mysql.jdbc.Driver</property>
9     <property name="dialect">org.hibernate.dialect.MySQLDialect</property>
10    <mapping resource="entity/type-def.hbm.xml" />
11    <mapping resource="entity/User.hbm.xml" />
12    <mapping resource="entity/Article.hbm.xml" />
13 </session-factory>
14 </hibernate-configuration>
```

11.2.3　自定义映射类型 EnumType——Hibernate 持久化枚举类型

User 实体类中的 Sex 属性是枚举类型，使用 Hibernate 持久化 User 对象时，由于 Hibernate3.1 的基本类型中不包括枚举类型，所以不能对枚举类型直接进行映射。为了实现 Sex 枚举类型在 Hibernate 中的持久化，本章在 util 包下实现了自定义映射类型 EnumType，把 Sex 枚举类型持久化为数据库中的 VARCHAR 型字段，其代码如下。

```java
1  //在数据库表中使用一个varchar类型的列保存枚举常量的name值
2  public class EnumType implements UserType, ParameterizedType {
3     protected Class<? extends Enum> enumClass;
4     protected int sqlType = Types.VARCHAR;
5     protected Class<? extends Enum> getEnumClass() {
6        return this.enumClass;
7     }
8     // ParameterizedType 接口中的方法
9     public void setParameterValues(Properties parameters) {
10       String enumClassName = parameters.getProperty("enumClassName");
11       try {
12          this.enumClass = (Class<Enum>) Class.forName(enumClassName);
13       } catch (ClassNotFoundException e) {
14          throw new IllegalArgumentException("指定了一个不正确的枚举类型
   【"+ enumClassName + "】", e);
15       }
16    }
17    //用于设定 nullSafeGet 所返回的数据的类型，即用户自定义的数据类型
18    public Class<? extends Enum> returnedClass() {
19       return getEnumClass();
20    }
21    //对应数据库表中列的类型，可选值在java.sql.Types中定义
22    public int[] sqlTypes() {
23       return new int[] { sqlType };
```

```
24      }
25      //在PreparedStatement执行之前会调用本方法，一般是在本方法中将自定义类型数据转换成数据库中的数
        据类型。要处理值为null时的情况。其中，value表示的是要写入的值；index表示的是statement的
        参数中的索引
26      public void nullSafeSet(PreparedStatement st, Object value, int index) throws
           HibernateException, SQLException {
27         if (value == null) {
28            st.setNull(index, sqlType);
29         } else {
30            st.setString(index, ((Enum) value).name());
31         }
32      }
33      //从ResultSet中取出相应的值并转成与属性类型对应的类型，要处理当值为null时的情况
34      public Object nullSafeGet(ResultSet rs, String[] names, Object owner) throws
           HibernateException, SQLException {
35         String value = rs.getString(names[0]);
36         if(rs.wasNull()){
37            return null;
38         }
39         return Enum.valueOf(getEnumClass(), value);
40      }
41      public boolean isMutable() {    //对象是否可变（如这里的sex不可变）
42         return false;
43      }
44      //要求返回一个自定义类型的完全复制对象，如果是不可变对象（如枚举）或null，可以直接返回value参数
45      public Object deepCopy(Object value) throws HibernateException {
46         return value;
47      }
48      //对象调用merge方法时对这个属性进行复制，如果是不可变对象（如枚举）或null，应直接返回
        第一个参数值original
49      public Object replace(Object original, Object target, Object owner) throws
           HibernateException {
50         return original;
51      }
52      public boolean equals(Object x, Object y) throws HibernateException {
53         if(x == null ){
54            return false;
55         }
56         return x.equals(y);
57      }
58      public int hashCode(Object x) throws HibernateException {
59         return x.hashCode();
60      }
61      //把这个数据放入缓存时要调用的方法
62       public Object assemble(Serializable cached,Object owner)throws HibernateException{
63          return cached;
64       }
65      //从缓存中取这个对象数据时要调用的方法
66       public Serializable disassemble(Object value) throws HibernateException {
67          return (Serializable)value;
68       }
69   }
```

若要实现 Hibernate 中的自定义映射类型，只需实现 UserType 接口即可。但如果想让该自定义类型具备接受参数的功能，就要同时实现 ParameterizedType 接口。

11.2.4　Hibernate 映射文件

为了将枚举类型 entity.Sex 映射到上节的自定义映射类型 util.EnumType，本章在 entity 包下创建了 Hibetnate 映射文件 type-def.hbm.xml，其内容如下。

```
1    <hibernate-mapping>
2      <typedef name="sexEnumType" class="util.EnumType">
3        <param name="enumClassName">entity.Sex</param>
4      </typedef>
5    </hibernate-mapping>
```

第 2 行定义了一个 Hibernate 映射类型，名字是 sexEnumType，具体的类型定义是 util.EnumType 类。第 3 行定义了一个名字为 enumClassName、值为 entity.Sex 的参数，该参数即为上节 EnumType 类的 setParameterValues()方法所处理的内容。

针对 entity.User 类的 Hibetnate 映射文件 user.hbm.xml 的内容如下。

```
1    <hibernate-mapping>
2      <class name="entity.User" table="user">
3        <id name="id"><generator class="native" /></id>
4        <property name="loginName" column="login_name" not-null="true" />
5        <property name="password" not-null="true" />
6        <property name="email" not-null="true" />
7        <property name="nickname" not-null="true"/>
8        <property name="sex" column="sex" type="sexEnumType"/>
9        <property name="birthday" type="java.util.Date"/>
10       <property name="qq"/>
11       <property name="msn"/>
12       <property name="comeFrom" column="come_from"/>
13       <property name="signature"/>
14     </class>
15   </hibernate-mapping>
```

该映射文件第 8 行指定了 sex 属性映射到类型 sexEnumType，type-def.hbm.xml 映射文件中定义了 sexEnumType 的具体实现。

针对 entity.Article 类的 Hibetnate 映射文件 article.hbm.xml 的内容如下。

```
1    <hibernate-mapping>
2      <class name="entity.Article" table="article" lazy="false">
3        <id name="id"><generator class="native" /></id>
4        <property name="content" not-null="true" />
5        <many-to-one name="author" column="author_id" lazy="false"/>
6        <property name="postTime" column="post_time" type="timestamp" not-null="true"/>
7        <property name="ipAddr" column="ip_addr" not-null="true" />
8      </class>
9    </hibernate-mapping>
```

因为 Article 类与 User 类间有多对一的关联，该文件的第 2 行和第 5 行分别定义了属性 lazy="false"，即对 User 不实行延迟加载，以免在 JSP 页面文件中读取关联的 user 对象时发生异常。

11.2.5　Spring 配置文件——配置 SessionFactory 和 DAO 类

整合 Hibernate 和 Spring 后，可将 Hibernate 中 SessionFactory 实例的创建交由 Spring 来管理，Spring 的 IoC 容器不仅能声明式配置 SessionFactory 实例，也可为其注入数据源引用。可用 src 目录下的 applicationContext-common.xml 文件完成 SessionFactory 的 Spring 管理，其内容如下。

```
1  <!-- 配置SessionFactory -->
2  <bean id="SessionFactory" class="org.springframework.orm.hibernate3.LocalSession
   FactoryBean">
3    <property name="configLocation">
4      <value>classpath:hibernate.cfg.xml</value>
5    </property>
6  </bean>
```

第 4 行指定 SessionFactory 所需的数据源由 Hibernate 的 hiberante.cfg.xml 文件配置，这样就可以使用 myEclipse 实现对 hiberante.cfg.xml 文件的可视化配置。

为了把 UserDao 接口和 ArticleDao 接口的具体实现类的创建交由 Spring 管理，并由 Spring 为其注入 SessionFactory 实例，src 目录下的 applicationContext-bean.xml 文件完成了该任务，其内容如下。

```
1  <bean id="userDao" class="dao.impl.UserDao4MySqlImpl">
2    <property name="sessionFactory" ref="sessionFactory"/>
3  </bean>
4  <bean id="articleDao" class="dao.impl.ArticleDao4MySqlImpl">
5    <property name="sessionFactory" ref="sessionFactory"/>
6  </bean>
```

11.2.6　数据访问类 UserDao4MySqlImpl——Hibernate 持久化

本章之前留言本的数据访问类都是采用 JDBC 技术实现，因为本章实现了 Hibernate 和 Spring 的整合，所以下面将通过继承 Srping 框架的 HibernateDaoSupport 类，并使用 hibernateTemplate 对象实现数据访问类。数据访问类 UserDao4MySqlImpl 的实现代码如下。

```
1  public class UserDao4MySqlImpl extends HibernateDaoSupport implements UserDao {
2      //登录验证功能
3      public User findByLoginNameAndPassword(String loginName, String password) {
4          User user = null;
5          try {
6          List list = this.getHibernateTemplate().find("from User u where u.loginName = ?and
              password=?", new Object[]{loginName,password});
7             if (list != null && list.size() > 0) {
8                user = (User) list.get(0);
9             } else {
10               user = null;;
11            }
12         } catch (Exception e) {
13            e.printStackTrace();
14            throw new RuntimeException(e);
15         } return user;
16     }
17     //根据id查询
```

```
18    public User findById(int id) {
19        User user = null;
20        try {
21            user = (User)this.getHibernateTemplate().load(User.class, id);
22        }catch(Exception e) {
23            e.printStackTrace();
24            throw new RuntimeException(e);
25        } return user;
26    }
27    //添加用户
28    public void insert(User user) {
29        try {
30            this.getHibernateTemplate().save(user);
31        }catch(Exception e) {
32            e.printStackTrace();
33            throw new RuntimeException(e);
34        } }
35    //根据姓名查询
36    public User findByLoginName(String loginName) {
37        User user = null;
38        try {
39            List list = this.getHibernateTemplate().find("from User u where
                u.loginName = ?",new Object[]{loginName});
40            if (list != null && list.size() > 0) {
41                user = (User) list.get(0);
42            } else {
43                user = null;;
44            }
45        } catch (Exception e) {
46            e.printStackTrace();
47            throw new RuntimeException(e);
48        } return user;
49    }
50    //修改用户对象
51    public void update(User user) {
52        try {
53            this.getHibernateTemplate().update(user);
54        }catch(Exception e) {
55            e.printStackTrace();
56            throw new RuntimeException(e);
57        } } }
```

第 7～11 行、第 40～44 行的代码用于处理查询结果为确切的一个对象的情形，若不加这几行代码，直接在 find() 方法后调用 get(0) 方法，则当查询结果为空时，会发生空指针异常。

与 JDBC 技术实现的 DAO 类进行比较，可以发现 HibernateTemplate 显著简化了编写 DAO 类的代码量。

使用 Spring 框架，在 UserServlet 类中创建 UserDao 实例的代码如下。

```
private UserDao userDao = (UserDao)new ClassPathXmlApplicationContext
("applicationContext-*.xml"). getBean("userDao");
```

11.2.7 数据访问类 ArticleDao4MySqlImpl——Hibernate 持久化

数据访问类 ArticleDao4MySqlImpl 的实现代码如下。

```java
public class ArticleDao4MySqlImpl extends HibernateDaoSupport implements ArticleDao {
    //添加留言
    public void insert(Article article) {
        try {
            this.getHibernateTemplate().save(article);
        }catch(Exception e) {
            e.printStackTrace();
            throw new RuntimeException(e);
        }}
    //删除留言
    public void delete(int id) {
        try {
            Article article = (Article)this.getHibernateTemplate().load(Article.class, id);
            this.getHibernateTemplate().delete(article);
        }catch(Exception e) {
            e.printStackTrace();
            throw new RuntimeException(e);
        }}
    //修改留言
    public void update(Article article) {
        try {
            this.getHibernateTemplate().update(article);
        }catch(Exception e) {
            e.printStackTrace();
            throw new RuntimeException(e);
        }}
    //根据有无关键词实现分页查询
    public List<Article> findAll(final String keyword, final Pagination page) {
        List<Article> list = new ArrayList<Article>();
        try {
            page.setTotalRecords(getTotalRecords(keyword));
            if (keyword != null && !"".equals(keyword)) {
                list = this.getHibernateTemplate().executeFind(new HibernateCallback() {
                    public Object doInHibernate(Session session) throws HibernateException,
                    SQLException {
                        return session.createQuery("from Article a where a.content like ? order by a.postTime").setParameter(0, "%" + keyword + "%").
                        setFirstResult(page.getStartRow()-1).
                        setMaxResults(page.getRowPerPage()).list(); }});
            }else{
                list = this.getHibernateTemplate().executeFind(new HibernateCallback() {
                    public Object doInHibernate(Session session) throws HibernateException,
                    SQLException {
                        return session.createQuery("from Article a order by a.postTime").
                        setFirstResult(page.getStartRow()-1).
                        setMaxResults(page.getRowPerPage()).list(); }});

            }
```

```
48        } catch (Exception e) {
49            e.printStackTrace();
50            throw new RuntimeException();
51        } return list; }
52    //根据有无关键词获得留言总数
53    private int getTotalRecords(String keyword) {
54        Integer totalRecords = 0;
55        if (keyword != null && !"".equals(keyword)) {
56            totalRecords = (Integer)this.getHibernateTemplate().
57                find("select count(*) from Article a where a.content like ?",
58                new Object[]{"%" +keyword + "%"}).get(0);
59        }else {
60            totalRecords = (Integer)this.getHibernateTemplate().find("select count(*)
61                from Article a").get(0);
62        } return totalRecords; }
63    //根据id查询留言
64    public Article findById(int id) {
65        Article article = null;
66        try {
67            article = (Article)this.getHibernateTemplate().load(Article.class, id);
68        }catch(Exception e) {
69            e.printStackTrace();
70            throw new RuntimeException(e);
71        } return article;
72    } }
```

第 28~51 行实现了根据关键词进行分页查询的方法 findAll(final String keyword, final Pagination page)，其调用了 HibernateTemplate 的 executeFind()方法，executeFind()方法的参数为 HibernateCallback 的匿名内部类，在该内部类的 doInHiberante()方法中，可完全以 Hibernate 的方式进行数据库访问。

Spring 提供的 HibernateTemplate 和 HiberanteCallBack 互为补充，HibernateTemplate 对常用的通用操作进行了封装，而 HibernateCallBack 保证了用户可直接使用 Hibernate 完成复杂的持久层访问。

使用 Spring 框架在 ArticleServlet 类中创建 ArticleDao 实例的代码如下：

```
private ArticleDao articleDao = (ArticleDao)new ClassPathXmlApplicationContext
    ("applicationContext-*.xml").getBean("articleDao");
```

Hibernate 与 Spring 整合

11.2.8 Struts2 实现控制层——guestbook4.1

在 guestbook4 的基础上，使用 Struts2 框架重新实现控制层之后，guestbook4.1 版项目的目录和包结构如图 11.3 所示。

由图 11.3 可知该项目的名称是 guestbook4.1，因为使用 ActionSupport 重新实现了控制层，所以新建了 action 包，其下有控制器类 ArticleAction、UserAction、UploadAction 及其父类 BaseActionSupport。在 util 包下增加了 Struts2 的自定义类型转换器 SexConvertor 类，在 src 目录下增加了 Struts2 的配置文件 struts.xml 和类型转换文件 xwork-conversion.properties。

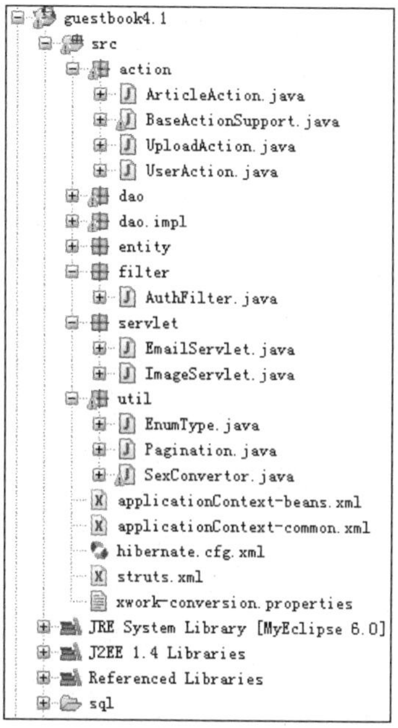

第 11 章　Struts2、Spring 和 Hibernate 框架整合开发——留言本 4.0

图 11.3　整合了 Srtuts2 的项目目录结构

在 guestbook4.1 项目中，删除了 servlet 包下的控制器类 ArticleServlet、UserServlet 和 UploadServlet。删除了 filter 包下的过滤器类 CharsetEncodingFilter，其功能将由 Struts2 完成。针对以上修改，就需要修改 web.xml 文件以移除相关 Servlet 和 Filter 的配置，并加入 Struts2 的 FilterDispatcher 过滤器配置。

11.2.9　控制器类 BaseActionSupport

在 action 包下的 BaseActionSupport 类是项目中所有 Action 类的父类，它封装了 Action 类中常用的一些操作，其代码如下。

```
1   public abstract class BaseActionSupport extends ActionSupport {
2       private String message;                          //返回的提示消息
3       public String getMessage() {
4           return message;
5       }
6       public void setMessage(String message) {
7           this.message = message;
8       }
9       public String getParameter(String name) {        //读取表单参数
10          return ServletActionContext.getRequest().getParameter(name);
11      }
12      public void setRequestAttribute(String name,Object value){ //设置HttpServletRequest属性
13          ServletActionContext.getRequest().setAttribute(name, value);
14      }
15      public Object getRequestAttribute(String name) {//获取HttpServletRequest属性
16          return ServletActionContext.getRequest().getAttribute(name);
17      }
18      public static void setSessionAttribute(Object name,Object value){ //设置HttpSession属性
19          ActionContext ctx = ActionContext.getContext();
```

```
20      Map session = ctx.getSession();
21      session.put(name, value);
22    }
23    public static Object getSessionAttribute(String name) {   //获取HttpSession属性
24      ActionContext ctx = ActionContext.getContext();
25      Map session = ctx.getSession();
26      return session.get(name);
27    }
28    public static ServletContext getApplication() {  //获取application对象
29      return ServletActionContext.getServletContext();
30    }
31    public static HttpSession getSession() {        //获取session对象
32      return ServletActionContext.getRequest().getSession();
33    }
34    public static HttpServletRequest getRequest() { //获取HttpServletRequest对象
35      return ServletActionContext.getRequest();
36    }
37    public String encode(String str){              //设定字符串str的编码
38      try {
39        str = URLEncoder.encode(str, "GBK");
40      } catch (UnsupportedEncodingException e) {
41        str = "";
42      } return str;
43    } }
```

BaseActionSupport 使用了 Struts2 的工具类 ServletActionContext，使 Action 能方便地访问传统的 Servlet API。

11.2.10 控制器类 UserAction

实现 User 对象操作的控制器类 UserAction 的代码如下。

```
1   public class UserAction extends BaseActionSupport {
2     private static final long serialVersionUID = 5658457528239498030L;
3     private UserDao userDao = (UserDao) new ClassPathXmlApplicationContext
          ("application Context-*.xml").getBean("userDao");
4     private User user;
5     public String login() {       //登录
6       setMessage("");
7       String result = INPUT;
8       String verifyCode = getParameter("verifyCode");
9       if (getSessionAttribute("verifyCode").equals(verifyCode)) {
10        User loginedUser = userDao.findByLoginNameAndPassword(user.getLoginName(),
            user.getPassword());
11        if (loginedUser != null) {
12          setSessionAttribute("user", loginedUser);
13          result = SUCCESS;
14        } else {
15          setMessage("用户名或密码错误！");
16        }
17      } else {
18        setMessage("验证码错误！");
19      } return result;
```

```
20    }
21    public String register() {      //注册
22      String result = INPUT;
23      if (userDao.findByLoginName(user.getLoginName()) != null) {
24        setMessage("该用户名已存在! ");
25      } else {
26        userDao.insert(user);
27        setMessage("注册成功,请登录! ");
28        result = SUCCESS;
29      } setMessage(encode(getMessage()));
30      return result;
31    }
32    public String update(){         //修改用户
33      userDao.update(user);
34      setMessage(encode("修改成功,请重新登录! "));
35      return SUCCESS;
36    }
37    public String logout(){         //退出
38      getSession().invalidate();
39      return SUCCESS;  }
40    public User getUser() {
41      return user;  }
42    public void setUser(User user) {
43      this.user = user;  }
44  }
```

将 action.UserAction 的代码与先前 servlet.UserServlet 的代码进行比较后可以发现,因为把请求参数的处理和页面的转发工作交给了 Struts2 框架,所以控制器的代码得到了极大的简化。

11.2.11 控制器类 ArticleAction

实现 Article 对象操作的控制器类 ArticleAction 的代码如下,该段代码省略了所有属性的取值与设置方法。

```
1   public class ArticleAction extends BaseActionSupport {
2     private static final long serialVersionUID = 1L;
3     private ArticleDao articleDao = (ArticleDao)new ClassPathXmlApplicationContext
("applicationContext-*.xml").getBean("articleDao");
4     private Article article;
5     private int rowPerPage;         //每页行数
6     private int currentPage=1;      //当前页
7     private String keyword;         //查询关键词
8     private int articleid;          //需被操作的留言的 id
9     public String add(){            //添加留言
10      article.setAuthor((User)getSessionAttribute("user"));
11      article.setPostTime(new Date());
12      article.setIpAddr(getRequest().getRemoteAddr());
13      articleDao.insert(article);
14      return SUCCESS;
15    }
16    public String delete(){         //删除留言
17      articleDao.delete(articleid);
```

```
18         keyword = encode(keyword);
19         return SUCCESS;
20    }
21    public String toUpdate(){           //转向修改页面
22         setSessionAttribute("article", articleDao.findById(articleid));
23         return SUCCESS;
24      }
25    public String update(){             //修改留言
26       Article updatedArticle = (Article)getSessionAttribute("article");
27       updatedArticle.setContent(article.getContent());
28       articleDao.update(updatedArticle);
29         return SUCCESS;
30    }
31    public String findAll(){            //根据关键词分页查询留言
32       Pagination page = new Pagination();
33       page.setRowPerPage(getRowPerPage());
34       page.setCurrentPage(getCurrentPage());
35       List<Article> list = articleDao.findAll(getKeyword(), page);
36       setRequestAttribute("list", list);
37       setRequestAttribute("page", page);
38       return SUCCESS;
39    }
40 }
```

11.2.12 控制器类 UploadAction

利用 struts2 的文件上传所实现的 UploadAction 类的代码如下,该段代码省略了所有属性的取值与设置方法。

```
1  public class UploadAction extends BaseActionSupport{
2    private static final long serialVersionUID = -74143811323446439481L;
3    private File avatar;                       // 获取文件对象
4    private String avatarFileName;             // 获取文件名
5    private String avatarContentType;          // 获取文件类型
6    private String savePath;                   // 获取上传路径
7    public String execute() throws Exception {
8       String path = getApplication().getRealPath(savePath)+"\\";   //上传的绝对路径
9       String fileName = ((User)getSessionAttribute("user")).getId()+".gif";
                                            //上传后的文件名
10      BufferedInputStream input = null;    // 获取一个上传文件的输入流
11      BufferedOutputStream output = null;  // 获取一个保存文件的输出流
12      try {
13         input = new BufferedInputStream(new FileInputStream(avatar));//文件输入流
14         output = new BufferedOutputStream(new FileOutputStream(path+fileName));
                                            //文件输出流
15         byte[] buf = new byte[(int)avatar.length()];
                                      // 建立一个跟文件大小相同的数组,存放文件数据
16         int len;
17         while((len = input.read(buf)) != -1){
18            output.write(buf , 0 , len);
19         }
20      } catch (RuntimeException e) {
```

```
21            e.printStackTrace();
22        }finally{
23          try {
24            if(input!=null)
25              input.close();
26          } catch (RuntimeException e) {
27            e.printStackTrace();
28          }try {
29            if(output!=null)
30              output.close();
31          } catch (RuntimeException e) {
32            e.printStackTrace();
33        } } return SUCCESS;
34    }
35  }
```

第 3~5 行实现了 3 个属性的命名。若上传文件对象属性的名字是 xxx，则上传文件名属性必须命名为 xxxFileName，上传文件类型属性必须命名为 xxxContentType，还必须为它们提供相应的取值与设置方法。

第 6 行的 savePath 属性表示上传路径，具体值在 struts.xml 文件中设置。Struts2 的文件上传也是利用 Apache Commons FileUpload 组件实现的，但是相对于先前的 servlet.UploadServlet 的实现，在 Struts2 中进行文件上传更为简单。

11.2.13　Struts2 配置文件 struts.xml

为了实现对以上控制器类的支持，还需在 src 目录下的 struts.xml 文件中设置如下内容。

```
1   <struts>
2     <constant name="struts.i18n.encoding" value="GBK"></constant>
3     <package name="user" namespace="/user" extends="struts-default">
4       <action name="login" class="action.UserAction" method="login">
5         <result name="success" type="redirect-action">
6           <param name="namespace">/article</param>
7           <param name="actionName">findall</param>
8         </result>
9         <result name="input">/login.jsp?message=${message}</result>
10      </action>
11      <action name="register" class="action.UserAction" method="register">
12        <result name="success" type="redirect">/login.jsp?message=${message}</result>
13        <result name="input">/register.jsp?message=${message}</result>
14      </action>
15      <action name="toupdate">
16        <result>/update_user.jsp</result>
17      </action>
18      <action name="update" class="action.UserAction" method="update">
19        <result type="redirect">/login.jsp?message=${message}</result>
20      </action>
21      <action name="logout" class="action.UserAction" method="logout">
22        <result type="redirect">/login.jsp</result>
23      </action>
24      <action name="upload" class="action.UploadAction">
```

```
25          <param name="savePath">avatars</param>
26          <result name="success" type="redirect">/update_user.jsp</result>
27          <result name="input" type="redirect">/update_user.jsp</result>
28          <interceptor-ref name="defaultStack">
29            <param name="fileUpload.maximumSize">204800</param>
30            <param name="fileUpload.allowedTypes">image/jpeg,image/bmp,image/gif
31            </param>
32          </interceptor-ref>
33      </action>
34    </package>
35    <package name="article" namespace="/article" extends="struts-default">
36      <action name="add" class="action.ArticleAction" method="add">
37        <result type="redirect-action">/article/findall?currentPage=${currentPage}
          </result>
38      </action>
39      <action name="delete" class="action.ArticleAction" method="delete">
40        <result type="redirect-action">
41          /article/findall?keyword=${keyword}&amp;currentPage=${currentPage}
42        </result></action>
43      <action name="toupdate" class="action.ArticleAction" method="toUpdate">
44        <result>/update_article.jsp</result></action>
45      <action name="update" class="action.ArticleAction" method="update">
46        <result type="redirect-action">/article/findall</result></action>
47      <action name="findall" class="action.ArticleAction" method="findAll">
48        <param name="rowPerPage">2</param>
49        <result>/show.jsp?keyword=${keyword}</result></action>
50    </package>
51  </struts>
```

第 2 行的 Struts2 常量 struts.i18n.encoding 指定了请求参数的编码为 GBK，所以 filter 包下的过滤器类 CharsetEncodingFilter 就可以删除了。第 5~8 行代码为重定向到另一命名空间 Action 的配置。第 25 行的 savePath 参数设置了 UploadAction 类中 savePath 属性的值为 avatars。第 28~32 行代码对上传文件的尺寸和类型进行过滤，若不符合则转向 INPUT 页面。

11.2.14 Struts2 枚举类型转换器 SexConvertor

用户在注册页面和修改个人信息页面提交的性别参数 Sex 是 String 类型的，而 User 类中的 Sex 属性是枚举类型的。为了实现 Sex 参数由 String 类型到枚举类型的转换，可以在 util 包下定义 SexConvertor 类，其代码如下。

```
1  public class SexConvertor extends StrutsTypeConverter {
2    // convertFromString 将表单提交的数据转换为期望的类型
3    public Object convertFromString(Map context, String[] values, Class toClass) {
4      return (Sex) Enum.valueOf(Sex.class, values[0]); }
5    // convertToString 将期望的类型转换为 String 类型
6    public String convertToString(Map context, Object obj) {
7      return ((Sex)obj).getValue(); }
8  }
```

为了使类型转换器生效，还需要在 src 目录下创建 xwork-conversion.properties 属性文件，其内容如下。

entity.Sex=util.SexConvertor

因此，当 Struts2 处理到 entitySex 类型时，就会自动调用 util 包下的 SexConvertor 类完成类型转换。

11.2.15 修改 JSP 页面以访问 Action

采用 Struts2 实现了控制层后，为了保证 JSP 页面能正确访问到相应的 Action 类，并正确提交参数，就需要修改相关 JSP 页面中 form 标签的 action 属性和表单标签的 name 属性。以 login.jsp 页面中的登录表单为例，其修改后的代码如下。

```
1  <form method="post" action="${pageContext.request.contextPath}/user/login.action">
2    <center>
3    <table><tr><td colspan="3">用户登录</td></tr>
4      <tr><td>登录名</td>
5        <td><input type="text" name="user.loginName"></td>
6        <td><font color="red">*</font></td></tr>
7      <tr><td>密码</td>
8        <td><input type="password" name="user.password"></td>
9        <td><font color="red">*</font></td></tr>
10     <tr><td>验证码</td>
11       <td><input type="text" name="verifyCode"></td>
12       <td><img src="${pageContext.request.contextPath}/image"></td></tr>
13     <tr><td align="center" colspan="3">
14       <input type="submit" value="登录">
15       <input type="button" value="注册"
         onClick="window.self.location='register.jsp'">
16       <input type="button" value="找回密码"
         onClick="window.self.location='getpassword.html'">
17       </td></tr></table>
18    </center>
19  </form>
```

图 11.4 整合了 SSH 的项目目录结构

第 1 行设置 action 属性的值为 ${pageContext.request.contextPath}/user/login.action，其所对应的实际路径为/guestbook4.1/user/login.action，即将该表单提交到 user 命名空间下的 name 为 login 的 Action。第 5 行和第 8 行分别设置了 name 的值为 user.loginName 和 user.password，也就是指定将文本框的输入内容提交到 Action 中 user 属性的 loginName 属性和 password 属性。

11.2.16 整合 Struts2 和 Spring——guestbook4.2

在 guestbook4.1 的基础上，将 Struts2 与 Spring 整合之后，guestbook4.2 版项目的目录和包结构如图 11.4 所示。

由图 11.4 中可知该项目的名称是 guestbook4.2，将 Struts2 与 Spring 进行整合，主要是对相关配置文件的修改。因此，在

src 目录下增加了 Spring 配置文件 applicationContext-action.xml。为了实现对用户输入参数的校验，在 entity 包下增加了校验规则文件 User-validation.xml，在 action 包下增加了校验规则文件 UserAction-login-validation.xml 和 UserAction-register-validation.xml。当然还需将 Struts2 的 struts2-spring-plugin.jar 加入项目中。

11.2.17　Spring 的配置文件 applicationContext–action.xml

将 Struts2 与 Spring 进行整合，其实就是把 Struts2 中 action 的创建交由 Spring 来完成。因此，Spring 配置文件 applicationContext-action.xml 的内容如下。

```xml
1  <bean id="userAction" class="action.UserAction" scope="prototype">
2      <property name="userDao">
3          <ref bean="userDao" />
4      </property></bean>
5  <bean id="articleAction" class="action.ArticleAction" scope="prototype">
6      <property name="articleDao">
7          <ref bean="articleDao" />
8      </property></bean>
9  <bean id="uploadAction" class="action.UploadAction" scope="prototype"></bean>
```

第 9 行代码中 scope="prototype" 表明 Spring 会为每个请求创建单独的 Action 实例。

该配置文件定义的 3 个 Bean 分别为 userAction、articleAction 和 uploadAction，也就是将这些 action 的创建交由 Spring 管理，并且当 Spring 创建 action 时，会为其注入具体的 DAO 实现类，action 类则无须创建 DAO 实例。下面以 UserAction 为例进行说明，原来处理 userDao 实例的代码为：

```java
private UserDao userDao = (UserDao) new ClassPathXmlApplicationContext
    ("applicationContext-*.xml").getBean("userDao");
```

现在直接改为以下代码即可：

```java
private UserDao userDao;
```

11.2.18　Struts2 的配置文件 struts.xml

为了完成 Struts2 与 Spring 的整合，还需修改 Struts2 的配置文件 struts.xml。

```xml
1  <struts>
2      <constant name="struts.objectFactory" value="spring" />
3      <constant name="struts.i18n.encoding" value="GBK"></constant>
4      <package name="user" namespace="/user" extends="struts-default">
5          <action name="login" class="userAction" method="login">
6              <result name="success" type="redirect-action">
7                  <param name="namespace">/article</param>
8                  <param name="actionName">findall</param>
9              </result>
10             <result name="input">/login.jsp?message=${message}</result></action>
11         <action name="register" class="userAction" method="register">
12             <result name="success" type="redirect">/login.jsp?message=${message}
    </result>
13             <result name="input">/register.jsp?message=${message}</result></action>
14         <action name="toupdate">
15             <result>/update_user.jsp</result></action>
16         <action name="update" class="userAction" method="update">
17             <result type="redirect">/login.jsp?message=${message}</result></action>
```

```
18      <action name="logout" class="userAction" method="logout">
19          <result type="redirect">/login.jsp</result></action>
20      <action name="upload" class="uploadAction">
21          <param name="savePath">avatars</param>
22          <result name="success" type="redirect">/update_user.jsp</result>
23          <result name="input">/update_user.jsp</result>
24          <interceptor-ref name="defaultStack">
25            <param name="fileUpload.maximumSize">204800</param>
26            <param name="fileUpload.allowedTypes">
27                    image/jpeg,image/jpg,image/gif
28            </param>
29          </interceptor-ref></action>
30    </package>
31 </struts>
```

先在第 2 行加入<constant name="struts.objectFactory" value="spring" />，指定由 Spring 作为 Struts2 的对象工厂。所有 action 标签的 class 属性的值不再为一个具体类，而是 Spring Bean 的 id 值，即 applicationContext-action.xml 文件中 Bean 的 id 值。

Struts2 与 Spring 整合

11.2.19 登录与注册的输入校验

为了实现对登录和注册页面的输入校验，在 entity 包下增加了校验规则文件 User-validation.xml，其内容如下。

```
1  <validators>
2    <field name="loginName">
3      <field-validator type="requiredstring">
4        <message>用户名不能为空</message>
5      </field-validator>
6      <field-validator type="regex">
7        <param name="expression">^[a-zA-Z]\w{3,14}$</param>
8        <message>用户名必须以字母开始，后跟字母、数字或_，长度为 4-15 位</message>
9      </field-validator>
10   </field>
11   <field name="password">
12     <field-validator type="requiredstring">
13       <message>密码不能为空</message>
14     </field-validator>
15     <field-validator type="regex">
16       <param name="expression">^[\w!@#]{4,15}$</param>
17       <message>密码必须由字母、数字、_和! @ # 组成，长度为 4-15 位</message>
18     </field-validator>
19   </field>
20 </validators>
```

第 2～10 行指定了 User 对象的 loginName 属性的校验规则，第 11～19 行指定了 password 属性的校验规则，该文件已完全满足对登录页面的校验。因此，action 包下登录校验的规则文件 UserAction-login-validation.xml 非常简单，其内容如下。

```
1  <validators>
2    <field name="user">
3      <field-validator type="visitor">
```

```
4         <message></message>
5       </field-validator>
6     </field>
7   </validators>
```

因为注册页面还要对除 loginName 属性和 passoword 属性之外的其他属性进行校验，所以 action 包下注册校验的规则文件 UserAction-register-validation.xml 的内容如下。

```
1  <validators>
2    <field name="user">
3      <field-validator type="visitor"><message></message>
4      </field-validator>
5    </field>
6    <field name="password2">
7      <field-validator type="fieldexpression">
8        <param name="expression"><![CDATA[(password2.equals(user.password))]]></param>
9        <message>密码不一致</message></field-validator>
10   </field>
11   <field name="user.email">
12     <field-validator type="requiredstring">
13       <message>邮件不能为空</message></field-validator>
14     <field-validator type="email">
15       <message>无效的电子邮件地址</message></field-validator>
16   </field>
17   <field name="user.nickname">
18     <field-validator type="requiredstring">
19       <message>昵称不能为空</message></field-validator>
20     <field-validator type="regex">
21       <param name="expression">.{4,15}</param>
22       <message>昵称长度应为 4-15 位</message></field-validator>
23   </field>
24   <field name="user.birthday"><field-validator type="date">
25       <param name="min">1900-01-01</param>
26       <param name="max">2050-01-01</param>
27       <message>生日必须在${min}和${max}之间</message></field-validator>
28   </field>
29 </validators>
```

为了让 JSP 页面显示错误提示信息，必须在 JSP 页面 form 标签前加入标签<s:fielderror/>。以上规则文件提供的是服务器校验，若增加客户端校验，则需要使用 Struts2 的标签来定义表单。

11.2.20　OpenSessionInView 设计模式

为了在 JSP 页面上实现延迟加载，需要在 web.xnl 文件中加入 Spring 的过滤器 OpenSessionInViewFilter。guestbook4.2 项目中的 web.xml 文件内容如下。

```
1  <!--解决 Hibernate 延迟加载出现的问题，需要放到 Struts2 过滤器之前-->
2  <filter>
3    <filter-name>openSessionInView</filter-name>
4    <filter-class>org.springframework.orm.hibernate3.support.OpenSessionInViewFilter
5    </filter-class></filter>
6  <filter-mapping>
7    <filter-name>openSessionInView</filter-name>
8    <url-pattern>/*</url-pattern>
9  </filter-mapping>
10 <!-- Struts 2 过滤器 -->
11 <filter>
```

```
12   <filter-name>struts2</filter-name>
13   <filter-class>org.apache.struts2.dispatcher.FilterDispatcher</filter-class>
14  </filter>
15  <filter-mapping>
16   <filter-name>struts2</filter-name>
17   <url-pattern>/*</url-pattern>
18  </filter-mapping>
19  <!-- 用来定位 Spring XML 文件的上下文配置 -->
20  <context-param>
21    <param-name>contextConfigLocation</param-name>
22    <param-value>classpath*:applicationContext-*.xml</param-value>
23  </context-param>
24  <listener>
25    <listener-class>org.springframework.web.context.ContextLoaderListener
      </listener-class>
26  </listener>
```

第 2~9 行配置了 Spring 的过滤器 OpenSessionInViewFilter；第 11~18 配置了 Strust2 的过滤器 FilterDispatcher，以初始化 Struts2 并过滤所有请求；第 20~26 行配置了 Spring 的监听器 ContextLoaderListener，以加载所需的 Spring 配置文件。

11.3 系统运行

因为本章着重于 Struts2、Spring 和 Hibernate 的整合实现，所以只添加了利用 Struts2 的输入检验对用户注册和登录页面的校验功能。

（1）用户登录时，若"登录名"和"密码"文本框为空，则会出现如图 11.5 所示的提示界面。

（2）在注册页面，当用户注册个人信息时，如果输入数据为空，则会出现如图 11.6 左侧的提示界面。如果输入数据非法，则会出现如图 11.6 右侧的提示界面。

图 11.5 Struts2 的登录检验信息

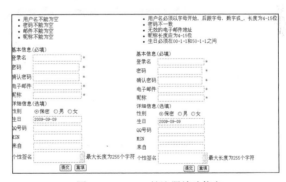

图 11.6 Struts2 的注册检验信息

11.4 开发过程中的常见问题及其解决方法

在应用 Struts2 的命名空间时，经常会遇到一些路径问题，本节将介绍一些常见的问题及其解决方法。

11.4.1 Struts2 跨命名空间跳转问题

在 Struts2 中使用 result 标签设置处理结果时，若需重定向到 action，则设置内容如下。

```
<action name="add" class="articleAction" method="add">
<result type="redirect-action">/article/findall?currentPage=${currentPage}</result>
</action>
```

以上设置表示完成添加留言后，会重定向到 article 命名空间下的 findall.action，且携带 currentPage 参数，articleAction 就位于 article 命名空间下，所以以上写法是正确的。但若重定向需要跨命名空间时，以上设置就无法完成任务。比如，userAction 位于 user 命名空间下，需重定向到 article 命名空间，此时就需要进行如下设置。

```
<action name="login" class="userAction" method="login">
<result name="success" type="redirect-action">
<param name="namespace">/article</param>
<param name="actionName">findall</param>
</result>
</action>
```

以上设置表示登录成功后，user 命名空间下的 userAction 将重定向到 article 命名空间下的 findall.action，实现了跨命名空间的重定向。

11.4.2 Struts2 中 JSP 页面的相对路径问题

以 guestbook4.2 中的登录页面 login.jsp 为例，如果页面中显示验证码图片的标签内容如下。

```
<img src="image">
```

当登录失败时，login.jsp 页面就会呈现如图 11.7 所示的效果。

图 11.7 登录失败页面

从图 11.7 中可知当登录失败时，验证码图片无法正确显示，右击该图片，并选择属性命令，就会发现该图片所定位的路径是 http://localhost:8080/guestbook4.2/user/image。造成以上错误是因为登录前 JSP 页面中的当前路径为 http://localhost:8080/guestbook4.2/，登录失败后因为 userAction 的命名空间是/user，JSP 页面中的当前路径变成了 http://localhost:8080/guestbook4.2/user/。要解决以上问题有以下两种方法。

（1）在 JSP 页面中使用绝对路径，而不使用相对路径。所以验证码图片标签的写法如下。

```
<img src="${pageContext.request.contextPath}/image">
```

（2）使用 base 标签，即在 JSP 页面的 head 标签中加入以下内容。

```
<head>
<title>登录</title>
<%
    String path = request.getContextPath();
    String basePath = request.getScheme()+"://"+request.getServerName()+":"+request.
        getServerPort() +path+"/";
%>
<base href="<%=basePath%>">
</head>
```

以上 base 标签设置了 JSP 页面的当前路径为 http://localhost:8080/guestbook4.2/，因此页面中的验证码图片就可以使用相对路径了。

11.5 小结

本章通过整合 Struts2、Spring 和 Hibernate 对上一章留言本进行了重构，并使用 Struts2 简化文件上传功能，且实现输入校验功能。通过对本章内容的学习，读者可掌握 Struts2、Spring 和 Hibernate 框架的整合开发，可在显著减少项目的编码量的同时，使项目具有更高的可维护性和可扩展性。

习 题

1. 简述用 Struts2、Hibernate、Spring 框架进行 Java Web 开发的优势。
2. 分析用 SSH 框架为什么能将配置信息放在 XML 文件中。
3. 简述基于 Struts2 的服务器校验和基于 JavaScript 的客户端校验各自的适用场景。
4. 简述 struts.xml 文件中 result 标签的 type 属性都可设置哪些值，分别适用于什么场景。

参考文献

[1] 黑马程序员. Java Web 程序设计任务教程[M]. 北京：人民邮电出版社，2017.
[2] 陈沛强. Java Web 程序设计教程[M]. 北京：人民邮电出版社，2017.
[3] 高翔，李志浩. Java Web 开发与实践[M]. 北京：人民邮电出版社，2014.
[4] 林信良. JSP & Servlet 学习笔记[M]. 2 版. 北京：清华大学出版社，2012.
[5] 孙卫琴. Tomcat 与 Java Web 开发技术详解[M]. 2 版. 北京：电子工业出版社，2009.
[6] 传智播客高教产品研发部. Java Web 程序开发进阶[M]. 2 版. 北京：清华大学出版社，2015.